명품 국립공원

설악산과의 대화

명품 국립공원

설악산과의 대화

신용석 지음

수문출판사

이 책을 내며

설악산국립공원에서의 겨우 1년 반이라는 시간에 '대(大) 설악산'을 얘기한다는 것은 너무 섣부른 이야기이겠지만, 가벼운 느낌과 정리되지 않은 의견이 오히려 내 생각을 쉽게 전달할 수 있다고도 본다. 겉으로는 아무 일도 없을 것 같은 대자연에 크고 작은 도전과 응전이 있고, 아무 일도 하지 않을 것 같은 국립공원 레인저들에게 땀나는 활동과 남다른 고민, 애환이 있음을 남에게 알리고 싶은 생각도 있었다.

그러나 내 느낌, 자기 생각을 남에게 전해 주는 것은 무척 두렵다. 특히 저마다 관점이 다른 이슈에 대하여 내 주장이 남의 감정을 건드리지 않을지 무척 조심스럽다. 국립공원과 함께하며, 국립공원을 대변하며 숫자적으로 늘 코너에 몰렸던 때가 많았는데, 매 맞을까봐 말로 하지 못했던 이야기들을 글로 풀어내곤 했다. 솜씨 없는 글에 살을 붙여 세상에 내놓는다는 것이 부끄럽긴 하지만, 국립공원에 대한 사랑과 설악산에 대한 애정의 표현이라는 점에서 너그러운 평을 받고 싶다.

부족한 나에게 일자리를 준 국립공원, 행복감을 주고 있는 설악산에 우선 감사드리며, 시공(時空)을 함께 했던 선·후배·동료 레인저들의 높은 사명감과 봉사정신에 존경을 표한다. 국립공원을 둘러싼 여러 이해관계자 분들과 설악산의 지역주민들께도 우정의 뜻을 전하며, 더 많은 이해와 지지를 부탁드린다.

짧은 글을 선뜻 출판해주신 수문출판사 이수용 회장님, 귀중한 사진을 내주신 수메루 안소휘님, 오색의 홍길동 홍창해님의 우정에도 깊은 감사를 드린다.

국립공원 소장으로서 가장 큰 애로는 가족들과 떨어진 생활이다. 어떤 기쁨과 성취감이 있는 순간에도 한쪽 가슴이 휑한 것은 가족 자리이다. 이정민, 신다경, 신석재에게 미안하고 죄송한 심정을 전해본다.

2009. 1. 19. 설악산국립공원에서 임기 마지막 날

신용석

차례

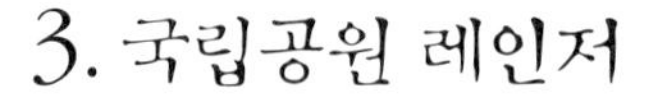

3. 국립공원 레인저

4. 소장 메가폰

펴내는 말

국립공원

국립공원을 비유하는 여러 표현 중에서 나는 "국립공원은 작은 독립 국가이다!"라는 말을 제일 좋아한다. 국립공원 안의 세상은 밖의 세상과 완전히 달라야 한다. 숲과 공기와 물은 물론 큰 건물, 작은 표지판 하나도 자연 속에 녹아들어가는 공원경관이어야 한다.

사람들 역시 그 전에 어떤 기분이었다 하더라도, 일단 국립공원 안에 들어오면 전혀 딴 판의 세상에서, 문명 밖의 불편한 세계에서 생생한 즐거움과 건강한 행복을 느껴야 한다.

그 안에서 근무하는 우리 국립공원 레인저 역시 밖의 사람들과 완전히 다른 사람이어야 한다. 자연에 몰입해서, 자연에 스며드는, 자연 같은 사람으로, 도시 사람들이 보았을 때 가장 신선한 직업으로 인식되어, 마치 종교적인 집단으로 비쳐지기를 바란다.

그러나 그런 국립공원의 이상과 나의 바람은 꿈과 현실, 자연과 도시, 보전과 개발 사이에서 20년 이상을 허우적대고 있다. 내가 돌보아야 하는 '마지막 남은 자연'에게 뭔가 해주어야 하는데, 자연은 너무 복잡하고 정교해서 그 안에서 어떤 일이 벌어지고 있는지 잘 알 수 없다. 겉으로 조금 드러난 현상에 대하여만 짧은 지식과 행정권한을 사용할 뿐이다.

하늘같은 국민들에게, 왕 같은 고객들에게 계층마다 그룹마다 맞춤식 고객만족을 주어야 하는데, 서비스 대상이 아닌 '관리'의 대상으로 그 분들을 보지 않았는지, 통제와 제한을 남발하지 않았는지 반성이 필요하다. 마음으로 다가가 이해와 공감을 더 얻었어야 했다.

자연에 대한 관념, 지역개발 이슈 등에 대하여는 극단적인 이해관계자들 사이에서 내 원칙이 무엇이어야 하는지 혼란스러울 때도 많았다. 태고 이후 거기에 그렇게 있었던 위대한 자연들이 잠시의 정치적 결정, 순간적인 경제활동에 의해 침해당하는 것을 무기력하게 지켜본 적도 많았다. 도시에 대한 자연의 대비적인 아름다움을 지켜내야 하는데, 외부사람들은 자꾸만 국립공원에 도시를 이입하려 한다. 한 마디로, 국립공원은 가장자리 끝에서 넘어질듯 말 듯 위협받고 있다.

설악산국립공원

국립공원의 대표 설악산에서 나의 레인저 생활은 한편에선 불꽃과도 같은 아름다움에 대한 탄성으로 행복했고, 다른 한편에선 수많은 공격으로부터 그 아름다움을 지켜내려는 치열한 방어로 허덕였던 나날이었다고 자평해 본다.

자연이 무엇인지, 산이 주는 의미가 무엇인지 아직 깨달음이 요원한 나에게 설악산국립공원의 관리책임이 맡겨진 것은 과분한 행운이었지만, 설악산 신령님은 중량감이 부족한 나를 못마땅하게 생각하지 않았을까 늘 노심초사했다. 산마루에서 숲 속에서 계곡에서 수많은 야생동식물들이 자기들의 안타까운 현재를 내게 알렸지만, 내가 그들에게 핑계와 변명 이외에 무슨 말을, 행동을 해주었는지 부끄럽지 않을 수 없다.

기대치가 다양한 연간 400여만 명에 이르는 고객들에게도 그들의 발끝, 무릎을 더 안전하게 했는지, 그들의 가슴을 더 뭉클하게 했는지, 그래서 설악산이 준 감동이 그들의 일상생활에 활력소가 되었는지 긍정 반, 부정 반으로 점수를 매겨 본다.

오직 설악산에 대한 무제한의 애정과 신앙으로 험산준령을 누비는 설악-레인저들과의 만남은 나를 행복하게 했지만, 그들의 명예감과 자부심을 주변 상황으로부터 얼마나 지켜냈는지에 대하여는 아마 많은 레인저들이 고개를 저을 것이다. 나보다 훨씬 경험 많은 베테랑 레인저들에게 새로운 전문성을 가져야 한다고 요구했을 때, 새내기 레인저들에게 진정한 혁신과 변화를 독촉했을 때 그만한 공감과 실천을 이끌어냈는지에 대하여도 나의 리더십이 미흡함을 자책한다. 그러나 아무리 훌륭한 조직에도 매너리즘이 있음을 비추어 진정한 레인저, 작지만 강한 조직으로 자리매김하기 위한 냉정한 자기비판과 남다른 거듭나기가 필요한 것은 확실하다.

잠깐 동안의 사람이 어떻게 무궁한 자연을 관리할 수 있을까? 그 안에 들어가면 한 점에 불과한 우리 사람들을 오히려 품어내는 것이 대자연일 것이다. 그래서 내가 어떤 실수를 했건, 우리 레인저들에게 어떤 모자람이 있건 간에 설악산은 그 곳에 그렇게 당당하게 서 있다. 우주 같은 넓이, 하늘같은 높이, 바다 같은 깊이, 강 같은 흐름, 별 같은 반짝임, 바위 같은 단단함으로 당당하게 존재하고 있다.

마침 엊그제 내린 폭설이 온 산을 하얗게 뒤덮어 더욱 설악산다운 화이트 세상을 만들었다. 두껍고 푹신한 눈밭 밑에서 편안한 휴식을 취하는 듯 설악산의 표면은 고요하고 신성스럽다. 이런 겨울의 끝에 생명을 윤회시키는 따듯한 온기가 산 전체에 퍼져나갈 것이고, 수많은 야생의 동식물들이 요란하게 부르짖을 녹색여름, 그리고 세상을 부유하게 할 결실의 가을이 붉은빛 노란빛으로 다가올 것이다.

그런 대자연 속에서 사람들은 하나의 점으로, 하나의 생명으로 설악에 담겨질 것이다. 그런 설악산국립공원의 정체성, 자연성에 흠결이 나지 않도록, 대한민국의 미스코리아 산에 상처가 나지 않도록 하는 것에 나의, 우리 레인저들의 존재 이유가 있다.

국립공원 지역사회

지역주민이 주체가 되어 다양한 이해관계를 아우르는 새로운 거버넌스 시대에 우리는 살고 있다. 설악산국립공원의 지역사회에도 그런 거버넌스 바람이 한창이다. 공원경계에서 한 쪽은 국립공원을 바라보고, 한 쪽은 도시를 지향하는 지역사회에 대해 국립공원의 역할이 어떠해야 하는가에 대한 고민은 늘 자연의 대변자이어야 할 나에게 깊은 고뇌를 갖게 했다.

특히 신정부 들어 국립공원이라는 성역으로 개발지향적인 메스가 다가옴을 느끼며, 늘 부대끼는 지역주민들로부터 지역경제에 도움이 되라는 요구를 들을 때마다 공공기관 종사자로서, 국민으로부터 봉급을 받는 한 사람으로서 정치기류, 지역기류를 따라야 하는지에 대한 갈등이 깊었음을 말하지 않을 수 없다.

법과 국민이 우리 국립공원 레인저들에게 부여한 임무의 첫째 대상이 자연인가 아니면 사람인가? 두 그룹의 이해관계가 충돌한다면 우리는 어디에 우선을 두어야 하는가? '지속가능한 이용' 이라는 중재적인 구호를 공원현장에서 적용할 구체적인 수치는 존재하는가?

국립공원 제도 도입 42년, 국립공원관리공단 설립 22년째의 국립공원이 앞으로 20년 간 당면할 숙제는 국립공원의 세계화와 지역화일 것이다. 세계화는 전문화, 과학화이고, 지역화는 특성화, 대중화이다. 이 지역화에 있어서 지역사회의 능동적 역할은 필수적이다. 공원사무소의 힘만으로 지역화는 이루어질 수 없다. 문제는, 국립공원이 추구하는 가치와 지역사회가 바라는 가치가 상반적이라는 데에 있다.

국립공원의 최고가치인 '자연'과 지역사회의 최고가치인 '경제'는 물과 기름처럼 양립할 수 없는가? 가장 자연적인 국립공원과 가장 경제적인 지역사회는 공존할 수 없는가?

나는 양립, 공존이 가능하다고 본다. 자연과 경제 사이에 '문화'가 디딤돌을 놓는다면 가능하다고 본다. 아무리 어려워도 설악권 경제의 원천인 설악산만큼은 손대지 않아야 한다는 사회적 합의, 설악산국립공원이라는 최고의 브랜드를 체계적 전략적으로 활용하는 관광마케팅, 설악산의 이름에 걸맞는 아름다운 마을, 사람냄새 물씬한 향토마을을 일궈내는 관광문화 등 자연과 경제를 이어줄 '설악산 지역문화'를 창출해내야 한다.

이를 위해 강력하고 자발적인 지역공동체(커뮤니티)가 구성되어 여러 이해관계자들을 이끌어야 하며, 여기에 지자체는 물론 국립공원사무소가 적극적으로 기여해야 할 것이다.

설악산과의 대화

오색-대청봉 짧은 5km, 많은 이슈

대청봉으로 오르는 최단거리 오색-대청 5km는 두 세 번의 휴식을 포함해 4시간이 소요되니(잘 가는 사람은 3시간, 못 가는 사람은 5시간), 보통 2km에 1시간 걸리는 산행시간에 비교해 깔닥고개의 연속이다. 거기다가 설악산국립공원의 명성을 즐길 수 있는 경관 포인트나 매력 포인트도 없어 그야말로 앞만 보고 내달리는 마라톤 트레일과도 같은 고약한 코스다. 그러나 죽을 맛, 땀범벅, 울화통에 자기 체력, 정신력을 테스트하기에는 가장 알맞은 등산로이기도 하다. 대청봉에 빨리 올라 일출을 보거나, 여러 갈래 장거리 내리막을 서둘러 설악동이나 백담사 종점에서 귀가시간을 챙기려는 등산객들에게는 시간을 단축시키는 타임머신과도 같은 등산로이다.

그래서 오색 탐방지원센터(구 매표소)의 등산로 초입은 늘 새벽 시간대에 가장 붐빈다. 특히 가을 단풍철이나 새해 첫 날에는 전국 각지에서 단체 산행객을 모집, 새벽 3, 4시에 이곳에 도착하는 관광버스로 어둠 짙은 새벽에 라이트 불이 훤하고, 붕붕 빵빵 차량들이 뒤엉켜 배기가스가 매캐한 가운데, 김이 모락모락 버스에서 내린 국물을 들이키는 새벽시장 같은 풍경이다.

각 단체마다 주의사항을 알리고 몇 시에 어디로 모이라는 가이드들의 외침이 끝나자마자, 각자 헤드랜턴을 착용하고 앞사람 꽁무니만을 따라가는 풍경은 마치 깜깜한 갱도 속으로 빨려 들어가는 광부들의 모습과 같다. 이런날 단독근무자인 최하용 레인저는 그저 서 있을 뿐 이 소란과 요

새해 일출산행 새해 희망을 염원하고 산의 신령스러움이 주는 영감을 향해 긴 헤드랜턴 불빛이 이어진다. 마치 광산의 갱도 속으로 빨려 들어가는 것 같다.

란스러움에 질서를 잡는 것은 불가능하다.

한 30분 앞서거니 뒤서거니 걷다보면 경상도, 전라도, 충청도 사투리가 뒤죽박죽 섞여 들려오고 애고, 아이고, 죽갔다, 헉헉, 낑낑 숨소리와 자박자박 스틱소리, 그리고 각 단체가 섞여서 일행을 찾는 목소리가 동식물들의 새벽잠을 깨운다. 다 그러려니 하더라도, 카세트 녹음기에서 쨍쨍 나오는 유행가 소리만큼은 듣고 싶지 않다.

자연에 왔으니 자연의 소리를 듣는 것이 좋지 않겠느냐고 말을 거니, 한번 돌아보고 휭~ 앞서 나간다. 두건에 반바지에 카세트를 둘러메고 올 정도면 그는 다른 사람을 상관하지 않는 독자적인 산행전문가이다. 조금이라도 남을 배려하는 문화가 필요하다.

5분마다 한 번 쉬는 것 같은 아주머니들의 얼굴에 화장기가 짙고, 바람에 실려 오는 냄새에 알코올이 묻어있다. 옷은 전문가 뺨치는 기능성 제품이지만, 이 험한 산에서 신발은 등산화와 운동화의 중간 형태다. 어른들은 '좋은' 등산화를, 아이들은 '나쁜' 운동화를 신고 가족 산행을 하는 이들도 적지 않다. 배낭이 너무 가벼워 보이는 것으로 보아 준비되지 않은, 대책 없는 산행임이 분명하다. 이들을 우리 직원들이 언제 어디서 구조하게 될지 걱정스런 산행 초입이다.

화장실 문제

가장 고약한 것은 바로 '변 냄새'다. 설악산도 식후경인지, 먹어야 올라갈 수 있다는 준비철저 때문인지, 버스에 실고 온 새벽식사로 위장의 팽압을 높인 후 30여분 등산운동이 가해지면 대장에 느낌이 오기 마련인데, 그래서 등산로 초입의 화장실에 '마지막 화장실'임을 광고하고 있음에도 불구하고, 등산로 중간 중간에 슬며시 옆으로 빠져 나가는 등산객들이 많다.

깜깜한 숲 속이므로 한 3m만 옆으로 벗어나도 시야에서 사라지므로, 대낮 같으면 솜털도 볼 수 있는 거리에서 행해지는 '실례'로 등산 시작 30분~1시간 오르막에서 변냄새가 진동하는 것이다. 이 냄새를 없애기 위해 우리 레인저들은 이를 일일이 수거하거나 땅에 묻는 작업을 해야 한다. 비가 흠뻑 내리기를 기대할 정도이다.

등산로 중간 중간에 화장실을 설치해달라는 민원도 있지만, 고지대에 화장실을 설치하려면 일정 면적의 자연훼손, 전기 인입, 급수문제, 오수분뇨 정화설비, 난방설비 등 많은 어려움이 따른다. 하나의 화장실은 또 다른 화장실을 요구하는 도미노현상으로 번져 설악산 전체를 화장실로 덮어야 한다는 문제도 있으며, 경험에 의하면 하나의 화장실은 그 주변 모두가 야외화장실로 변질될 우려가 매우 높다.

99%의 탐방객은 이런 사정을 이해하고 이런 환경에 적응하고 있으며, 1%의 습관 때문에 산이 망가지지 않기를 바라고 있다. 따라서 이는 문화의 문제이지 시설의 문제는 아니다. 일반적으로 이러한 생리문제를 해결하기 위해서는 등산 시작 2, 3시간 전에 평소 식사량의 70% 정도만 배를 채우고, 나머지는 등산 중간 중간에 고칼로리의 간식(행동식)을 조금씩 취하는 것이 좋다.

국립공원관리공단에서는 오래 전에 전국 국립공원의 등산로 중간에

돌계단과 식생복원 넓게 황폐해진 등산로 절반에 돌계단을 설치하고, 나머지는 식생복원 중이다. 계속 무너져 내리는 급경사면에 흙길을 만들기는 어렵다.

있는 간이화장실을 모두 철거한바 있고, 이에 따라 '산행 중 화장실문화'가 어느 정도 정착되고 있지만, 오색 등산로에서는 상당기간의 '문화 훈련'이 더 필요하다. 설악산이 금강산을 부러워해야 할 것은 별로 없지만, 소수의 안내산행으로 노상배뇨를 철저하게 억제하고, 위반자에게는 엄청난 벌금을 부과하는 제도는 마냥 부럽다. 잘 고안한 비닐 팩을 만들어, 또는 우주선에서처럼 '이동용 변통'을 만드는 방법도 있을 것인데…, 탐방객들이 이를 수용할지, 사용 후 배낭에 넣어 가져올지…, 참 어려운 문제다.

등산로 계단 문제

처음 1시간 동안의 지옥훈련장 같은 오르막 계단에 대하여 분통을 터뜨리는 분들이 많다. '경사면을 두지 왜 계단이냐, 흙을 깔지 왜 돌을 깔았냐, 계단 높이가 너무 높다' 등 전문가적 식견으로 공원관리자들의 '무식

함'을 원망하는 분들이 많다. 그러나 3년 전까지만 해도 고속도로 넓이만큼 넓게, 깊게 패여 나가 수목 뿌리들이 흉물스럽게 노출되어 있던 상황을 기억하는 분들이라면 '그래도 내가 참아야지, 오죽하면….' 하고 분통을 꾹꾹 누르며 가쁜 숨을 몰아 쉴 것이다.

연간 약 60만 명이 오르락 내리락 하는 등산로에서 흙길을 기대하는 것은 지하철 계단에서 흙길을 기대하는 것과 같다. 아무리 흙을 다져도 등산화 밑창의 요철에 의해 흙 알갱이가 부서지기 마련이며, 특히 산악지대 급경사에서는 빗물에 의해 순식간에 씻겨 나가고, 점차 물길이 생기면서 등산로는 더욱 패여 나가게 된다.

폭이 넓어진 등산로 양끝은 계속 깎여나가 물길은 더욱 확장되고 마침내 큰 나무들이 무너져 내린다. 그래서 불가피하게 계단을 설치하고, 돌을 깔지 않을 수 없다. 경사가 급하니 그만큼 계단 높이도 높이지 않을 수 없다. 한때는 등산로입구에서 흙 나르기 운동을 전개한 적도 있었지만, 과도한 답압(踏壓)에는 '밑 빠진 독에 물 붓기' 식이었고, 저지대의 식물 씨앗이 고지대 식물 생태계에 교란을 일으키는 문제가 생겨 중지한 바 있다.

단단한 흙 포장, 즉 마사토 포장(soil cement)이나 황토 포장 역시 과도한 답압에는 견디기 힘들고, 영하의 기온에서는 깨진다는 문제점이 있어 도입이 어렵다. 미국, 일본 국립공원에서와 같이 사람들이 집중적으로 이용하는 등산로에는 아스팔트를 까는 방법도 있지만, 이는 우리나라 국민정서 특히 환경단체들의 동의를 받아내기 어렵다.

따라서 산을 보호하고 등산로를 안정시키는 현재의 우리 기술에서 가장 적당한 것은 데크(deck)다. 데크는 땅에서 일정 높이를 띄워 인공적인 목재 등산로를 만드는 것인데, 땅과 식물을 보호할 수 있지만 역시 계단이라는 점에 인공시설이라는 면에서 후한 점수를 받고 있지 못하다.

결국 이런 난이도 높은 등산로에서 필요한 것은 바로 체력과 기술이다. 평소에 '등산근육'을 발달시켜야 하고, 무리하지 않는 산행으로 체력안배를 해야 하며, 자기 몸 상태에 맞는 등산로를 선택해야 한다. 즉, 자연에 나를 맞추어야 한다.

돌계단, 돌 붙임 등산로에서는 내려가는 길이 더 힘들기 마련인데, 이미 체력이 소진된 상태에서 터벅터벅 무릎에 더 많은 압력이 가해지자 이렇게 불평하는 분들도 있다. "등산로를 왜 이리 길게 만들었나! 한심한 놈들!"

아! 대청봉

오색–대청봉 5km 구간은 4개의 포인트마다 1시간씩 계산하는 것이 좋다. 즉 등산로 입구에서 제1쉼터까지 1.3km, 설악폭포까지 1.2km, 제2쉼터까지 1.2km, 마지막 대청봉까지 1.3km를 10분 정도의 휴식시간을 포함해 각각 1시간으로 잡으면 큰 무리가 없다.

마지막 계류(溪流) 중간지점의 설악폭포는 물맛이 꿀맛이다. 설악폭포는 지명일 뿐, 이 폭포를 보려면 계곡방향으로 3분 정도 내려서야 한다. 경사 45도의 완만한 암면(岩面)에 물이 붙어 흘러내리는 누워있는 폭포 와폭(臥瀑)이다.

전체구간 중 제2쉼터까지 3.7km는 80% 이상이 오르막 계단이고, 이후부터는 하늘이 환하게 열리며, 나무 키들이 낮아지고 한쪽 방향으로 가지가 쏠리는 전형적인 고산지대 경관이다. 경사도가 현저하게 낮아져 산행이 쉬운 것 같지만, 지금까지의 체력소진으로 계속적인 에너지를 요구한다.

대청봉의 여름, 가을, 겨울 하늘과 맞닿은 백두대간의 중심핵은 항상 변화무쌍하다.

대청봉 정상부근으로 올라서면 확 트이기 시작하는 고원(高原)을 둘러보기 전에 우선 바람을 살펴야 한다. 지금까지 옷과 살에 붙은 땀이 언제 얼음처럼 차가워질지 모르기 때문이다. 작년 초가을 화채봉에서 올라갈 때 김용부 레인저가 대청봉 초입까지 마중 나와 방한복(牛毛服)을 입으라 했는데, '뭐 이 정도 날씨 가지고…' 했다가, 막상 대청봉 정상에서 한파(寒波)의 강풍을 맞아 거의 뒹굴다시피 몸을 웅크리며 추위에 떨었던 기억이 새롭다.

당시 화채능선에서도 이길봉 레인저가 표현하기를 '바람이 사람을 데려갈' 칼바람이 휘몰아쳐 칼능선에서 가슴이 조마조마했었는데, 대청봉 바람은 이미 그 수준을 넘어선 메가톤급이었다.

여름 복장으로 올라와 대청봉에서 중청대피소까지 불과 600m, 15분간의 내리막에서 차가운 바람에 노출된 피부 온 몸에 동상을 입은 탐방객도 있었다고 한다. 그렇게 하다가도 언제 그랬느냐는 듯이 바람 한 점 없이 고요하고 따듯할 때도 많은 대청봉, 그만큼 대청봉 기상은 급냉(急冷), 급완(急緩), 급변(急變)이다.

오늘과 같은 성수기에는 차라리 대청봉을 들리지 않는 것이 좋다고 생각할 때가 많다. 눈 감고 지나가야 좋다는 뜻이다. 비좁은 돌탑 주변은 일단의 단체산행객들에게 점령당하고, 그들의 증명사진이 끝나면 또 다른 단체의 차지가 되고… 저 광활한 산체(山體)와 암투(岩鬪)와 해면(海面)과 신령스러움을 내감(內感)할 그 어떤 분위기도 없다.

대청봉 정상에서
국립공원 레인저로서의 보람과 직업의 어려움을 아이에게 알려주며….

복구 따로, 훼손 따로
대청봉 정상의 벙커를 철거하고 훼손지 복구공사 후 식생들이 복원되어 가고 있지만, 사람들의 무심한 발길이 가냘픈 식물들의 성장을 막고 있다.

정상부 바위지대의 식물생태계는 이미 포기하고 그 아래 둘레에 훼손지 복구공사를 한 후 출입금지판과 철제 로프 시설을 했건만 그 안에 들어가 단체로 누웠거나 식사를 하는 사람들에게 어떻게 손을 쓸 수가 없다. 사방이 다 그렇기 때문이다. 수 천 만원을 들여 벙커를 철거하고 고유식물 씨앗을 심어놓은 곳 역시 듬성듬성 사람들 발길에 새로 난 풀들이 짓이겨져 있다.

사람의 공간과 자연의 공간에 선을 그어놓았건만, 사람들은 자꾸 자꾸 자연의 공간을 잠식해 들어간다. 심지어 한쪽 구석에서 취사를 버젓이 하고 있는 사람들도 있다. 이들을 계도하는 임무를 수행하지만, 하나같이 신분증 제시를 요구하면 거부하며 총총히 등산객 무리 속으로 사라진다. 레인저들이 이들의 행동을 일단 제지할 수는 있지만, 이들의 마음에 들어가 진정한 산행문화를 전하는 것은 매우 어려운 일이다.

해발 1,708m의 대청봉(大靑峯)은 한라산 백록담(1,950m), 지리산 천왕봉(1,915m)에 이어 남한에서 3번 째, 금강산 비로봉(1,638m)보다 높은 봉우리이다. 눈 덮인 산이라는 뜻의 설악산에서 대청봉은 설악봉이라고 할 만큼 제일 먼저 첫 눈이 내리고, 제일 늦게까지 마지막 잔설이 기화(氣化)

대청봉의 눈잣나무
바람이 심해 누워 자라는 '누운 잣나무'. 남한에서는 이곳에서만 자라는 희귀종이다.

되는 곳이다.

대청봉은 하늘과 맞닿은 성지(聖地)여서, 고산기후의 악조건이어서 모든 나무가 무릎 꿇어 낮게 자라, 심지어 꼿꼿한 기상의 잣나무마저 옆으로 누워 '누운 잣나무'인 눈잣나무가 되었다. 사람 역시 대청봉에 강풍이 불면 무릎 꿇듯이 자세를 낮춰 내려와야 하는 곳이다. 바다에서 끓어오르는 일출을 보기 위해 수 백 만 명이 찾아오지만, 변화무쌍한 먹구름과 안개, 눈보라, 비바람이 불덩이를 가려 쉽게 그 모습을 내어주지 않는다.

이렇게 설악산다운 사나운 기세의 대청봉에도 잠깐 동안의 봄, 여름, 가을이 이어지며 수 십 만평의 허벅지같은 고원지대가 천상의 화원(花園)을 이룬다. 이름도 어여쁜 얼레지, 돌양지꽃, 바람꽃, 바위채송화, 은방울꽃, 범꼬리, 노루오줌, 두메잔대, 둥근이질풀, 붉은병꽃, 산구절초, 산오이풀, 큰수리취에 박수준 레인저가 멸종위기종이라고 애지중지하는 홍월귤, 노랑만병초 등등.

야생화 시합을 한다면 바위투성이(骨質) 대청봉이 육질(肉質)인 지리산의 노고단, 덕유산의 덕유평전, 소백산 능선길 등에 필적하지는 못할 것이다. 그러나 혹독한 자연환경과 암반 위의 미기후(微氣候)에 의해 형성된 독특한 식물생태계의 가치는 난산(難産) 끝에 태어난 독자(獨子)와도 같다. 대청봉은 백두대간의 정중앙에 위치하여 북방계 식물의 남한계(南限界), 남방계 식물의 북한계(北限界)로서 역할을 다하는 '백두대간 중심, 생태통로' 로서의 가치도 빼놓을 수 없다.

대청봉 훼손지 복구

지리산의 노고단, 세석평전에 이어 자연생태계로의 회복을 위해 시도했던 대청봉 훼손지 복구공사는 아직도 미완(未完)의 작품이다. 1996년 당시 복구설계를 하기 위해 몇몇 전문가들과 함께 찾아던 대청봉 남사면의 모습은 '이곳이 과연 국립공원인가? 대청봉의 명성은 어디로 갔는가?' 할 정도로 참혹했다.

무분별한 야영과 사람들의 발길로 사람 키보다 깊게 패여 수로화(水路化)된 어지러운 샛길들, 양분이 다 씻겨 내려 모래알같은 토양표피(表皮), 앙상한 뿌리가 하늘로 노출되어 울음을 터트리던 작은 나무들, 언제 생명을 마감할지 모를 야생화들의 가냘픈 흔들거림, 그 사이로 그 위로 저벅저벅 오르내렸던 수많은 사람들…

이후 나는 보직이 변경되어 이 복구사업의 시공단계에는 참여하지 못했는데, 현재의 다소 어설픈, 뼈는 맞추었지만(토양 안정화) 살은 다 돋아나지 않은(식생복원) 모습을 볼 때 생태학자가 제시한 이론과 공원사무소의 시공기술이 제대로 접목되지 못했기 때문이란 생각이 든다.

훼손지 복구는 생태분야와 시공기술 분야의 접목이 절대 필요하지만, 각자의 분야가 너무 이질적이고 산 정상부의 환경이 매우 불안정하여 완성도 높은 성과를 얻기가 쉽지 않다.

대형수술을 하고 난 뒤에 정기적인 진찰과 치료를 지속적으로 해주어야 했는데, 당시만 하더라도 생태계 복원에 대한 이해도와 전문성이 낮았고, 현재도 탐방객 출입을 완전히 봉쇄하지 못해 대청봉의 자연생태계 회복은 더디기만 하다.

어쨌든 우여곡절을 거쳐 석축을 쌓아 평탄면을 만든 뒤 토양을 보충하고 주변 식생의 씨앗을 심거나 풀포기를 이식했으며, 강풍에 토양이 날아가지 않도록 거적 덮기 시공 등을 했는데, 최근 조사에 의하면 매년 식피율(植皮率, 식물이 땅을 덮는 정도)이 2%정도 증가하고 있다. 앞으로 현재 쌓아놓은 수직 석축을 허물어 자연스런 경사를 유지시키면서 지속적인 토양개량을 통해 식생 복원속도가 빨라질 수 있도록 도와줄 필요가 있을 것이다.

대청봉은 겉보기 위용에 비하여 화강암 기반의 암석 위에 토양껍질이 살짝 붙어있는 연약한 체질이다. 그래서 과도한 등산객들의 출입으로 발길에 토양이 씻겨나가면 껍질 자체가 벗겨져 식생회복이 매우 어려운 곳이다. 지금도 북사면과 남사면의 급경사지는 집중호우에 매우 취약해서 현재도 몇 군데의 대형 산사태지를 볼 수 있다.

자연현상을 어찌 하지는 못하더라도 인간의 간섭에 의해 대청봉의 녹색껍질이 벗겨나가는 것을 더 이상 좌시해서는 안 된다. 이는 출입금지시설을 추가하고 사람통제를 강화하는 해법이 아니라 사람들이 대청봉을 더 이해하고 진정하게 사랑하게 하는 산행문화의 개선, 실천으로 풀어나가야 할 문제다.

대청봉 남쪽 사면 훼손지 복구
과도한 야영과 출입으로 황폐화되었던 곳에 고유 식물들이 살아나고 있다. 고산지대의 생태계 복구에는 매우 정성스런 노력과 장기간의 치료가 필요하다.

중청대피소

대청봉 아래 중청봉 밑 안부(鞍部)에 위치한 중청대피소의 2층 침상에 누워보면 바람 심한 날 건물자체가 흔들리는 것을 느낄 수 있다. 중청대피소는 심한 바람을 감안한 건축 구조로 지어져 있어 골격은 문제없지만, 천정의 불빛 사이로 먼지가 요동치는 것을 보면 찜찜하지 않을 수 없다. 자연훼손을 최소화 할 수 있는 장소에 지어졌지만(기존의 산장 터), 대한민국에서 가장 바람직하지 않은 위치에 세워진 중청대피소, 그만큼 탈도 많고 말도 많은 곳이다.

우선, 대피소라는 명칭에 논리가 부족하다. 과거에는 산장이라는 이름이었으나 숙박 개념 보다는 대피 개념이 더 공원관리적이라는 발상에서 이름을 바꾸었지만, 여전히 숙박 기능이 대피기능을 앞서고 있다.

사무소에 근무하다보면 대피소 인터넷 예약에 문제가 많다는 항의를 종종 받곤 한다. 1초 만에 120명 예약이 완료될 수 없으니 무슨 야로(속임수)가 있는 것 아니냐는 것이다. 인터넷 투명 사회에서 속임수는 있을 수 없다. 성수기 주말이나 연휴에 전국에서 수 만 명이 동시에 접속하니 1초가 아니라 0.1초 만에 예약은 끝날 수 있다.

그러나 어떻게 대피를 미리 예정해서 예약제를 하느냐의 질문엔 답변이 궁색하다. 그래서 1일 20여명 분의 침상은 예약을 받지 않고 만일의 사태에 대비해 '비축' 해 두고 있지만, 이 역시 마당에 가득 찬 비예약자들에게 돌아가기 일쑤이고(선착제), 정말 대피가 필요한 응급환자들에겐 직원들 공간이 제공되곤 한다. 어쨌든 얼어 죽지는 않겠지, 무조건 가고보자 하는 비예약자들에 의해 중청대피소가 제 이름에 걸 맞는 '대피 기능'이 존재하고 있는 것은 아이러니라고 할 수 밖에 없다.

대피소 운영에서 가장 큰 문제는 물과 난방연료의 공급이다. 수역(水域)

중청봉과 중청대피소 파란 하늘, 하얀 레이다 돔, 붉게 물든 산, 오색 복장의 사람으로 가을 단풍철임을 말해준다.

이 없는 능선 정상 부근에 가느다란 샘이 있기는 하나 이는 여름 우기에 잠시 이용될 뿐, 나머지 기간에는 무용지물이다. 겨울에는 눈과 얼음을 녹여 사용하지만, 나머지 건기에는 근무자들도 헬기로 수송한 페트병 물을 찔끔찔끔 사용하는 방법밖에 없다. 이런 상황에서 탐방객들이 "물을 달라", "이렇게 많은 사람들이 이용하는 공공시설에 물이 없느냐", "이빨은 어떻게 닦느냐"라고 호되게 질책을 하면 참 난감하다. 산에서 물은 필수적인 준비물이다.

러시아 우스리스크의 어떤 마을에 반달가슴곰을 도입하러 출장 갔을 때, 식수조차 부족했던 이 마을 여건 상 손바닥 세 줌 분량의 물을 배급받아 양치질과 세수를 했던 기억이 난다. 일본 국립공원의 고지대 대피소에선 아예 치약을 이용한 양치질, 비누를 이용한 세수를 엄격하게 금지하고 있다. 미국 애팔래치아 종주능선의 각 대피소에는 아예 관리인조차 없다. 그래도 불만은 없다.

산행은 모든 것을 혼자 준비하고 해결해 나가는 자연학습이다. 대피소에서 최소한의 편의를 제공하고 있지만, '연목구어(緣木求魚)' 산행에서 도시의 편리함을 기대해서는 안 될 것이다.

자연보전, 환경보호를 최우선으로 내세우는 국립공원이다 보니, 화석연료 저감, 청정에너지 등의 사용으로 본보기를 보여야 할 공원사무소로서 난방연료의 문제는 참으로 큰 고민거리이다. 탐방객 편의제공은 물론 대피소 시설을 제대로 유지하기 위해서(동결방지) 난방은 불가피하다.

두어 달에 한 번씩 경유를 헬기로 운반해야 하는 번거로움, 일 년 내내 돌아가는 발전기 소음, 그리고 하늘로 흩어지는 연소물질(공해), 까다로운 소방법 준수사항, 만만치 않은 운영비용 등 생각 같아서는 대피소 건물을 번쩍 들어 산 밑에 내려놓고 싶다.

태양열을 도입하기에는 기상조건이 따라주지 않고, 풍력을 생각하기에는 경관저해 문제가 있다. 현재의 기술로서는 펠렛(pellets)보일러가 대안인 것처럼 보인다. 펠렛보일러는 폐목과 목재산업에서 발생된 나무폐기물을 압축해서 연료로 사용하여 연료원가를 줄이고 대기오염을 최소화하는 방식인데, 중청대피소와 같은 산악건물에도 효과적일지 검증이 충분하지 않아 시험적으로 이 펠렛보일러를 가동하고 있다.

전기를 인입하는 방법도 있으나 그렇게 하기에는 자연훼손 요인이 너무 크다. 내 개인적인 생각으로는 산정상부에, 그것도 신령스런 대청봉 턱 밑에까지 과연 전기가 들어와야 되는가에 대해 회의적이다.

자연의 맛, 산 맛이 사라진다면 국립공원의 존재가치도 사라지는 것 아닐까. 밤이 오면 당연히 깜깜해지고, 총총거리는 별빛에 삶과 죽음을 생각하고, 새벽의 여명에서 희망과 비전을 꿈꾸고, 아침이슬에서 생명과 평화를 느끼는 곳, 그런 자연의 섭리, 자연이 주는 감동이 생생히 살아 숨쉬는 설악산국립공원이 되어야 할 것이다.

백담사-중청-천불동 24km

설악의 10월 두 번째 주말은 단풍 피크(peak)가 아니라 피키스트(peakest)라고 해야 할 것 같다. 대청봉 꼭대기에서 백담으로 '쉽게' 내려가는 일은 많았어도, '어렵게' 올라가는 일은 드물었는데 오늘은 작정하고 거꾸로 올라가 보았다.

백담(百潭)의 뜻은 물론 백 개의 담(潭), 더 정확히는 대청봉으로부터 백 번째 담인데, 나는 처음엔 하얀 백담(白潭), 또는 하얗게 맑은 물 백담(白淡)인 줄 알았다. 그토록 새하얀, 간호사의 첫 가운과도 같은 우윳빛 계곡 바위는 금강산에도, 세계 어느 계곡에도 없을 것이다.

담(潭)은 깊은 물을 가득 채운 곳, 탕(湯)은 채워진 물이 세차게 흐르는 곳, 소(沼)는 비교적 얕게 고여 있는 물(못)이 있는 곳을 말한다. 그래서 이 험악한 남자 산 설악에는 소(沼)가 드물고 웬만한 담, 탕, 폭포에도 이름이 없다. 어쨌든 세상에서 가장 하얀 계곡암반, 그리고 거기에 담겨있는 물이 가장 시퍼런 담(潭)이 초입부터 맞아주는 계곡, 미스코리아 백담계곡이다.

백담사 셔틀버스

용대리에서 백담사까지 5km 도로는 참 골치 아픈 길이다. 원래는 2시간 정도 발로만 걷는 소로였는데, 소형차 한 두 대가 다니기 시작하더니, 전직 대통령 한 분이 칩거하실 때 야금야금 길을 정비해 이제는 셔틀버스가 바쁘게 왕래하는 도로가 되어 버렸다.

버스의 매연, 소음이 조용하고 깨끗한 정경(靜景)을 해치고 있음은 물

백담계곡 디테일 하얀 암반, 옥색 물빛, 하늘거리는 돌단풍, 짙푸른 이끼의 조화가 무척 아름답다.

론, 걷는 사람의 옷자락에 버스가 스칠 정도로 좁은 노폭에서 운전자의 사람을 피하는 기술과 걷는 사람이 버스를 피하는 기술이 놀라울 뿐이다.

국립공원은 걷는 사람에게 가장 좋은 길이 되어야 하는데도 탐방객의 생명을 위험하게 하는 버스 통행은 곤란하지 않느냐는 국립공원사무소 측의 의견, 그리고 그만큼 편해지면 그만큼 많은 사람들이 들어와서 자연을 해치게 된다는 환경단체들의 주장에 대해 버스운영에 관련된 기관, 단체, 지역주민들은 대부분의 탐방객들이 버스 통행을 요구한다는 논리로 맞서고 있다.

일부 직원들도 '산행객들의 안전 하산'에 도움이 된다는 얘기를 하고 있다. 특히 봉정암에서 철야기도 후 탈진상태로 내려오는 노년층 탐방객들에게 셔틀버스는 꼭 필요하다고 한다. 이렇게 이해관계가 얽혀있는 공원업무는 참 어렵다.

어쨌든, 이 길을 지날 때마다 수려한 백담계곡의 한 쪽 일부가 도로에 의해 제 모습을 잃게 된 것에 대해 자연에게, 사람에게 두루 미안하다. 차를 타고 지날 때 한쪽 편으로 물러서는 도보 탐방객들에겐 늘 고개를 숙여 죄송함을 표현하지만, 그 분들이 나를 용서해주는 것 같지는 않다. 길의 절반만이라도 자연과 걷는 사람들에게 내어주자는 대안을 제시하고 있지만, 이 시대에서 편리함의 추구와 경제논리를 이기는 것은 정말 쉽지 않다.

백담사-수렴동

백담사의 아침은 물안개가 흐르는 낮은 수면(水面)에, 학승(學僧)들의 조용한 산책과 더불어 고요하게 가라앉은 듯하지만, 이내 극성스런 아침 산행객들의 스틱 소리로 '저벅저벅' 거린다.

올라가는 사람들은 산행 출발의 생기발랄함으로 힘이 넘치고, 내려오는 사람들은 대부분 고양이 세수에, 땀범벅에, 뒤틀리는 발걸음에 몰골이 형편없지만 '이제 살았다' 는 생각으로 마지막 힘을 쏟는다. 겉은 조용하지만 안에는 생기가 넘치는 산기(山氣)가 가득하다.

만해 한용운 선생 백담사 경내 전시관에 있는 초상화. 왜 이 곳에서 '님의 침묵' 시상을 구했는지 상상되는 아름다운 백담계곡이다. "푸른 산빛을 깨치고, 단풍나무 숲을 향하여…"

나는 백담사에 들리기보다 지나칠 때가 더 많다. 만해(萬海)선생님을 뵙는 것은 좋은데, 괜스레 일해(日海)라고 호를 쓰는 분의 흔적에 더 눈길이 가기 때문이다. 두 분의 이미지가 너무 달라 한 곳을 공유하기가 어려울 것인데, 한 면[萬海]에 한 점[日海]이 찍혀있는 것과 같다. 그러나 사람들의 눈은 면보다 점에 초점이 모아진다.

아름다운 계곡 옆 호젓한 숲길에 들어선다. 아마 한용운 선생께서 '님의 침묵' 을 작시(作詩)하신 길이 바로 이곳 아닐까… "푸른 산빛을 깨치고

설악산 백담 탐방안내소
백담사에서 계곡건너 수렴동 방향에 설악산의 야생동물을 주제로 조성한 미니 탐방안내소. 주변 자연관찰로에서 국립공원 레인저들이 자연해설을 해준다.

단풍나무 숲을 향하여…"

영시암까지는 단풍 빛깔이 '새로운 노란색과 남은 초록색'이 적당히 어우러지고, 수렴동부터는 갈색 바탕에 붉그스레한 빛깔이 하얀 계곡에 대비되면서 마지막 단풍향연을 펼치고 있는 듯하다. 초록은 엽록소, 노랑은 크산토필, 붉은색은 안토시안이라는 색소가 드러나기 때문이라는 것은 가을철 자연해설의 기초다. 그런 '과학'을 몰라도 단풍의 아름다움은 만끽하는 '감정'에는 아무런 문제가 없다.

영시암에 오르는 중간 지점에 있는 사미소(沙美沼)를 보려고 잠깐 탐방로를 벗어난다. 아름다운 큰 바위 몇 개가 지그재그로 계곡물을 막아 몇 개의 물웅덩이(沼)가 생기는 곳인데, 물 깊이가 있어 빛의 산란작용 때문에 바닥이 초록색으로 보인다.

여름철 이곳의 바위 위에는 돌단풍들이 가득했다. 마침 물가의 모래밭에 동물 발자국들이 현란하다. 물 먹으러 온 너구리, 족제비, 고라니, 그리고 무수한 새 발자국들, 그리고 몇 개의 등산화 발자국을 보고 나는 그들에게 말한다. "애들아! 사람 조심하거라…".

수렴동(水簾洞)이라는 이름도 색 다르다. '물이 꿰어져 있는 골짜기'라는 뜻인데, 아마도 수많은 담(潭)이 연이어 붙어 있다고 해서 붙인 이름일 것이다. 그런 파란 물웅덩이에 단풍잎이 담겨 투명하게 빛날 때의 그 아름다운 빛깔과, 물이 얕게 흐르는 여울의 바닥에 깔린 조약돌의 반짝임과 하얀 포말이 만들어내는 소리가 탄성을 자아내게 한다. 하얀 암반의 중간에 길쭉한 곱창처럼 관입(貫入)된 검정 암선(岩線)의 대비(對比)가 시선을 멈추게 한다. 하나의 돌에 어떻게 다른 성분의 돌이 비집고 들어갔을까?

내가 국립공원에 입문해서 첫 출장지가 바로 이 곳 수렴동의 대피소였는데, 당시에 곳곳의 바위 틈바귀에 버려져 있던 음식쓰레기를 치우면서 오바릿(over-eat, 진짜 영어는 throw up)을 했던 기억이 새롭다. 22년 전 그 때는 지금까지 이렇게 오랫동안 국립공원과 함께 할 줄은 몰랐다.

차가운 가을 아침, 산꼭대기 혹은 봉정암에서 내려온 하산객들이 앞 다투어 커피를 찾는 통에 단 한 명인 우리 직원이 공원관리자인지 커피 판매원인지…, 직원도 나도 제대로 인사도 하지 못하고 수렴동대피소를 떠난다. 오늘 같은 주말에는 직원을 더 배치시켜야 하는데, 그럴 여유가 없어 잔소리도 격려도 하지 못한 채 슬그머니 자리를 빠져나온다.

구곡담-봉정암

수렴동대피소에서 오세암 방향 왼쪽 계곡을 가야동계곡, 봉정암 방향 오른쪽 계곡을 구곡담계곡으로 부른다. 수렴동에서 백운동을 지나 쌍룡폭포까지의 본격적인 오르막엔 단풍산행의 묘미가 가득하다. 나무마다 조금씩 다른 붉은 핏빛, 갈색 매니큐어, 노랑 펄럭임의 변화가 고도를 올릴수록 완연하다. 변화가 변화를 부른다.

좁은 길에서 마주치는 산행객들과의 신체 접촉에 신경이 좀 쓰인다. 한

구곡담 단풍
나뭇잎마다 태양빛이 가득, 매니큐어를 칠한 입술처럼, 변화가 변화를 부르는 빛깔산행이다.

쌍룡폭포
가느다란 두 개의 포말이 녹색 웅덩이에 살며시 담겨지는 이 조용함도 여름 폭우가 쏟아지면 거대한 폭포로 용트림한다.

가한 날에 만나는 분들과는 서로 충분한 예의를 갖추지만, 오늘처럼 곳곳에서 밀리는 단체 산행객들로부터는 '미안합니다, 수고 하십니다, 먼저 가시지요' 라는 덕담을 주고받기가 어렵다.

아직도 버젓이, 자랑하듯이 산에서 담배 피는 사람도 많다. 그러나 사복 차림인 내가 "(벌금) 50만원 갖고 오셨습니까?" 라고 물어보면 대부분 알았다고 비벼 끄고는, 대체 저 놈이 누구일까 하는 표정을 내 뒤통수에 꽂는다. 그렇지만 곧 주변 사람들이 나서서 "야! 이제 끊어", " 그것 봐 이

××야~", "아저씨~ 50만원 받아가세요" 등등 동행자들이 공원관리를 대신 해준다.

봉정암을 앞두고 마지막 오르막…, 산의 어디에나 목표지점 밑에는 깔딱고개가 있다. 우리나라 국립공원에서도 가장 깔딱거려야 하는 고개 역시 설악산에 있다. 설악폭포에서 대청봉까지 2시간, 한계령에서 삼거리까지 1시간 30분, 희운각에서 소청까지 1시간, 계조암에서 울산바위까지 30분 등등. 정점(頂點) 직전의 우리 인생도 그런 것 아닌지 짐짓 상념에 들고 싶지만, 가쁜 숨과 짧은 연륜이 길을 재촉한다.

출발 4시간 만에 도착한 봉정암(鳳頂庵). 이름 뜻을 잘못 '산 봉우리의 암자' 봉정(峰頂)으로 오해할 수 있지만, 봉정(鳳頂)은 봉황의 머리끝에 위치했다는 의미인데, 암자를 내려다보는 길쭉한 바위 위에 둥그런 핵석(核石) 하나가 봉황의 알처럼 떨어질 듯 말 듯 얹혀 있다. 그런데 정확한 의미는 봉황이 알을 품을 자리에 절이 위치했다는 뜻이라고 한다.

안타까운 산사(山寺)

그래서 그런지 이곳에는 사람도 많고 돈 냄새도 많은 것 같다. 고즈넉한 암자가 아니라, 이제는 천 명이 넘는 인파가 성지순례차 '칼잠'을 청하는 야사(夜寺)가 되어 버렸다. 산에 와서 도를 닦는 것이 아니라, 하룻밤 절만하면 도를 깨치는 것인지, 부처님께서 공부 못한 아이들까지 입시에 척 붙게 하는 것인지…, 크고 작은 기원을 드리려는 사람들로 산사는 늘 만원이다.

이 빼곡한 사람들을 먹이고 재우고 배설시키려면 환경오염이 뻔해 주지스님을 만나 이런 문제들을 얘기해보지만, 주지스님은 오늘도 이 어려운 문제를 기술적으로 빠져나가 덕담만 늘어놓는다.

국립공원에서 수많은 사람들을 상대하지만, 제일 어려운 상대는 스님이다. 오죽하면 스님들 스스로 우리에게 이야기하기를 몸에 기어 다니는 이 세 마리를 정렬시킬 수는 있어도 스님 세 분은 그렇게 할 수 없다고 할까.

백담계곡에서 적당한 거리로 입지되어 있는 백담사, 영시암, 오세암, 봉정암 4곳의 절에 대해 나는 참 서운한 생각을 갖고 있다. 오래된 책에 쓰여 있는 호젓함, 단칸 너와지붕의 신선(神仙)함, 동화 같은 전설 등을 현재의 산사모습에서는 찾아보기 어렵기 때문이다. 물론 세태의 변화 속에서 절만 비켜나 있으라는 법은 없다. 하지만, 그래도 우리가 속세를 떠나 절을 찾는다고 했을 때, 그 절 역시 속세의 연장이라고 인식된다면, "이건 아니지 않나" 하는 것이 나의 생각이다.

어지러운 속세와 인연을 끊고 백담계곡에 입산수도하셨던 김창흡, 한용운 선생이 환생(還生)하신다면 이 곳 자체를 속세로 보시고 더 머~언 길을 떠나실 것이다. 설악산이 이 모양이니 아마 비행기를 타고 물 건너 가실 것이다.

봉정암에서는 점심 공양으로 미역국밥을 주는데, 시주함에 만 원짜리를 넣는 사람은 (혹시 두 장일까) 조심스럽게, 천 원짜리를 넣는 사람은 다른 사람에게 보이지 않으려고 손바닥으로 가려서 은밀하게 집어넣는다. 나처럼 공짜손님은 먼 산을 바라보며 당당하게 주방 앞으로 나아간다. 나 같은 공짜손님이 절반은 넘는 것 같다.

소청–중청

배부른 점심에 숨을 몰아쉬며 20분 정도 깔닥고개를 올라서면 서북주능과 공룡사이의 내설악 일원, 용의 이빨처럼 당당한 용아장성(龍牙長城), 그리고 백두대간의 힘찬 종선(縱線), 그 너머 울산바위, 속초 앞바다가 시원하게 조망되는 소청대피소에 당도한다. 이미 가을이 깊은 고지대의 원경은 온통 갈색이다. 더 멀리 희끄무레하게 금강산의 모습이 보여 늘 설악산과 금강산을 이어야 한다는 비전을 그리게 된다.

지난겨울 대피소 점검 차 소청대피소 냉방에서 하룻밤을 보낼 때 그 새까맣던 밤하늘에 반짝이던 무수한 별님들, 어둠 속에서 하얗게 펄럭이던 태극기, 휘황한 속초시 야경, 그리고 화장실 나들이에 나뭇가지들의 으흐흣! 귀신소리가 생각난다. 김치꽁치찌개로 소주 한 잔 할 때의 뜨거움과 침낭 속에서 덜덜 떨며 밤샘하던 차가움이 선명하게 떠오른다.

대피소 운영권 문제로 '인터넷 공방(攻防)' 에 이어 법정 소송까지 이어져 관계가 불편한 '소청 아주머니' 가 음료수 하나를 어색하게 건네준다. 내친 김에 사진 한 장 찍어 달라 하니까 가장 좋은 포토 포인트로 안내를 해준다. 이 아주머니의 가족은 설악동 마을 나의 관사에서 불과 30m 이내 거리에 살고 있다.

동네사람, 산사람들을 상대로 하는 '업무' 는 우리 공원 직원들을 가장 곤혹스럽게 한다. 업무는 업무로 끝나야 하는데 어쩔 수 없이 인간관계까지 소원해지기 때문에 '우리 산사람' 들은 이런 업무환경에 잘 적응되지 않는다.

여기서 소청으로 올라가며 펼쳐지는 경사면은 완전한 늦가을이다. 분비나무가 주종인 침엽수를 제외한 모든 나무가 대부분 잎을 떨구어 황량하다. 단풍 대신 처연한 붉은 빛의 마가목 열매가 시선을 집중시킨다.

숲 안쪽에서 정신없이 마가목 열매를 따는 분을 점잖게 타일렀으나 좀처럼 수긍하는 표정이 없어 신분증을 보이니 비로소 잘못을 인정한다. 그 사람의 배낭을 열어 구슬같은 빨간 열매들을 동물들의 땅에 흩뿌리니 그 분의 표정이 더 나빠진다.

"짐승에게 주려면 나를 주지, 내가 짐승보다 못하냐!"라고 원망하는 눈치다. 그렇다 여기는 사람의 땅이 아닌 동물들의 왕국이다. 중청봉을 향한 마지막 오르막에 시원함을 넘어서 싸늘한 바람이 등줄기 땀을 식혀 오싹함을 느끼게 한다.

여름철 '크게 짙푸르던 대청봉(大靑峰)'의 모습은 이제 늦가을을 맞아 누런 바탕에 점점의 눈잣나무 녹색만이 청봉(靑峰)임을 말해주고 있다. 그 위에 가을의 청공(靑空)이, 저 아래는 망망한 청해(靑海)가 있다.

고려가요 청산별곡(靑山別曲)에 어떤 젊은이가 속세를 떠나 청산과 바닷가를 헤매면서 자신의 슬픔을 노래한 가사가 생각난다. 살어리 살어리랐다 청산에 살어리 랐다~ 머루랑 다래랑 먹고~ … 아마도 이 노래에 등장하는 청산이 바로 이곳 아니었을까.

중청대피소에서 바라본 대청봉엔 단풍 대신 형형색색의 등산복 차림이 오르락내리락 분주하다. 중청대피소 주변에는 햇빛 아래 퍼질러 앉은 산행객들의 오찬 잔치가 풍성하다. 추수(秋收) 중간의 새참 같은 곳도 있고, 어느 분들의 식사는 초대형 만찬 같기도 하다. 직업상 그들의 분뇨가 걱정된다.

해발 1,700m를 넘나드는 이곳에서 근무하는 직원들을 보면 늘 미안한 생각이 앞서 뭔가 지적하려 하다가도 말문을 닫곤 한다. 건장한 사람도 코피가 몇 번 터지고 삼 개월 정도 지나야 고산지대 생활에 적응이 된다. 끝까지 적응을 못해 내려온 직원도 더러 있다.

우직하고 성실한 이들을 대하면, 우리나라가 유지되는 것은 뉴스에 나오는 정치가나 재력가들에 의해서가 아니라, 이렇게 보이지 않는 곳에서 묵묵히 일하는 '보통사람들'에 의해서라는 것을 실감한다. 우리 직원들

여름의 천불동 계곡 녹색 산빛에 하얀 구름이 바다를 이루는 장관이다.

에 의해 설악산국립공원이, 대한민국 최고의 자연이 온전하게 지켜져 모든 국민에게 행복을 주는 것이다. 그런 훌륭한 직원이 내놓는 커피 한 잔에 산행에 지친 피로가 한꺼번에 녹아내린다.

희운각-양폭

산 정상에서 내려가는 길은 마음은 홀가분하지만 몸은 더 힘들어진다. 올라가는 무게보다 더 많은 압력이 무릎에 쏠리고, 젊었을 때 잘 받쳐주던 연골이 이제 사라졌기 때문이다. 우리 공원관리소 직원 대부분이 무릎 연골에 문제가 있는 직업병을 갖고 있다.

중청에서 소청까지 희희낙락했던 탐방객들이 희운각 방향으로 좀 내려가다 장난이 아닌 내리막에서 모두 "끙끙, 끙끙" 신음소리를 낸다. 신음소리가 심상치 않았던 아주머니 중 누구였을까 3시간 뒤에 구조 헬기가 출동했다.

희운각 방향 중간 지점에서 공룡능선으로의 전망은 가히 압권이다. 공룡의 불끈한 척추, 범봉의 외로움, 멀리 마등령, 황철봉의 당당함, 그리고 반대방향 화채능선의 현란함. 지난 여름 하얀 구름바다 위에 두둥실 떠 있던 '삼각형' 공룡 봉우리들의 경관은 압권이었다. 진짜 자연에 동화되는 선인(仙人)이라면 여기서 까무러쳐 떨어져야 한다.

다시 살아나는 자연
등산로 주변의 훼손지 복구 현장

소청에서 50분 거리의 희운각(喜雲閣). 설악의 거침 속에서 '희운' 이라는 이름은 무척이나 연약하고 부드럽다. 1969년 현재의 희운각 아래 계곡에서 동계훈련을 하던 산악인 10명이 눈사태로 사망해서 그 계곡을 '죽음의 계곡' 이라고 부른다.

향후 그런 사고를 방지하고자 이곳에 산악인 최태묵 선생이 대피소를 건립했는데, 그 분의 호(號)가 희운(喜雲)이라 대피소는 희운각이 되었다 한다. 현재는 그 옛날의 대피소를 허물고 새로운 형태로, 환경오염을 줄이고 자연에너지를 최대한 이용하는 시스템으로 리모델링되었다. 희운각은 중청대피소의 기능을 분담하는 역할도 있지만, 등반사고가 가장 많은 공룡능선의 전진기지, 도착점으로서 더 의의가 크다.

지난번 이 곳에 헬기가 간이화장실을 내려놓을 때 그 뚜껑이 벗겨지며 팔랑개비처럼 회전하면서 나에게 달려들어 혼령이 될 뻔했던 기억이 생생하다. 이 곳 주변에서 사람이 많이 죽어 그 혼령들이 우리 직원들 꿈에 많이 나온다고 한다. 자면서 그 혼령들에 의해 가위 눌린다는 이 이야기를

사람도 단풍 고도가 높아 낙엽이 진 가지사이로 사람들의 옷 색깔이 단풍을 대신한다.

믿거나 말거나인데, 그렇게 말하는 직원들의 진지한 표정을 볼 때 이들의 말을 믿지 않을 수 없다.

여름철이면 새까만 얼굴에서 유달리 섬뜩한 눈빛과 하얀 이빨을 드러내고, 겨울철이면 눈썹, 코털에 하얀 얼음조각을 붙이고 다니는 이들을 보면, 그리고 세상에서 가장 맛있는 커피와 라면을 끓여내는 희운각에서 근무하는 우리 직원들은 거의 산신령과 같다.

오늘도 여기저기 퍼진 사람들에게 다가가 안전산행 계도, 복장 점검, 마사지 서비스에 바쁘다. 단 두 명이 24시간 7일 근무 후 교대하는 이들을 남겨두고 내려올 때면 그들을 늘 적진에 두고 오는 심정이다. 그렇게 항상 미안하다.

여기서 공룡능선으로 갈리는 무너미 고개를 지나 50분 정도 내려가면 양폭(兩瀑)이다. 그 절반 25분 정도 레디쉬한 급경사 내리막 숲을 지나 90도로 꺾이며 계곡물을 만나는데 여기서 상류방향이 '죽음의 계곡' 이다. 전에는 '고요의 계곡' 으로 불렀지만 1969년 대형 참사 이후 그렇게 불렀다고 하듯이 어두운 협곡이 '조용하게 으스스해' 보인다.

하산방향으로 깎아지른 왼쪽 공룡절벽, 오른쪽 화채자락을 호위무사로 저 밑에 천당폭포 넘어 왼쪽 폭포를 음폭(陰瀑), 오른쪽 폭포를 양폭(陽瀑)이라 하며, 둘을 합쳐 양폭(兩瀑)이라고 부른다.

이번 봄 산불방지기간에 이 구간에서 노랗고 시커먼 동물이 스윽 지나가다 저 멀리에서 나를 한참 응시하던 '대치상태' 가 있었는데, 바로 '노랑

목도리담비' 였다. 22년 동안 국립공원을 쏘아 다녔지만 이 진귀한 야생동물을 직접 본 것은, 더구나 60초가 넘게 '눈싸움' 을 한 것은 처음이다.

천당폭포 높은 천당에서 떨어지듯 흰 물기둥에 온 몸이 시원하다.

오늘 같이 사람이 많은 날에는 살찐 다람쥐만 졸졸 따라온다. 음식을 얻어먹기 위해서다. 하지만 다람쥐에게 음식을 주어서는 안 된다. 음식 쓰레기도 남기지 말아야 한다. 이들이 야생에서 살아남기 위해서는 먹이찾는 운동을 열심히 해야 하는데, 요즘의 설악산 다람쥐들은 사람 음식에 의한 비만으로 건강이 좋지 않은 상태다. 생존능력이 떨어지면 비슷한 생태적 지위(地位)를 갖고 있는 청설모에게 밀려날지 모른다.

붉은빛, 갈색, 노란빛 단풍축제는 장중한 천당폭포를 지나 양폭에서 다소 주춤한 듯하다. 양폭대피소가 가운데 놓여있는 양쪽의 수직협곡은 늘 나를 무섭게 하거나 기분 나쁘게 한다. 딱히 어떤 연유는 없는데 괜히 어둡고 음침하고 으스스하다. 잠깐 동안의 양지(陽地) 이후 장시간의 음지(陰地)에서 지내야 하는 우리 직원들이 안스럽다.

이 대피소는 암벽등반을 하는 산꾼들에게 꼭 필요한 전진기지로 제구실을 하고 있지만, 장소가 좁아 외부환경이 좀 산만하다. 특히 야외 식사 테이블에 가까이 있는 간이화장실을 다른 곳으로 옮기고 싶어도 그럴만한 자리가 없다. 화장실을 들락거리는 탐방객을 보면서 어떤 여자 분이 모락모락 김이 나는 라면을 맛있게 먹고 있다. 본능적으로 젓가락을 가로채고 싶은, 산에서는 '최고급 음식' 인 라면 냄새를 억지로 참는 것도 어렵고, 그렇다고 바쁜 직원들에게 한 그릇 끓여달라는 것도 어렵다. 박차고 일어나 서둘러 내려가는 것이 '해법' 이다.

천불동계곡

10분 정도 뒤에 만나는 오련(五連)폭포. 내 의견으로는 설악산에서 가장 장엄한 경관을 보여주는 곳이다. 다섯 개의 폭포줄기가 약간씩 방향을 틀어 연이어 내려가지만, 그 전체 모습을 감상하기는 지형적으로 쉽지 않다. 폭포 전체를 언뜻언뜻 가리고 있는 대형 전나무 몇 그루가 야속하지만, 그 나무 자체가 주변의 장중한 경관에 포인트가 되고 있어 원망하기도 어렵다.

이곳에서 양쪽 절벽은 그야말로 금방 쏟아질 듯 수직인데, 그래서 여름철 집중호우 때는 수십개의 폭포가 생겨나고, 겨울 적설기에는 눈사태가 심심치 않게 일어나는 '위험지역' 이다.

지난겨울 눈에 묻힌 데크 계단 좌우에서 절벽을 허우적대던 기억이 아련하다. 눈 속으로 마치 엘리베이터가 내려가듯 천천히 깊게 내려갔다가 죽을힘을 다해 올라서다 다시 스르르 미끄러지고, 이런 운동을 반복하다 그냥 퍼지는 게 탈진, 그 다음은 영영 끝이다.

오련폭포 다섯 개의 폭포가 연이어 떨어지는 오련폭포와 주변의 날카로운 협곡은 천불동계곡의 으뜸경관이다. 겨울은 눈사태와 고드름에 찬바람이 무섭다.

이 오련폭포부터 비선대까지를 천불동(千佛洞)계곡이라 부른다. 기기묘묘한 바위들이 천 개의 불상을 닮았다해서 붙여진 이름인데, 금강산의 천불동을 따다 붙였다고 한다. 예전에는 설악의 지형이 워낙 깊고 험준해서 금강을 탐사할 때 '설악 탐사'는 엄두를 내지 못했다고 한다. 그래서 설악에는 금강의 지명(地名)이 많다. 어쨌든 한국의 그랜드 캐년으로 세상에 자랑해도 손색이 없는 기가 막힌 바위경관의 연속인데, 막상 우리 산행객들은 눈과 마음으로 보는 경관보다 땀과 에너지로 느끼는 등반 난이도에 더 의미를 두는 것 같다. 그래서인가 우리 직원 중 누군가 "힘들어서, 천불난다 해서 천불동입니다"라는 농담까지 한 적이 있다.

병풍교를 내려가는 데크는 항상 아찔하다. 올 봄 해빙기에 낙석이 쏟아져 철제다리를 무너뜨렸는데, 마침 탐방객이 없어서 다행이었지, 언제 또 그런 사태가 올지 항상 조마조마하다. 이런 위험구간을 피해서 데크 계단을 우회시켰지만, 자꾸 그 위의 수직바위들을 쳐다보게 된다. 아무리 단단한 바위도 틈이 있어 그 곳에 얼음이 끼게 되면(얼음쐐기) 언젠가는 분리되는 현상, 즉 낙석이 발생하게 된다.

이어서 귀면암(鬼面巖)을 만난다. 그런데 이 길쭉한 바위를 몇 번 지나쳐도 귀신얼굴은 쉽게 보이지 않는다. 좀 음침하고 어둑한 기상상태에서 데크 계단 하단에서 올려다보면 마치 로마 병정 같이 잘 생긴 청년 얼굴을, 계단 상단에서 올려다보면 약간 우스꽝스런 둥근 얼굴을 볼 수 있을 뿐이다.

그렇게 그렇게 내려가면 문주담을 지나 미끈한 3개의 삼각봉우리 미륵봉(장군봉), 형제봉, 선녀봉(적벽)이 다가서고, 드디어 비선대(飛仙臺)에 도착한다. 아직 최종점 소공원까지는 30분 이상 남았지만, 대부분 탐방객들이 종점 전야(前夜)를 치루 듯 무장을 해제하고 '세상에서 가장 편한 자세'로 휴식을 취하고 있다.

이 곳 비선대 휴게소에서 '전략적으로' 흘리는 빈대떡 기름 냄새도 이들을 괴롭힌다. 설악산이 금강산보다 못한 것이 딱 한 가지 있는데, 그것

비선대 적벽의 설경

은 바로 이 휴게소 건물의 외관이 금강산의 목란관보다 훨씬 못 미치기 때문이다. 말 그대로 선녀가 하늘로 올라 갈듯 한 모습의 건물로 재축했으면 하는 것을 이 휴게소의 주인인 스님들에게 말했는데 아직 소식이 없다.

신선들이 누워 놀던 와선대를 지나 저항령 계곡 끝과 만난다. 누구한테 저항하다 저항령이 되었는지는 말하는 사람마다 다른데, 여기서 보면 만만한 오목지형이지만 그 안에 들어가면 어디가 어딘지 모를 수십개의 지류(支流), 지로(支路)가 있어 본류(本流)와 본로(本路)를 찾기 어렵다. 그래서 저항하기 좋았던 곳일까?

사람에게 저항하기 쉬운 이곳에 산양을 비롯한 많은 야생동물들이 살아가고 있어 특별보호구로 지정, 사람출입을 통제하고 있다. 그런데도 간혹 들어가 구조해달라고 전화하는 사람(조난)과 전화없는 사람(실종)이 적지 않다.

다리 건너 이제부터는 시멘트 길이다. 길 양쪽으로 '난쟁이 대나무' 조릿대가 무성하다. 어느 대학교수께서 이 빽빽한 조릿대 때문에 다른 식물이 자라지 못하므로 솎아내야 한다고 말했는데, 다른 책에 보면 이 조릿대 라인에 의해 숲 안쪽이 보호되므로 가장자리 식물로써 중요한 역할(edge effect)을 한다고 쓰여 있다. 사람들의 발길을 막고, 신발바닥에 묻혀오는 외래종 씨앗과 오염물질의 입산(入山) 등을 억제한다는 뜻이다. 우리나라에는 아직 자연현상을 어떻게 해석하고 어떻게 대처할지에 대한 연구가 미흡해 서로 다른 의견들이 분분하다.

에필로그

시큰거리던 무릎도 소공원까지의 '신작로'에서는 마찰을 중지하지만, 굽이굽이 송림 길에 어둡고 무료함에 끝이 더디다. 길 양쪽에 도열한 길쭉길쭉 소나무들이 잘 다녀왔냐고 인사하는 것 같기도 하고, 어서 오라고 저승 앞에서 맞이하는 장승같기도 하다. 아침 7시 30분 출발이 이제 오후 6시 종막을 고한다. 어느 코스에서 내려오는지 한 점, 한 줄의 사람들이 한 무리가 되면서 모두들 종점으로 나아간다.

숲과 바위와 하늘 세상으로부터 이제 휴게소와 음식점, 승용차, 케이블카, 사람들이 번잡한 인간세상으로 나아간다. 산 속에서는 존재가 있는지도 몰랐던 영혼에 세속의 혼잡함이 다가온다. 마음은 가고 싶지 않지만, 육신은 자꾸 편한 세상으로 달려간다. 그 모든 것을 덮으려는 듯 어둠이 내려 깔린다.

설악의 밤은 슬며시, 그러나 엄격하게 다가와 마지막 남은 에너지를 거두어 간다. 이런 표현으로 쓰기에도 두려운, 그런 신성불가침으로 설악은 온 누리를 지배한다.

한계령-서북주능-십이선녀탕 계곡

한계령에 가면 꼭 내 시대의 우상이었던 양희은의 노래 〈한계령〉이 생각난다. 마치 우리 레인저들을 얘기하는 것처럼 "…이 산 저 산 눈물 구름 몰고 다니는 떠도는 바~람처럼…" 그렇게 처연하게 쓸쓸하고 우수에 찬 가사와 음조는 없을 것이다.

이름마저 차가운 해발 1,004m의 영동 · 영서 분수령(分水嶺)인 한계령

안타까운 한계령 2006년 여름 수해(水害)폭탄을 맞아 초토화된 한계령 도로의 복구된 모습은 여전히 상처투성이, 인공옹벽 투성이로 언제 본래의 모습을 되찾게 될지 기약할 수조차 없다.

백두대간 마루금으로서의 한계령도 역시 안타깝다. 원래 고갯길이었겠지만 도로를 뚫으며 고개 정상부만큼은 터널화해서 국토의 척추가 단절되는 것만큼은 꼭 막았어야 했다. 흉물스런 수직 절개지가 고개를 끊고 양쪽에 버티고 있는 모습은 휴전선 장벽만큼이나 우리 생물들의 마음을 답답하게 한다.

한계령 휴게소는 더욱 안타깝다. 건축가 김수근 선생의 작품으로 한국의 자연환경에 가장 잘 어울리는 서양식 건축물이라 할 수 있다. 원래 한계령휴게소는 땅 굴곡에 맞추어 단차(段差)를 두고 비바람과 폭설에 견딜 수 있도록 납작하게 엎드린 모습이 스카이라인에 거슬리지 않으며, 건물 어디서나 밖 풍경을 훤하게 감상할 수 있어서 좋았다.

바깥 데크에서 양희은의 한계령 노래를 들으며 진한 커피 향을 음미하면 얼마나 좋을까…, 그러나 지금 이것은 불가능하다. 현재의 휴게소 영업자가 안팎에 닥지닥지 붙여놓은 간이시설들이 원래의 건축미를 훼손했을 뿐더러, 여기저기 상업설비들이 정감적인 경관미를 교란시키고 있기 때문이다.

또한 주차장 일원의 대형 간판과 무질서한 주차시설들이 한계령 휴게소의 클래식한 이미지를 더욱 퇴색시키고 있다. 앞으로 한계령 휴게소를 건축가의 원래 의도대로 조경(造景), 복원하고, 한계령 정상부에 땅을 덮고 숲을 만들어 자연의 길을 이어주어야 할 것이다.

한계령 휴게소 자연 앞에 납작 엎드려 있는 겸허한 모습.

한계령 길 단풍 굽이굽이 한계령 길은 단풍 드라이브, 안개 드라이브의 최고 명소다. (사진 수메루)

(寒溪嶺)은 늘 그렇게 안개에 젖고 구름에 묻히며 바람이 썰렁하다.

옛날에 이 산의 영동지역을 설악산으로, 영서지역을 한계산이라고 했으며, 현재의 백담사도 장수대 언저리에 있는 한계사지(寒溪寺址)가 그 원조다. 해양성 기후로 비교적 온난한 영동지역에 비해 영서지역이 훨씬 춥다고 해서 한계(寒溪)라는 말을 썼을까, 혹시 뭔가 넘어설 수 없는 한계(限界)는 아니었을까?

한계령–갈림길 삼거리

설악산의 주능(主稜)에 가장 빨리 도달하는 매력을 가진 한계령에서의 산행 길은 초입부터 사람을 헐떡이게 한다. 설악루까지 불과 100m 정도의 오르막이 재미없는 108개 시멘트 계단인데다 단차가 높아 허리를 곧게 펴고 오를 수 있는 사람이 별로 없다.

기나긴 한계령 돌길을 내려오는 사람들의 무릎에겐 천당(종점)으로 가

한계령풀 한계령에서 처음 발견하여 이름 붙여진 멸종위기야생식물로, 우리나라는 물론 세계적으로도 희귀종이다. (사진 권재환 레인저)

는 마지막 지옥이다. 중간 중간에 디딤돌을 놓으라 했건만 바쁘신 직원들께서 차일피일하고 있다. 아마 소장의 리더십이 그만큼 부족했기 때문일 것이다.

설악루(雪嶽樓)는 현재 붕괴직전의 상태라 내부 출입을 금지시키고 있어 인제군에 복원을 요청해 놓고 있는 상태다. 탐방지원센터 입구의 좁은 등산로 가운데에 떡 버티고 있는 위령탑 역시 한 켠으로 옮겨놓는 게 좋을 것으로 군부대와 협의가 필요하다.

이 위령탑은 1968년부터 3년간 한계령 도로를 공사하다 숨진 군인들을 위한 탑이다. 이 탐방지원센터에서는 대청봉까지의 일몰시간을 고려해 입산을 여름철 14시, 겨울철 11시에 각각 통제한다.

여기서 10분 정도 돌길, 데크 길을 오르면 중간 중간에 오색–점봉산–한계령–가리봉 능선을 시원하게 조망할 수 있는 좁은 전망 포인트가 나와 산행속도를 늦추게 한다. 무조건 땀 뻘뻘 올라가는 사람들은 참 이상하다. 왜 여기에 왔을까?

출발 이후 40분 일부 내리막, 거의 오르막으로 대략 중간지점인 1,307봉에 오르면 서북주능의 왼쪽(귀때기청봉), 오른쪽(끝청) 기다란 등허리가 위압적으로 조망된다. 공룡능선의 뾰족함은 없지만 용의 굴곡처럼 부드럽게 용트림하는 모습이 장관이다.

아~ 과연 저 끝까지 갈 수 있을까? 변화무쌍한 기상이 서쪽으론 먹구름을 동쪽으론 햇빛을 쏟아내는 산악기후의 전형을 연출하고 있다. 오른쪽 근경에 한줄기 산사태지가 마음을 아프게 한다.

여기서 10여분 내리막길엔 에너지를 비축하지만, 이는 다음의 오르막을 위한 예고편이다. 이 구간의 겨울은 눈길에 슬라이딩이 즐겁지만 돌부리에 걷어 채일 확률이 매우 높다. 다시 30여분을 오르면 또 하나의 암봉 전망 포인트가 나온다.

서북주능은 이제 완연히 코앞에 있지만 언제나 그랬다는 듯 짙은 운무가 시야를 가렸다 열었다 한다. 여기서 10여분 마지막 피치를 올리면 귀때기청봉과 대청으로 갈리는 삼거리이다. 출발해서 1시간 30분 헐떡거렸는데도 불과 2.3km밖에 못 온 것을 감안하면 결코 쉬운 코스는 아니다.

이 갈림길 삼거리에 올라서면 저 멀리 원경에서 내설악, 외설악을 가르는 공룡, 황철봉의 백두대간 능선이 어서 오라는 듯 당당하다. 그 안쪽으로 접시의 안쪽처럼 둥그런 지형 안에 용아장성을 비롯한 내설악의 장관(壯觀)이 화폭처럼 담겨 있다. 새처럼 날아가든, 구름다리를 타고 넘어가든 달려가고 싶은 설악 내경(內景)이다.

그러나 갈림길 삼거리 자체는 너무 좁고 초라하다. 사람들 발길에 무너져 내리는 전망 포인트, 나뒹구는 쓰레기 조각들, 비박 흔적으로 눈살을 찌푸리게 한다. 사람들의 무심한 뒤처리도 문제지만 이 정도의 무질서라면 공원관리의 부재다. 직원들에게 잔소리할 거리를 노트에 잔뜩 적는 사이 다시 안개가 밀려온다. 축축했던 등허리가 오싹해진다.

귀때기청봉-대승령

여기서 귀때기청봉(1.6km), 대승령(6.7km), 십이선녀탕 지나 남교리까지는 장장 15.3km, 반대쪽 대청봉까지는 6km. 어느 쪽으로 가든가 능선

귀때기청봉 너덜 길
서북주능의 상징으로, 1만2천 여 년 전 빙하기 이후 얼음의 팽창으로 사각, 오각으로 깨진 바위덩어리. 눈이 덮이면 매우 위험한 코스다.

산행에서 확 트인 산악경관을 즐길 수 있지만, 역시 더 높은 대청봉 방향에서 한꺼번에 바라보는 서북주능, 용아장성, 공룡의 장쾌한 맛이 더하다고 판정승을 주어 본다.

특히 새하얀 구름바다에 잠겨 고봉(高峰)만이 두둥실 떠 있는 운해경관의 맛은 서북주능에서 경험하는 장관의 백미(白眉)다. 대승령 방향은 너덜길을 제외하면 대체적으로 숲길이 많고 대청봉 방향은 돌 끝으로 걷는 길이 더 많다. 그래서 이곳에서 안전사고가 더 많다. 오늘은 대승령 방향으로 몸을 튼다.

여기서 약 45분 귀때기청봉까지의 길은 좌우로 분비나무의 청청(靑靑)함과 그 고사목의 백백(白白)함이 대비되는 가운데 두 무더기의 너덜지대를 통과한다. 학술용어로 암괴원(岩塊園)이다. 마치 하늘에서 돌 상자가 쏟아진 듯 사각형, 오각형 수 만개의 넓은 각석(角石)이 구릉처럼 덮여 있다. 약 1만 2천 년 전 빙하기 이후 큰 바위덩어리의 틈새에 얼음이 맺혀 그 팽창작용으로 금이 가고 깨지면서 이렇게 각이 진 바위가 파산(破散)된 것이다.

돌상자 사이사이의 구멍에 발이 빠지면 돌 끝에 정강이가 채여 부상을 입지 않을 수 없어 그만큼 안전사고가 많은 곳이다. 폴짝 뛰고 균형 잡고, 어이쿠 미끈거리며 균형 잡고를 반복해서 체력소모 끝에 땀이 송글송글하지만 신체의 평형감각을 일깨우는 데에는 최고다. 이 넓은 너덜 길에 눈이 덮이면 길을 알 수 없어 긴 폴 끝에 형광색을 입혀 길잡이로 설치했다.

서북주능에서 가장 우람한 귀때기청봉(1,578m)은 다른 청봉(靑峰)들에게 내가 더 높다고 까불다 귀싸대기를 맞고 떨어져 나왔다 해서 붙은 이름이다. 그래서 그럴까, 이 봉우리의 서쪽 사면에는 긴 눈물과도 같은 너덜이 주르륵 흘러내려 있다. 이 정상에 서면 귀때기가 쓰라릴 정도로 바람이 맵다해서 이름 붙였졌다라는 다른 해설도 있다.

한마디로 귀때기청봉은 이름만큼이나 산의 모습이 슬프다. 멀리 떨어져 나온 설움 때문인지 봉우리 전체의 산세는 웅장하지만 정상 자체는 옹색하다. 서북주능의 생김새가 마치 기다란 지붕의 끝처럼 뾰족스러워서 그럴까, 모든 봉우리, 전망 포인트가 다 그렇다. 하지만 여기에 앉아 심호

비박에 대하여 귀때기청봉에서 약 15분, 산봉우리를 완전히 내려서면 좌우로 샛길(상투바위골, 큰귀때기골)이 갈리는 지점이 나오는데, 많은 탐방객들이 이곳을 비박 터라고 부른다. 그래서 그런지 이 곳 저 곳 바위틈에 비닐, 박스 껍데기와 쓰레기 부산물들이 어지럽고, 비스듬히 기울어진 작은 나무들, 완전히 누워버린 풀잎들이 애처롭다.

정해진 곳 이외에서 취사, 야영을 엄격히 금지하고 있는 국립공원에서 이 건 명확한 불법행위다. 그런데 계획적으로 이런 비박 행위가 있고, 비박 터라는 이름까지 사용하고 있는 것은 산행 마니아들에 의한 잘못된 산행문화를 그대로 보여준다. 그리고 이건 '비박' 이 아니다.

비박이란 무엇인가? 우리나라 말이 이태리어와 유일하게 통하는 단어가 바로 비박(bivouac, 비부액)인데, 비상숙박의 준말이라고 생각하면 딱 맞다. 즉 악천후, 탈진, 조난 등 예기치 않은 응급상황에서 주변 지형지물, 가져온 옷가지, 낙엽, 눈구덩이(雪洞) 등을 이용해 '벌벌 떨며 간신히 생존하면서 밤을 보내는 것' 이 비박이지, 미리 계획해서 침낭, 비닐, 텐트 등을 이용해 편안하게 노숙(路宿)하는 것은 비박(露宿)이 아니다.

그런데도 비박을 무슨 무용담처럼 자랑하거나 비박동호회까지 있는데, 이는 남들은 다 지키고 있는 산행질서를 파렴치하게 위반하고 있는 불법야영일 뿐이다. 다만, 우리 레인저들이나 전문산악인들에게 유사시를 대비한 '비박훈련' 은 필요하다.

귀때기청봉의 슬픔 대청봉에서 떨어져 나온 아픔 때문일까, 기나긴 너덜이 슬픈 눈물처럼 보인다.

기나긴 데크 계단 험로였던 서북주능을 쉽게 만든 데크. 산행의 묘미를 뺏았다고 비판, 반면, 쉽고 안전하다고 칭찬….

뒤돌아 본 서북주능 산은 어느덧 성큼 다가왔다가 어느새 성큼 사라진다. 붙잡고 있을 수가 없다….

흡을 하며 바라보는 설악의 안쪽 경관, 둘레 경관은 정말 대단하다.

보이는 암릉마다 햇빛이 반짝거려 보석처럼 빛나고, 그 아래 짙은 숲이 보석함 또는 화분 받침과도 같다. 다만 남쪽의 가리봉산 언저리마다 나 있는 수해상처, 수십 개의 산사태지가 산 전체를 불쌍하게 보이게 한다.

여기서 1시간 30분 정도 내리막 능선과 일부 기나긴 데크 계단을 올라 1408봉에 오르니 다시 한 번 기가 막힌 파노라믹 경관이 조망되지만, 흰구름 먹구름이 마치 치맛자락처럼 펄럭이는 통에 렌즈 초점을 맞추기가 어렵다.

안개비가 부드럽게 내리더니 잠시 소낙비가 후다닥 지나간다. 아마 구름의 빠르기와 같을 것이다. 다시 1시간 30분 정도 능선 길과 좁은 숲길을 내리락 오르락 1289봉을 거쳐 대승령에 도착하면 거의 진이 빠진다. 산행 자체가 어렵다기 보다는 단조로운 등산길이 너무 멀고 멀다.

대승폭포 비온 뒤 육중한 물기둥에 무지개가 서면 더없는 장관이다.

대승령 삼거리 역시 한계령 삼거리와 마찬가지로 교차로다운 품위가 없이 그저 물 한 모금, 경관 일견(一見) 후 가는 길을 재촉하여야 하는 포인트. 목적지도 없이 올라온 일단의 탐방객들이 안산으로 가자, 그냥 내려가자 의견이 엇갈려, 안산은 통제구역이라고 참견하니, “아니 공단 노~오옴 들이 그곳도 지키고 있느냐?”고 내려가는 길을 택한다. ‘공단 니~이임’ 이라고 불리워 질 날을 고대해 본다.

대승령 삼거리에서 하산 방향 장수대 까지는 계속 내리막 2.7km로 1시간 남짓 소요되며, 약 40분 지점에 금강산 구룡폭포, 개성의 박연폭포와 함께 한국의 3대 폭포인 대승폭포를 감상할 수 있다. 이 폭포의 진수를 보려면 여름 장마철에 가야한다.

적색의 병풍절벽에서 88m 수직으로 두껍게 떨어지는 힘찬 낙폭(落瀑)에 무지개까지 곁들여지면 쉽게 발걸음을 옮기지 못한다. 봄, 가을의 건기에 수량이 부족한 이 폭포는 바람이 불면 가느다란 물줄기가 옆으로 휘어져 내리는 S라인을 보여준다. 이 코스는 목재계단과 전망데크, 돌계단이 적절히 배합된 '모던 스타일'의 등산로이다.

십이선녀탕 계곡

빗방울이 굵어졌다 햇빛이 반짝였다를 반복하는 가운데 대승령 고개에서 다시 서북주능의 마지막 단락으로 걸음을 재촉한다. 약 30분 완경사 오르막 숲길을 오르면 안산 갈림길이 나와 잠시 휴식을 취하며, 내리막을 위해 무릎근육에게 마사지 서비스를 해본다. 이제 여기서부터 더 이상의 오르막은 없다.

출입통제구역인 안산에 이토록 출입자가 많은지 주변에 듬성듬성 공지(空地)가 많고, 넘어진 나무들이 많다. 더 나이 먹은 나무들이 숲 안쪽에 꼿꼿한데, 사람들이 스쳐가는 등산로변의 청년나무들이 사람 손길에 배배 꼬이거나(상처가 나면 이런 현상이 있음), 구멍상처(空洞)가 대문짝만하거나, 밑둥이 불에 타 새까맣거나, 아예 맥없이 쓰러져 있는 것도 많다. 이러니 생물의 입장에서 사람을 만나면 무섭지 않겠는가….

10여분 계단 길을 내려가면 드디어 졸졸졸 시냇물을 만나고, 아래로 내려갈수록 물은 수량이 많아지며, 이런 냇물들이 모여 12선녀탕의 중심 계류(溪流)를 이룬다. 습기를 머금은 이끼에 나뭇잎에 윤기가 번드르르하고, 숲 바닥에 왕관 같은 관중(貫衆), 길가에 초롱

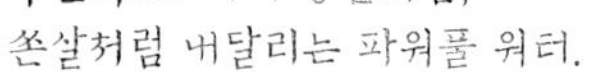
두문폭포 마치 총알처럼, 쏜살처럼 내달리는 파워풀 워터.

복숭아탕 용탕폭포가 만들어 낸 십이선녀탕계곡의 백미. 장구한 세월의 자연이 빚어낸 복숭아 반쪽 하트 모양의 구멍.

꽃과 노루오줌, 나무에 함박꽃(북한에서 목란이라 부르는 북한의 국화, 國花), 바위에는 바위취와 바위떡풀, 고목에 구름버섯, 계곡에 하얀 포말 등 아름다운 정경이 이곳이 12선녀가 목욕하고 놀았음직한 산수(山水)임을 알려 준다.

약 30분, 이런 상큼한 생태여행과 주변의 수해 상흔(傷痕)을 점검 끝에 드디어 첫 폭(瀑) 두문폭포가 만들어 낸 옥빛 첫 탕(湯)을 만난다. 두문폭포는 마치 물을 토해내듯 격렬하게 똑바로 좁은 바위 홈을 치달아 그 에너지로 암반에 세숫대야 같은 물구덩이를 만들었다.

그런데 바로 연이어 있는 3개의 탕은 그 짧은 사이 간격으로 어떻게 만들어졌을까? 여름의 낙수(落水)에 의한 수직에너지보다 겨울의 얼음에 의한 팽창에너지가 동그라미를 더욱 넓게 만들었을 것이다.

이제 십이선녀탕의 4탕을 만났으니 앞으로 8개의 탕이 남았을까? 옛날 옛적에는 그랬을지 몰라도 지금의 지형은 8폭 8탕만 보여준다는 것이 정설이고, 아마 장마 비가 내리면 더 많은 폭과 탕을 볼 수 있을 것이다. 오늘도 1시간 정도의 짧은 장대비에 의해 계곡 양쪽에 10여개의 실폭(우기에 잠깐 보여주는 폭포)이 들쑥날쑥하다.

여기서 다시 20여분을 내려가면 십이선녀탕의 백미(白眉) 복숭아탕(용탕폭포)을 만난다. 파워 넘치는 수직 낙수가 암반 바닥에 넓은 구멍을 만들지만, 어떻게 폭포 안쪽의 벽면을 긁어 복숭아 반쪽 하트 모양의 조각을 했을까?

이론적으로는 탕 바닥의 돌과 물이 맴돌아 계속 폭포 벽면 하부를 둥글게 깎아 내리고, 이 상태가 지속되면서 벽면 중간부분이 조금씩 무너져 내려 현재의 상태가 된 것이라고 추측해 본다. 하지만, 이토록 정교하게 대칭형의 하트를 만들어낸 것을 보면 이는 조물주의 기교라고밖에 설명할 수 없다. 어쨌든 수천 수 만년 자연의 역사가 빚어낸 예술품이다.

그러나 현재의 복숭아탕은 다소 옛 명성이 퇴색되었다. 수해 피해로 상류에서 수십 톤의 돌이 굴러와 탕 내부에 깔려 예전의 단아한 모습을 볼 수 없을 뿐 아니라, 복숭아탕에 너무 가까이 설치한 전망 데크 역시 전체적인 경관에 흠이 되고 있다. 이 데크는 언제 한번 손을 보아야 한다.

여기서 다시 40여분 절벽 옆으로 파일을 박은 기나긴 데크를 따라 내려가면서 절벽에 붙은 이끼류, 바위식물들, 소나무 경관 등에 감탄하다보면 마지막 폭포 응봉폭포에 이른다. 대리석 같이 반질반질 빛나는 화강암 암반에서 떨어지는 1.5단이다. 물이 적으면 2단, 많으면 1단 폭포다.

이 응봉폭포에서 12선녀탕의 절경은 사실상 마감이다. 그 아래로도 명수명경(明水明鏡)의 연속이지만, 지금껏 보아왔던 명경(明景)이 너무 아름다워 슬슬 지나치는 꾀를 부리게 된다. 종점인 남교리 입구까지는 거의 무기력해진 무릎으로 터벅터벅 약 1시간의 평탄한 계곡길, 그 끝에 수직으로 쌓아올린 하천제방이 이제 자연계곡이 끝났음을 알린다. 남교리에서 북천(北川)을 만나 오늘 산행 17.6km를 마감.

설악산국립공원에서 가장 아름다운 3개의 계곡이 있다. 천불동계곡이 천 개의 불상을 옮겨놓은 듯한 격렬한 남곡(男谷)이라면, 백담계곡은 우윳빛 미석(美石)을 조각한 예곡(藝谷)이고, 십이선녀탕 계곡은 선녀들의 속치마처럼 숨겨두고 싶은 여곡(女谷), 선곡(仙谷)이다.

천불동에서는 모든 힘을 다 소진하고 싶고, 백담에서는 명상적인 산책을 하고 싶고, 12선녀탕에서는 남몰래 가야금 소리를 듣고 싶다. 12개의 아름다운 탕을 만들어 도란도란 노닐었을 12분의 선녀들을 보고 싶다.

에필로그 1

내가 산에 갈 때 왜 혼자 가느냐에 대해서 염려들이 많지만, 사실 체력이 딸려서 동행할 직원의 스텝에 맞추기 어렵고, 뭘 준비하게 하는 것도 부산스럽고, 나 나름대로 보아야 하고 찍어야 할 것이 많은데 동행자가 있으면 미안하기도 하고, 또 홀홀하게 되는대로 발 길 가는대로 하고 싶어서 혼자를 선호한다.

그래서 지난 겨울 '뜻하지 않은' 러쎌 체험 때는 공포감도 있었고, 얼마 전 그 호젓한 곰배령 길에서도 '방금 파헤쳐놓은 흙더미' 근처 어디에서(감정적으로는 너무 가까웠음) 나를 노려보는 멧돼지 무리 앞에서 무서움도 탔다. 어쨌든 혼자서의 산행은 많은 물체와 무체(無體)를 새로 만나게 된다.

이번 십이선녀탕 산행은 특별히 비가 뿌린다는 예보를 받고 더욱 기대했었는데, 그래야 평소 보지 못했던 '실 폭포'들과 물소리, 물안개, 먹구름 · 흰구름, 비바람, 물빛 젖은 잎새 등 자연의 오케스트라를 감상하고,

자연의 디테일
십이선녀탕계곡이 발원되는 냇물. 우리는 이런 디테일한 경관에서 자연을 읽어내야 한다. 황량한 바위 위에 검푸른 균류와 녹색 지의류가 터전을 만든다. 어느 정도 습기가 차고 식생환경이 조성되면 작은 풀들이 씨앗을 내리고 뿌리내려 돌 틈을 비집고 들어간다. 틈으로 습기가 들어가 밤낮이 바뀌고 영상, 영하가 반복되면 수축팽창, 동결융해 작용으로 금가고 쪼개져 작은 자갈로 나눠진다. 모난 자갈이 급류를 타고 내려가며 잘게 부서져 동글동글해지고, 더 나가 모래가 되어 바다로 나간다. 모래는 파도의 힘에 의해 육지로 들어와 해수욕장 모래가 된다. 이것이 쌓여 사구(砂丘)가 되어 바다의 거친 환경으로부터 육지를 지켜준다.

그것을 즐기는 탐방객들과 생물들과 개인, 개인으로서 만남이 있기 때문이다.

이번 산행 이후 우리 공원사무소와 시민단체가 주최한 '시 낭송회'가 있었는데, 그 낭랑한 목소리와 짧은 싯귀 뒤의 여운도 좋았지만, 내가 보고 온 십이선녀탕 계곡의 시적(詩的)인 심경(心景)과 이 모임의 시경(詩景)이 딱 맞아떨어져 더욱 시상(詩想)에 젖을 수 있었다. 시상(詩傷)이라고 하는 것이 더 맞을 것 같다.

만일 이 시간과 같은 감정이 계속 존재한다면, 이 세상 최고의 언어와 정감을 구사하며 멋들어진 자연해설을 할 수 있겠지만, 하룻밤의 숙취(熟醉)와

아낌없이 주는 나무 나무가 노쇠하면 다른 생물들에게 침입을 당한다. 죽어가면서도 온갖 곤충, 미생물들의 집과 양분이 되어 주고, 이들을 먹으려는 새는 나무를 쪼아댄다. 언젠가는 더 부서져 분해되고 이윽고 자신이 태어났던 흙으로 돌아간다. 결국 다른 생명들이 태어날 터전이 되는 것이다.

취면(醉眠)으로 다시 건조한 세계로 되돌아간다.

많은 것들이 짧은 시간에 너무 쉽게 사라진다.
그래서 사람들은
다시 자연으로 갈 준비를 하는가 보다.

에필로그 2

깊은 골, 높은 산, 구름 위에서 만나는 모든 것에는 의미가 담겨 있을 것이다. 그래서 나는 무조건 속력만 내는 산행자들을 멈추게 하고 싶다. 이번 산행에서는 특별히 '늙은 나무' 들의 모습을 찍어댔는데, 바로 '아낌없이 주는 나무' 다.

모질고 굴곡진 생을 처연하게 표현하고 싶었다는 듯 뒤틀리고, 검게 타고, 상흔이 깊고, 쪼개지고, 아예 뿌리 채 뽑혀 넘어진 나무들을 보면서 왜 이런 것도 '자연의 순리' 라고 해야 하는지 안타까움이 있었다.

그런데 그런 회한(悔恨)의 나무들이 있는 곳을 잘 살펴보면, 그런 흉골(骨)은 대부분 사람에 의해 저질러진 '작은 상처' 로부터 시작되었다. 숲 안쪽의 아무리 나이 든 '노목(老木)' 들도 그 노익장(老益壯)을 왕성하게 자랑하고 있는데, 등산로 변의 청년 거목(巨木)들은 패잔병처럼 간신히 서 있거나, 들어 누운 자세이고, 자세히 들여다보면 온통 구멍투성이, 이끼 투성이, 다른 식물의 유령(幼齡) 투성이, 심지어 껍질만 남은 공동(空洞)이다.

만일 그 곳에 등산로가 나지 않았다면, 사람 손이 타지 않았다면, 그 나무들은 아직도 산소를 펑펑, 음이온을 퐁퐁, 꽃냄새를 팡팡 토해내고 있었을 것이다. 그러나 그런 병약한 토대로부터 온갖 또 다른 생명들이 잉태되는 것을 보면, 역시 이것은 '자연의 순리' 이구나 하는 것을 정감(情感)하지 않을 수 없다.

그 체념과 묵언(默言)의 세계로부터
그 탄생과 아우성의 세상이 이어지는 것을 보면
그 한참 밑에서 우리가 하는 모든 희노애락은
그래서 일장춘몽(一場春夢)이라는 명언이 있구나 깨닫지 않을 수 없다.

며칠 전 신문지상에 신흥사 회주스님의 한 줄 시(詩)가 실렸다. "… 80생을 치열하게 살아왔지만, 결국 지금의 나는 절벽 위에서 한 줌 안개구름을 부둥켜안고 있구나 …" 라는 글귀였다.

불꽃 용트림 공룡능선

전국의 산악회 회원들이 희운각에서 마등령까지의 공룡능선에 꼭 '발도장, 증명사진'을 찍어야 하는 이유, '내노라' 하는 산꾼들도 정기적으로 왕래해야 직성이 풀리는 이유, 산행경험이 없는 사람들까지 무모한 도전에 나서는 이유는 무엇일까? 지척에 있는 나 역시 "공룡!" 그러면 왜 늘 가슴이 뛰고 발길보다 마음이 앞서 나가는가?

공룡의 척추처럼 울퉁불퉁 솟아오른 수십 개의 삼각형 암봉이 줄 지어 있는 당당한 암맥(巖脈)! 새하얀 화강암 형제들이 용트림하듯 파란 하늘로 치솟은 압권(壓卷)! 황철봉, 신선봉을 넘어 금강산까지 줄달음치는 백두대간 등줄기의 과속(過速), 스펙터클하게 바라보는 외설악의 파워 넘치는 장군봉(將軍峯), 군사봉(軍士峯)들, 그리고 파노라믹한 화채능선과 그 끝머리의 동해 수평선!, 내설악의 병풍 서북능선과 용아장성의 당당함, 그 아래 겹겹의 갈비뼈 능선 사이로 어머니 가슴처럼 펑퍼짐한 깊은 숲의 심연(深淵)!

그리고 이들 기가 막힌 장관(壯觀)을 변화무쌍하게 창조하는 구름과 안개, 휘몰아치는 바람과 비와 눈발, 급변하는 기상의 냉각(冷覺), 그런 대자연 앞에서 한 점으로, 한 줌의 먼지로, 하나의 원소(元素)로 점점이 작아져 사라져버릴 것만 같은 인간의 존재.

어떤 미사여구로 표현해도 흡족하지 않은, 이 길을 간 수많은 사람들의 표현이 각각 다를 수밖에 없는, 한 번 뒤돌아보고 내가 또 올 수 있을까? 하며 무릎을 꿇어야 하는 바로 그 곳, 공룡능선이다!

천하의 공룡능선 소청봉에서
내려다 본 공룡능선의 파노라마.
어떤 미사여구도 부족한
아찔하고 아련한 선경(仙景)이다.

짧은 5.1km, 4시간 정도의 공룡이 섣부른 산길이 아닌 이유는 무엇인가? 물론 흙길을 밟기 어려운 돌길이고, 해발 1,200m 능선에서 7, 8개의 돌 봉우리를 넘나드는 것이 쉽지 않지만, 그 곳에 가기 위하여는 소공원-마등령(6.5km), 소공원-희운각(8.5km), 백담사-오세암-마등령(7.4km), 한계령-중청-희운각(9km), 오색-대청-희운각(6.9km) 등 각각 5, 6시간의 '1차 고행(苦行)'을 끝내야만 초입을 허락하기 때문이다.

이미 상당한 에너지를 쓰고 나서 '2차 고행'을 위한 또 다른 힘을 요구하기 때문에 그만큼 쉽지 않은 산행이고, 마지막 힘을 소진한 뒤에 다시 내리막 '3차 고행'이 필연적이다. 전체 산행소요 시간이 대체로 13시간 내외이니 새벽부터 밤늦게까지 장거리 산행이 결코 우습게 볼 일이 아니다. 그래서 더 높은 목표가 되고, 더 많은 성취가 있으며, 더 깊은 뒷맛이 있다. 대신에 이 구간에서 안전사고가 가장 많이 발생하는 것처럼 하산이후 며칠간은 뒷고생을 하기 마련이다. 체력고생이든 마음고생이든.

희운각–신선대

공룡에 가려면 가급적 희운각에서 출발하는 것이 좋다. 희운각 또는 중청, 소청대피소에서 1박 후, 힘을 챙기고 시간적 여유를 갖고 출발하는 것이 가장 좋다.

그 반대편 비선대에서 마등령(馬等嶺)을 오르는 가도 가도 끝이 없는 마귀 같은 수직 고갯길, 악마 같은 계단길은 피하는 게 좋다. 이 길은 3.5km의 짧은 거리에 3시간 가까이 걸리니 여기보다 더 가파른 길은 설악산에도, 우리나라 어디에도 없다. 공룡을 목표로 마등령을 올랐다가 기운이 빠져 오세암으로 내려선 적이 있는 나로서는, 그래서 이곳을 마등령(魔登嶺)이라 부르고 싶다.

희운각에서 페트병에 마지막 물을 채워 전열(戰列)을 가다듬고 천불동계곡과 가야동계곡의 분수령 무너미 고개(1,020m)에 오른다. 물이 '이 곳에서 저 곳으로 넘어 간다' 라는 뜻의 지명 무너미(물넘이)를 지리산(화엄사계곡–심원계곡)에서는 '무넹기' 로 부른다.

첫 봉우리는 신선대(1,210m)로, 초입에 들어서자마자 가파른 깔닥고개에 돌길이 듬성듬성하고 급경사 코스에는 쇠파이프가 박혀 등정을 돕는다. 처음부터 돌과 쇠파이프가 눈에 거슬리지만, 가쁜 숨을 몰아 쉬다보면 그들의 도움에 그러려니 한다. 약 25분 만에 신선대의 안부(鞍部)에 오르면 올라 온 고생을 충분히 보상하고도 남을 장관(壯觀)이 조망된다.

북쪽으로는 앞으로 가야 할 공룡의 척추와 천화대의 화려함이 짜릿하고, 멀리 마등령, 황철봉의 원경이 아련하다. 북동쪽엔 화채능선, 권금성, 울산바위가 나란하며, 서쪽으론 서북주능의 귀때기청봉이 우뚝한 앞에 용아장성이 당당하다.

원경(遠景)은 가스에 가려 어슴푸레하고, 중경(中景) 밑에는 구름이 두둥

신선대에서 바라본 공룡 중심 바라보는 것만으로도 황송한데, 저 곳을 넘어갈 수 있도록 산신령이 허락해줄지… (사진 박용환 레인저)

신비스런 범봉 흰구름에 두둥실 범선의 돛처럼 우뚝하다.

실 빠르게 흘러가며, 근경(近景)의 하얀 바위봉우리들 틈 사이로 소나무 녹색이 짙게 대비된다. 말 그대로 신선대(神仙臺)다. 선(仙)이란 무엇인가? 사람(人)이 산(山)에 올라 선(仙)이 된다.

설악산의 백미(白眉)는 공룡이며, 공룡에서 백미는 천화대(天花臺)이고, 천화대의 백미는 범봉이다. 공룡의 중심 1275봉에서 북동쪽으로 쑥쑥 솟아오른 10개, 20개의 암봉이 '하늘의 꽃'처럼 저마다 화려함을 자랑하는 가운데, 중심의 꽃봉오리처럼 우뚝한 범봉은 마치 함박꽃이 봉오리를 다물고 길쭉하게 솟아있는 것만 같다.

천화대에 구름이 차 하얀 바다를 이루고 범봉만이 범선(帆船)의 돛처럼 두둥실 떠있는 모습은 그야말로 가슴을 뭉클하게 한다. 천화대의 스릴은 곧 암벽꾼들의 스릴로 이어져 수많은 암벽루트들이 봉우리마다 새겨져 있다.

안전사고만 나지 않는다면-하는 직업 상 염려를 하며 신선대를 내려서는데, 수십 명의 단체 산행객들이 거친 숨을 토하며 '매우 빠르게' 올라오고 있다. 초입에서 이들의 빠르기는 중 · 후반부에서 이들을 매우 느리게 만들 것이다.

신선대-1275봉

조금 내려와 돌길을 거쳐 다시 헉헉 오르면 또 하나의 봉우리에서, 다른 거리에서, 다른 각도에서, 다른 기상상황에서 앞에 둔, 뒤에 남긴 '공룡 패밀리' 장관이 펼쳐지기를 반복한다. 비릿한 땀방울이 송글송글 내려와 입술을 적시고 허파는 계속 허덕거리고 몸은 점점 무거워지지만, 느낌

단체 행락객 이들의 행색과 에티켓으로 볼 때 이들은 이름만 산악회이고, 내용은 행락객들이다. 나는 이들을 볼 때마다 몇 가지 바람이 있다. 우리 직원들에게 '공룡능선'에 걸맞는 체력, 장비, 에티켓 준비가 되어 있지 않은 사람들을 되돌려 보낼 권한이 있었으면 좋겠다.

그들의 배낭과 호주머니를 '자유롭게' 조사해 그들로부터 취사도구, 술과 담배를 수거했으면 좋겠다. 그리고 산상회식(山上會食)에 따른 배설물을 되가져 가도록 헌법에 명시했으면 좋겠다. 그러나 이도 저도 불가능하므로 마음씨 좋은 공룡이 그들을 안전하게 받아주고, 멋모르고 따라온 거친 사람들이 공룡에 의해 부드러워지기를 바랄 뿐이다.

그리고 사진 몇 장 찍고 쏜살 같이 주파(走破)하는 것까지는 좋으나, 쓰레기와 안전사고로 우리 직원들을 고생시키지 않았으면 좋겠다. 혹시 헬기가 출동되어 귀한 세금이 낭비되는 일은 없었으면 좋겠다. 무리한 산행으로 직원들에게 업혀 내려오는 사람들에겐 꿀 밤 한대를, 헬기로 모셔지는 사람들에겐 수 백 만원의 헬기 연료비, 인건비를 부과하고 싶지만, 현행법 상 둘 다 불가능하다.

이 고지대에서 한 사람을 업고 내려오려면 서너 명의 직원들이 야간에 7, 8시간을 고생해야 하고, 헬기출동에도 그만큼의 인원과 상당한 위험이 따른다. 일행이 구조된 경우 고맙다는 말이라도 하면 좋으련만, 이들 단체 행락객들로부터는 그런 말을 듣기도 쉽지 않다.

일행 중 한 명이 다쳤다면 나머지 일행들이 어떻게 해서라도 데리고 내려와야 하는데, 급조된 모임에 그런 우정과 애정은 없다. 간단한 외상, 쉽게 회복될 기력임에도 그들에겐 핸드폰만 있을 뿐이다.

공룡은 만원이다 그저 빠르게 주파해서 증명사진만 찍으려는 사람들은 공룡에 오지 않았으면 좋겠다.

은 점점 열리며 짜릿한 감동이 온 몸에 퍼진다.

일부러 저렇게 빚었을까, 아무렇게나 만들어진 것일까, 수 천 년 동안의 풍화와 절리(節理)에 의해 형성된 바위들의 몸체와 겉모양이 천차만별이다. 아마도 공룡의 껍질, 갑옷일 것이다. 이 높은 하늘에서 어떤 괴물과 격전을 치뤘는지 세로 가로 대각선의 칼자국도 수두룩하다. 세찬 비바람에 한쪽 방향으로만 가지를 뻗은 단독(單獨) 전나무, 잣나무의 소리 없는 절규, 암반 암절(岩節)에 꽂힌 듯 터져 나온듯한 소나무의 뒤틀림, 그리고 영겁(永劫)의 무상함을 공부시키듯 그렇게 저 멀리 서있는 고사목(枯死木) 기둥들….

신선대를 출발해 이렇게 한 시간 넘게 육체와 정신을 공룡에 맡기니 이제 공룡의 중앙, 중심(重心)인 1275봉을 성큼 앞둔다. 왜 해발고를 이름으로 부르고 있는 것일까? 표현할 단어가 없어서인가, 국어의 한계인가? 많은 사람들이 1275봉의 이름값을 치루기 위해 그 밑에서 꿀맛 휴식을 취하고 있다. 에너지를 한곳에 모아야만 하는 것이다.

희운각 2.4km, 마등령 2.7km 이정표를 지나 앞으로 30분정도 나아가면 넓어졌다 좁아졌다 암반 돌길에서 본격적인 수직 등반으로 이어진다. 철제 파이프와 로프를 너무 많이 설치했다고 산악단체, 환경단체들이 지적하지만, 사람들은 대부분 이 차가운 인공시설에 의지해, 또는 이끌려 고도를 높인다, 끙끙 거리며 기어오른다는 표현이 어울린다.

가파른 공룡 막아서는 벽에 힘과 용기가 필요하다.

앞 사람의 엉덩이가 코에 닿는 '코재', 뒷사람의 헐떡거림에 밀려 앞으로 전진해

야 하는 협로(峽路)를 올라 1275봉의 안부(鞍部)에 멈춰 선다. 희운각 2.1km, 마등령 3km라고 박힌 이정표가 이제 겨우 600m 올라섰다는 증거를 댄다. 여기서 뒤에 남기고 온, 앞으로 보게 될 수많은 경관들을 다른 각도, 다른 고도에서 일견(一見)한다.

그러나 오늘은 그런 경관마저 잘 보여주지 않는 종횡무진한 안개와 구름의 세계다. 마침 먹구름을 뚫고 비치는 한줄기 햇빛이 1275봉 바위전체를 서서히 황금빛으로 물들인다. 이런 장면을 보면 늘 영화 엘도라도(El Dorado)가 생각난다. 남아메리카의 전설적인 황금도시를 찾아 떠났던 사나이의 앞에 거대한 바위산이 있었는데, 컴컴한 하늘에서 한 줄기 햇빛이 황금광산을 내리쏘던 그 장면.

1275봉은 범봉–왕관봉으로 이어지는 천화대(天花臺) 암릉의 시점으로, 또 하나의 공룡 지느러미를 천불동계곡 방향으로 뻗어 내렸다고 보면 되고, 이 축(軸)에서 다시 몇 개의 '갈비뼈' 암릉을 설악골 방향으로 내렸다. 이 길쭉길쭉, 울퉁불퉁, 붉으락푸르락 하는 암릉들은 바위꾼들의 천국이다. 그 반면에 우리 직원들에게는 조난자 구조출동을 밥 먹듯이 해야 하는 지옥암릉이다.

국립공원사무소에서는 준비된 바위꾼인지 확인한 후, 허가서를 발부하고 암벽등반을 허용하지만 무리한 등반과 무모한 동반산행으로 안전사고가 끊이지 않고 있다. 그만큼 구조도 어려운 곳이다. 구조대 자체의 안전확보를 장담할 수 없는 곳에 주말마다 출동하는 우리 레인저들에게 늘 미안한 심정이다.

그러니, 여기서 정규 등산로를 벗어난 불법 행로(行路)인 1275봉 뾰족꼭대기를 꼭 올라야 하는가? 릿지등반에 충분한 경험이 없는 사람은 가지 않는 것이 좋다. 멋모르고 올라갔다가 발목을 접질리면 앞으로의 산행

1275봉의 위용 수많은 장군들을 거느린 최고 장군과도 같은 당당함.

이 고달프고, 저 밑으로 미끄러지면 생명을 보장할 수 없기 때문이다.

'준비된 기술' 없이 릿지등반을 하는 것은 발바닥에 기름을 바르고 절벽을 내려서는 것과 같다.

1275봉-나한봉-마등령

이제 공룡의 후반부, 여기서 나한봉까지는 1.6km에 1시간 30분 소요. 가파르게 올라왔으니 역시 가파른 내리막이 대기하고 있다. 오는 사람이나 가는 사람이나 이제 무릎과 발바닥에 불이 붙을 시점이다. 그래서인지 작년에 공사한 돌길 옆으로 흙길이 생기고 그 아까운 '흙 알갱이' 들이 계속 무너져 내리고 있다.

그냥 두면 계속 씻겨내려 갈 것으로, 새로운 통제시설을 해야 하는지, 돌 위에 무엇인가를 깔아 부드럽게 해주어야 하는지 직업적인 생각들이 지나간다. 언뜻언뜻 다가선 여러 포인트에서 가까이 나한봉의 위용, 좀 멀리 세존봉과 울산바위가 점점 다가섬을 느낀다.

얼마나 왔을까, 뒤돌아보면 천화대 바위병풍들이 더욱 하얗게, 그리고 깊고 깊은 설악골의 심연(深淵)이 오늘따라 더 검게 보인다. 그 사이에 흑염소, 즉 흑범길, 염라(대왕?)길, 석주길로 부르는 급경사 암릉들이 천화대 릿지에 매달려 있다.

석주길은 그 모양으로 석주(石柱)라고 부를 만하지만, 두 남녀의 이름을 붙여 명명했다고 한다. 산에서 의형제를 맺은 엄홍석, 송준호 두 청년산악인에게 어느 날 신현주라는 여성산악인이 합세해 두 의형제는 똑같이 신현주를 사랑하게 되었다고 한다.

신현주가 엄홍석을 사랑하게 되자 송준호는 두 사람을 떠났고 생명(자일) 파트너였던 엄홍석과 신현주는 1967년 이 암릉 등반 중 함께 떨어져 죽게 된다(천당폭에서 빙벽 중 사망했다는 이야기도 있음). 이를 슬퍼한 송준호가 1969년 이 암릉을 첫 등정하고 그 이름을 두 사람의 이름 끝 자를 붙여 석주길로 불렀다고 한다.

이후 1973년 송준호도 토왕성 빙폭에서 생명을 접는다. 그리고 이 빙폭을 오르기 전 석 · 주 두 사람에게 저승에서 만날지도 모른다는 편지를 남겼다고 한다. 이 세 사람의 무덤은 현재 노루목 인근에 함께 있다. 젊은 산악인들의 우정과 사랑이 배어있는 석주길이다.

나한봉까지는 더더욱 기묘한 바위들의 세상이다. 금방 떨어질 것 같은 돌덩어리(核石)가 얹혀 있는 봉우리, 차곡차곡 벽돌을 쌓은 것 같은 석성(石城)들, 조물주가 무척이나 주물러댄 것 같은

철갑을 두른 듯 기기묘묘한 바위들의 천국. 꼭대기 바위는 누가 올려놓았나? 오랜 세월의 풍화침식을 견뎌낸 핵석(核石)이다.

절벽껍질들, 그리고 지나온 봉우리들이 다른 위치에서 솟구친 듯 새로 도열한 바위들의 오케스트라(orchestra)!

바위틈 곳곳에 언뜻언뜻 생존(!)하고 있는 산솜다리(에델바이스)의 애처로움. 이런 환상을 체감하게 하면서도 육체적인 고행을 계속하게 하는 오르막 내리막의 연속. 그리고 철제 난간과 철제로프에 매달려 오르고 오르는, 약 20분의 가장 버거운 마지막 협로(峽路) 오르막.

그리고 나한봉(羅漢峰, 1,298m)의 돌연한 등장에 놀라, 이제 더 사용할 체력도 없어 그 아래 안부에 털푸덕 주저앉는다. 희운각 4.6km, 마등령 0.5km라고 쓴 이정표가 반갑지만, 주변에 헝클어져 있는 쓰레기들은 반갑지 않다. 여기서 에너지를 재충전하는 것은 좋지만, 자연에게 그 부담을 주는 것은 결코 진정한 공룡산꾼의 모습이라고 할 수 없다.

바위들의 대궐 터라고 불러도 될 만큼 나한봉의 근경도 각기각색의 석조물(石造物)들의 전시장이다. 이제 성큼 다가온 울산바위, 달마봉, 속초시내와 앞바다의 시원한 조망을 즐긴다.

한줄기 돌풍이 갑자기 몰아쳐 소매 끝으로 허리 사이로 차가운 냉기(冷氣)가 들어와 몸은 금방 차가워진다. 후두둑 몸을 떨며 윈드자켓을 꺼내 입는다. 여기서 평지와의 기온차이는 대략 10℃, 바람이 불면 체감온도는 더 떨어진다. 무력감이 들면 체온은 더 내려간다.

여기서 힘 빠진 다리로 터벅터벅 흔들흔들 20분 정도 너덜 길을 내려서면 드디어 공룡의 종점 마등령 삼거리다. 전망터에서 지나온 공룡척추를 바라보니 천화대–신선대–1275봉–나한봉 순으로 뾰족 암봉들이 한 눈에 들어온다. 하늘에서 열린 수석(壽石)전시장 같은 저 고산준봉(高山峻峯) 그룹을 거쳐 왔단 말인가! 그 배경에 칠성봉–화채능선–대청봉–중청봉의 부드러운 실루엣이 파노라마 그림처럼 아련하고, 그 밑에 천불동계곡이

쓰레기와 불법산행 마등령삼거리에서 북쪽으로 저항령, 황철봉 방향 백두대간 마루금은 출입금지구역이다. 산양, 삵, 산솔다리와 같은 멸종위기동식물의 삶터를 보호하기 위해서다. 이를 위해 "백두대간을 진정으로 사랑한다면, 이곳만은 자연에게 양보합시다!"라는 호소문이 적힌 안내판을 세워놓았지만 이에 아랑곳하지 않는 불법 출입자들의 흔적이 역력하다.

야간산행을 금하고 있음에도 비박, 야영 흔적까지 있어 이 곳 주변은 늘 비닐조각, 음식쓰레기, 담배꽁초, 캔 껍질, 과일껍질 등 쓰레기 나부랭이로 어지럽고, 비선대 방향 내리막 데크계단 밑은 여기저기 페트병이 나뒹굴고 있다. 환경오염과 시각적으로 나쁜 느낌을 주는 것은 물론, 음식냄새가 물씬한 이들 쓰레기에 많은 야생동물들이 몰려들어 그들의 건강을 크게 상하게 한다. 사람이 무심코 내 주거나 버린 음식물로 살찐 다람쥐들은 결국 야생성을 잃고 먹이를 비축하지 않아 혹독한 겨울을 잘 버틸 수 없게 될 것이다.

사람이 먹지 않는 농약이 묻은 과일껍질을 동물들이 먹어도 괜찮을까? 답은 '아니다' 이다. 집에서 키우는 애완동물과 달리, 야생동물들에겐 '화학물질' 에 대한 면역력이 전혀 없다. 이런 화학성분이 소형동물의 몸에 축적되고, 먹이사슬에 의해 대형동물의 몸으로 옮겨지면(생물학적 농축 · 濃縮) 결국 질병과 저출산(底出産), 기형(奇形) 등의 원인으로 생태계의 균형이 깨지는 것이다.

저임금으로 이런 고지대까지 매일 올라올 수 있는 청소원을 고용하는 것이 어려워 간간이 이곳을 순찰하는 직원들이 청소를 겸하고 있지만, 이런 산행문화에서 등산로를 항상 깨끗하게 유지하는 것은 쉬운 일이 아니다. 더구나 고지대에 강풍이 몰아치면 이들 쓰레기들은 저 절벽 밑으로 비산(飛散)되어 결국 자일에 매달려서 쓰레기를 수거해야 하고, 발견되지 않는 쓰레기는 몇 십 년, 몇 백년 썩지 않고 그 곳에 잔존해 자연환경을 오염시키게 된다.

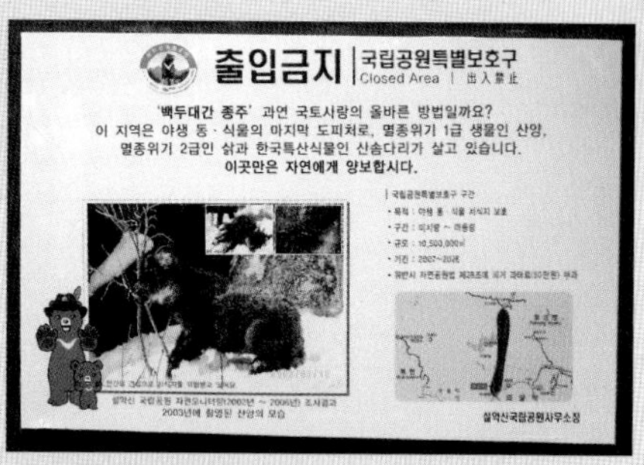

출입금지 안내판 백두대간을 살려 달라, 이곳만은 자연에게 양보합시다" 라는 애원에도 불구하고 자연훼손, 환경오염이 끊이지 않는다.

이런 쓰레기를 발생시키는 불법 야영객, 단체 행락객들을 단속하면, 100명 중 90명은 "나는 정통 산악인으로 절대 자연훼손을 하지 않고 쓰레기를 버리지 않으니 제발 한 번만 봐 달라"는 애원을 한다.

나머지 10명은 아예 눈만 껌벅대고 아무 말도 하지 않는다. 묵비권이다. 이런 상태가 계속된다면 이곳에 관리초소를 세워 직원을 상주시켜야 한다는 결과에 이르게 된다. 결국 이러한 문제는 인력과 예산을 더 투입하여야 해소가 되는데, 결국 그 예산은 애꿎은 국민들로부터 나온다. 그리고 이 초소를 피하여 멀찌감치 비밀 우회로가 생길지도 모른다.

이런 상황에서 수많은 산악단체에서는 백두대간 전체구간을 개방하라는 압력이 거세다. 자연도 만족시키고, 탐방객도 만족시켜야 하는 공원관리는 결코 쉽지 않다.

뒤돌아본 공룡 가까이
나한봉과 1275봉, 멀리 대청봉과
중청봉의 스카이라인이
장쾌하다. (사진 박용환 레인저)

검푸르다. 약 10분을 더 올라간 마등령 정상부 바위 끝에서 지나온 길을 마지막으로 훑어본다. 다시 오라는 건지, 어서 가라는 건지 첩첩 암산의 표정이 표표(豹豹)하다. 꼿꼿하고 날카롭다.

내리막 길

이제 내려가야 한다. 고생고생 왔는데, 도대체 얼마나 더 가야한단 말인가? 오세암을 거쳐 백담사까지는 7.4km 약 4시간, 비선대를 거쳐 소공원까지는 6.5km 약 3시간을 가야하는데, 두 방향 다 만만치 않다. 심리적으로 가도 가도 끝이 없는 내리막, 이제 체력으로 가는게 아니라 정신력으로 가야 하는 길이다.

특히 비선대 방향은 올라서는 것 이상으로 힘을 빼는 돌계단, 돌뿌리 급경사 내리막이다. 시간은 좀 걸려도 오세암으로 내려가는 길이 무릎 고통은 덜하다. 이미 어두워지고 있다면 반드시 40분 거리의 오세암으로 내려가서 거기에 멈추어야 한다. 전설 속에 등장하는 다섯 살(五歲) 동자(童子)처럼 우선 살아남아야 한다.

대부분의 안전사고는 내리막에서 발생한다. 하체 힘이 빠진 상태에서 더 많은 무게가 하체로 쏠리기 때문이다. 즉 착지(着地)시 충격을 잘 분산시켜야 하지만, 이미 에너지가 많이 소모된 근육이 몸의 균형을 잘 잡아주지 못하기 때문이다. 그래서 내려서는 사람들의 모습은 거의 후들후들, 쩔뚝절뚝이다 중간 중간에 퍼질러 앉아 무릎 속에 얼굴을 묻은 사람들을 "다 왔습니다. 힘내세요~" 다독거리며 내려선다.

온 몸은 물론 속옷, 겉옷에 땀이 배고, 그래서 냄새가 폴폴 나고, 눈은 휑하니 들어가 있고, 무릎과 발가락의 고통으로 신체 전체가 균형 있게 정리되지 않아 외형은 다들 '거지' 같은 모습이다. 그러나 고행 끝의 성취감과 대자연 앞에 겸손할 수밖에 없는 '나약한 존재감' 을 느끼며 산행 종점이 다가 온다. 저 끝에 안락한 평지와 한 잔 술과 뜨거운 국물, 사우나, 동료, 가족, 도시가 기다리고 있다.

비선대 방향 능선에 우뚝 솟은, 금방 발사될 로케트와도 같은 세존봉 바위는 마치 엄지손가락을 치켜세워 이 곳 설악이 천하제일 명산임을 자랑하는 듯하다.

말은 하지 않지만, 속으로는 우여곡절을 거쳐 종점에 도착한 모든 사람들은 설악 공룡이 천하제일임에 토를 달지 않는다. 또한 공룡을 돌파한 자기 스스로를 천하제일로 여기며 기뻐하는 행복을 누릴 것이다. 그러나 언제 다시 오더라도, 너무 고되어 금방은 힘들고, 아마 빨라야 몇 개월 후, 대부분 사람들은 몇 년 후를 기약할 것이다. 다시 공룡이, 자신이 천하제일임을 확인하려고.

흘림골, 주전골, 오색마을

— 설악산국립공원의 예쁜 공주

아름답고 부르기 쉽고 동양적인 이름 오색(五色)은 다섯 가지 색깔을 가진 곳일까. 주전골 입구의 오색석사(五色石寺, 일명 성국사)에 가면 절에 5가지 색깔의 꽃이 피는 나무가 있어서 절 이름을 오색석사, 지명을 오색리로 하였다는 해설판이 서있다. 해설판에 그려진 이 오색나무가 무엇일까. 그림 모양으로 보면 복숭아나무로 보이는데…. 꼭 5가지 색깔이 아니라 여러 가지 비슷한 색깔의 꽃 때문에 그렇게 이름 붙였을 것이다. 아무튼 오색을 접두어로 붙인 오색석사, 오색약수, 오색단풍, 오색딱따구리 등의 이름은 정감이 넘친다.

오색마을에서 시작하거나 끝나는 계곡산행은 설악산의 별미다. 주전골, 흘림골이라 부르는 두 계곡이 연이어 있는 6.2km 계곡경관은 오색 이름에 걸맞게 매우 예쁘고 고운 자태를 뽐내고 있다.

계곡하천 자체는 지난 2006년의 집중호우로 패이고 확장되어 아기자기한 맛이 거칠게 변하긴 했지만, 계곡 길에서 거의 수직으로 올려다 보이는 능선절벽과 미려(美麗)한 소나무들로 머리를 얹은 암석 봉우리들의 절경은 한 폭의 동양화다. 그래서 이곳의 단풍절경은 설악산 그 어디에도 견줄 수 없는 미경(美景)을 자랑한다. 오색단풍이라는 고유명사를 사용해도 좋을 만큼.

흘림골

흘림골의 이름은 재미있다. 설악산의 유명계곡을 조각한 조물주가 설악산을 떠나며 대충 '흘리고 갔다' 라는 뜻이라고 하는데, 계곡형태 역시 마치 붓으로 흘린 것처럼 굽이굽이 S라인이다. 주전골 끝부분 삼거리에서 흘림골 끝까지는 3.5km의 급경사로 오르막이 많은 상류이다. 그래서 한계령 도로의 흘림골 입구에서 1시간 정도 오르막, 1시간 30분 정도 내리막길인 주전골 쪽으로 내려오는 등산로를 택하는 것이 좋다.

등선대에서 본 한계령 일원 아름다운 가을 단풍. 왼쪽에 한계령 휴게소.(사진 홍창해)

여심폭포 조물주가 짓궂게 빚어낸 모사품.(사진 홍창해)

한계령 도로에서 올라가는 흘림골 입구는 조그만 여울이 거대한 계곡으로 변한 것에서 볼 수 있듯이 수해피해가 많았다. 천지가 개벽할 정도로 경관이 변했다고 직원들이 혀를 내두른다. 계곡이 확장된 것에 반비례하여 물이 그만큼 줄었기 때문에 수경(水景)이 덜해 걱정이다.

흘림골 실루엣 흘림골은 조물주가 대충 흘리고 간 곳이라고 하나 내가 보기에 붓으로 정교하게 그려 놓았다.

12폭포 12개의 굽이굽이 와폭(臥瀑). 폭우가 쏟아지면 오른쪽 데크를 급류가 때릴 정도로 수량이 많다. 점봉산의 수계가 모아지기 때문이다.

20여분 데크계단, 돌계단을 올라서 많은 사람들이 눈을 흘깃하는 여심(女深)폭포 '디테일'을 일견하고, 15분 정도 헐떡헐떡 깔닥고개를 올라서면 삼거리가 나온다. 여기서 왼쪽의 소로를 다시 10여분 깔닥깔닥 올라서면 정점(頂點) 등선대(登仙臺)에 올라선다.

멀리 안산-귀때기청봉-대청봉을 잇는 서북주능 라인을 장쾌하게 조망하고 그 아래 가까이 한계령, 칠형제봉을 바라보는 경관이 일품이다. 남쪽으로는 육중한 점봉산의 펑퍼짐함 아래로 주전골 방향 뾰족바위들의 골체미(骨體美)가 아름답다.

한계령을 내려다보는 이곳의 기상은, 양희은의 한계령 노래처럼 안개와 구름, 바람이 많아 언제나 이런 다채로운 경관을 보여주지는 않는다. 양희은의 노래가 사람들을 내려가게 한다. "저 산은 내게 내려가라 하네… 가슴을 쓸어내리며, 머물 수 없는 바람처럼…".

다시 삼거리로 내려와 기나긴 내리막 20여분 뒤에 등선폭포를 만나고, 다시 30여분 내리막 끝의 오르막을 내려서면 12폭포 상단에 도착한다.

45° 정도의 경사면에 물이 붙어 포말을 쏟아내며 쏜살처럼 내달리는 12개의 굽이굽이가 마치 하늘에서 내려오는 미끄럼틀과 같다. 여기서 약 30분, 몇 개의 아치교량을 넘어, 계곡 양쪽 붉은빛 암봉들의 힘과 예술을 감상하며, 수해피해로 넘어진 고목과 거석(巨石)들이 즐비한 계류를 내려서면 흘림골과 주전골의 경계, 삼거리에 이른다.

흘림골 등산로는 계곡 깊숙이 위치해 있고 샛길이 많아 산불위험기간 중에는 출입이 통제되었던 곳이다. 수해피해 이후 등산로를 잘 정비하여 산불위험이 적어졌다고 판단되어 현재 상시 개방 중이다. 지역주민들의 요구도 있었지만, 수해가 가져다 준 선물일 수도 있다. 그러나 출입이 자유로워진 만큼 지역주민들에 의한 자발적인 관리와 탐방객의 이용 책임도 필요하다.

주전골

용소폭포에서 오색약수터까지 넉넉잡아 1시간, 3.2km의 주전(鑄錢)골은 조선시대에 도적들이 이곳에 숨어 엽전(위폐)을 만들었다 해서 붙여진 이름이다. 계곡물 옆으로 거의 평지나 다름없는 목재 데크(deck)와 돌붙임 등산로가 이어지는 산책길이다. 흘림골에 사람들이 뜸해도, 주전골 이곳부터는 소풍객이 많다.

주전골의 끝 용소폭포는 마치 처녀의 가름마 같은 폭포줄기와 소(沼)의 동그란 형태가 철저한 대칭을 이루어 매우 단정한 모습이다. 폭포 밑의 소(沼), 탕(湯)

용소폭포 주전골 상류에 있는 곱고 단정한 대칭형 폭포.

주천골 가을 단풍
오색 이름에 걸맞는 가장 동양화적인 풍경 (사진 박인수)

은 기계로 깎아낸 듯, 왜 그렇게 동그란 모습일까? 폭포에서 떨어지는 낙수(落水) 에너지가 물밑의 작은 암석을 소용돌이치게 해 주변 바위를 돌면서 때려 다듬어 만들기 때문이다.

앞으로의 수해피해를 예방하고 탐방객 안전을 위해 절벽 하단부에 붙여 설치한 데크 탐방로를 걷다보면 그 전에 볼 수 없었던 바위들과 바위식물들, 특히 깨끗한 공기에서만 사는 이끼류를 가까이에서 세심하게 관찰 할 수 있어 좋다. 이 바위생물들은 메마른 바위에 뿌리를 붙이고 있지만 습기가 부족하기 때문에 공기 중의 수분을 흡수해 살고 있어 오염된 공기에서는 살 수 없는 것들이다.

계곡 가장자리, 등산로 옆에 잘게 자른 통나무 더미가 많다. 수해로 떠내려 온 나무들을 잘라서 모아놓은 것이다. 이를 보고 어떤 환경운동가가 자연 그대로 그 곳에 두어야 하지 저렇게 잘라서 쌓으니 흉측하다는 얘기를 했다. 다른 어떤 분은 꼭 쓰레기처럼 보이니 공원 밖으로 반출하는게 좋겠다고 했다. 이에 대한 국립공원 관리자의 답변은 다음과 같다.

계곡에 방치되어 있는 수해 피해목을 그냥두면 다음 수해 때 물길을 막아 더 큰 수해를 유발할 수 있어 제거하는 것이 원칙이다. 그래서 큰물이 오면 그냥 흘러갈 수 있도록 잘게 잘라서 쌓아 놓았다. 또 흘러가지 않더라도 이 나무들은 소형동물, 곤충들의 은신처가 되고, 이들을 먹이로 하는 새들이 쪼아댈 것이며, 균류(버섯)가 자라 이 나무를 다시 흙으로 만들 것이다.

주전골 풍경 국립공원은 꼭 정상에 올라가야 하는 '전투적인 등산장소'가 아니라, 자연으로부터 감동을 얻어가는 영감적인 장소이어야 한다.

주전골에서는 높이를 올린 탐방로에서 다양한 계곡형태와 맑은 물을 내려다 볼 수 있어 좋고, 계곡을 가로지르는 아치형 목재 교량도 동양적인 자연 경관에 어울린다. 다만 장마에 엄청난 토석이 밀려와 금강문, 선녀탕, 제2약수터 등 과거의 명소를 옛 모습 그대로 감상하기 어려운 아쉬움이 있다.

주전골은 힘든 등산 보다는 쉬운 워킹, 자연 명상, 치유(治癒) 숲길에 최적의 코스다. 앞으로 어린이, 노약자를 위한 명소가 될 것이다. 국립공원사무소에서는 이들의 눈높이에 맞춘 다양한 자연해설을 제공하고 있다.

현재의 주전골과 흘림골은 앞으로 10년, 30년 뒤 어떻게 변해 있을까? 수해 복구공사를 했다고는 하지만, 상처를 꿰맨 수준으로 그 상처가 자연스럽게 치유되기까지는 상당한 시일이 걸릴 것이다.

포크레인이 들어가 인공적으로 정리된 직선 형태의 제방들은, 수해피해가 없을 정도의 '적당한 비'가 내려 부드럽게 곡선화되고, 제방 밑에 잔석들이 쌓여 자연스런 모습으로 재생되었으면 좋겠다. 계곡 가운데로는 항상 물이 흐르지만, 넓혀진 하폭 양쪽에는 풀과 나무들이 들어와 그

늘을 만들고, 본래대로 하폭을 좁혀, 수온을 낮추어 주었으면 좋겠다. 떠내려 온 바위, 새로 노출된 바위 면에는 어서 지의류(地衣類)가 알록달록 색을 입히고 이끼가 들어 원래 거기 있던 모습으로 되돌아가기를 간절히 바란다.

수해복구

2006년 7월 15일. 1시간 당 100mm 이상의 폭우가 집중된 설악산 일원. 그 중에서도 한계령을 정점으로 장수대, 오색 방향의 수해피해가 가장 심하여 오색 일원은 건물만 간신히 남고 그 밑의 모든 것이 쓸려가는 큰 피해를 입었다. 계곡변의 등산로 전부가 흔적도 없이 사라졌고, 아기자기했던 계곡주변이 패여 나간 뒤 마치 산 하나가 무너져 흘러내린 것처럼 토석에 묻혔으며, 하류의 오색마을은 교량이 모두 끊어지고 도로가 종이조각처럼 주저앉는 등 상상하기도 어려운 자연재해였다.

수해로 사라진 등산로 복구에 착수한 국립공원 직원들은 이미 지형이 완전히 변해버린 곳에서 새로운 등산로를 개설하는 것처럼 루트를 개척해야 했고, 떨어져 나간 기존의 등산로를 대체할 안전한 루트를 급경사 절벽지대에서 확보해야 했다. 그만큼 수해의 상처가 넓고 깊었으며, 복구공사는 난이도가 매우 높아 공사에 투입된 직원과 인부들의 안전 확보에도 각별히 신경을 써야만 했다. 십이폭포 근방에서는 봄에 설치한 데크 기초가 여름의 집중호우로 다시 파손되는 시행착오가 있어 루트를 우회시키고 데크 높이를 올렸다. 변화된 지형에서 수량 예측이 어려워

수해복구공사 계곡 양쪽에 있던 탐방로가 완전히 쓸려 내려갔다.

물 에너지에 대한 대응이 쉽지 않았다.

그러나 국립공원 직원들을 가장 어렵게 만든 것은 다름 아닌 환경단체들의 수해복구공사 축소와 중지 요구였다. 자연재해일지라도 어디까지나 자연현상에 의한 변화이기 때문에 이런 자연지역에서는 자연 그대로 두어야 한다는 논리였다. 또한 인공시설을 설치하더라도 자연경관 저해를 최소화하여야 한다는 요구였다.

주전골 데크 탐방로 폭우에 대비한 안전성과 자연조화성을 감안한 '작품' 이라고 생각하지만, 과도한 시설이라는 비판도 있다.

나 역시 그런 원칙에는 동의하지만, 보전과 이용을 동시에 고려하여야 하는 공원업무의 속성 상 기존 등산로에 대해서는 인위적 복구를 하지 않을 수 없었고, 또한 기존의 등산로가 모두 사라진 상태에서 앞으로의 비슷한 수해를 대비해 예상 최고 수위 이상으로 등산로 높이를 올리는 루트를 선정하고, 급경사 바위지대에서는 돌을 붙일 수 없어 데크를 설치하는 공법을 사용할 수밖에 없었다. 그리고 등산로 이외 지역의 산사태 지역에 대해서는 가급적 자연 그대로 두는 원칙을 적용하였다.

자연보전을 최우선으로 여기는 국립공원 관리정책에 더 엄격한 보전철학을 요구하는 환경단체들의 깊은 뜻을 이해하면서도, 탐방객 안전관리와 지역주민 요구를 감안하여야 하는 현실성에 대해 환경단체를 이해시키는 것은 매우 어려웠고, 심지어는 서울에서 열린 포럼에서 매우 무지(無知)한 공원관리로 몰리는 여론의 매도 맞았다. 어쨌든 향후에 문제가 있으면 고치겠다는 '타협안' 을 제시하고, 그 약속이행의 일환으로 현재 환경단체와 국립공원사무소 합동으로 수해복구 시설의 적정성에 대한 사후 모니터링을 실시하고 있다.

이해관계자가 많은 공원업무에서 공원관리청의 정책방향은 설정되어 있지만, 갈등이 첨예한 사안에 대해 세부적인 사항들을 이해관계자들과 합의로 정하기는 매우 어렵다. 이해관계자들은 우리의 공원관리 22년 경험을 인정해주지 않는 경향이 있고, 우리 역시 이해관계자들의 '의견'을 다 들어주기도 어렵기 때문이다.

이번 수해복구공사처럼 많은 예산이 소요되고 사람 생명, 제한된 시간(工期), 그리고 주민생활에 관련된 현실적 문제들이 얽혀있던 사안에서 환경단체가 제기한 '자연에 대한 이념과 철학'을 논하기는 매우 어려웠다. 어쨌든, 여러 면에서 국립공원 관리업무에 도움을 주고 있는 환경단체들에게, 설악산 수해복구 문제에 대해 갈등이 있었던 것에 대해 미안하게 생각한다. 우리 공원관리자에게 더 깊은 철학과 전문성을 생각하게 하는 계기로 삼고자 한다.

오색마을

오색마을, 얼마나 정겨운 단어인가. 그러나 현재의 오색마을은 이름 이미지와는 매우 달라 무미건조한 건물과 난립된 간판, 다닥다닥 붙은 메뉴판 등 여느 관광지의 모습과 크게 다를 것이 없다.

30여 년 전 이 마을을 국립공원 집단시설지구로 정해 계획적인 건물들을 입지시켰을 때만 하더라도 설악동과 함께 대표적인 관광지로 명성을 누렸지만, 이후 토지 지분문제, 불법시설 난립, 대형 호텔 입지 등으로 외형적, 내용적인 발전을 이뤄내지 못했다.

특히 오색천을 사이에 두고 아랫마을, 윗마을 간, 기존 영업시설과 신설 호텔 간 이해관계가 갈리는 여러 논쟁이 지리하게 있었으며, 이어서

2006년도 대형 수해피해가 발생하여 마을 전체가 큰 침체 상태에 빠지는 등 악재가 이어졌다.

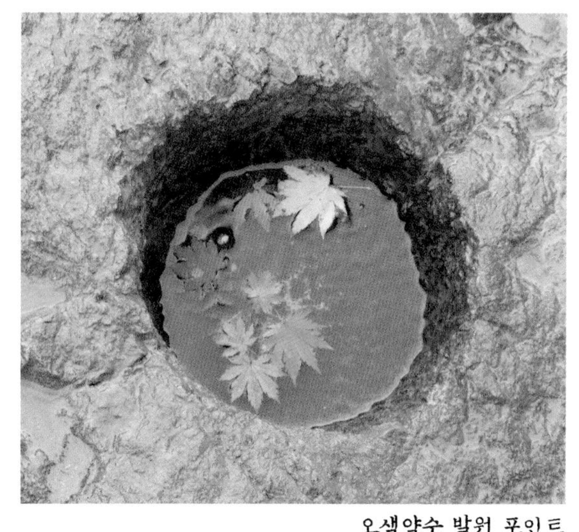

오색약수 발원 포인트
(사진 홍창해)

혀를 톡 쏘는 철분-미네랄 성분의 오색약수는 예전보다 용출량이 감소한데다 쏘는 자극도 줄어들었고, 수해로 하천바닥(河床)이 밋밋하게 변해 옛날의 아기자기했던 주변정취가 덜하기는 하지만 여전히 오색의 대명사로, 향수거리로 남아있다. 이 약수 물로 짓는 푸르스름한 밥과 오색 특유의 한정식, 산채음식, 감자부침 등은 여전히 관광객들의 칭찬을 받고 있다. 어느 식당에서는 시원하고 담백한 동치미를 대량으로 만들어 택배를 이용해 팔아 많은 돈을 벌고 있다. 맑은 물을 가진 오색마을의 강점이다.

오색온천은 한계령 도로 위 해발 650m 지점의 온천공에서 솟아 오색마을 각 여관, 호텔까지 관으로 온천수를 이동시켜 사용하는데, 특히 피부미용에 좋아 미인온천수라 부른다.

오색 그린야드 호텔에 있는, 우리나라에서는 드문 탄산수 온천은 물을 가열하지 않아 약간 차가운 느낌(27℃)이다. 이 온천수에 몸을 담그면 사이다처럼 기포가 올라와 피부에 늘어붙고 약한 피부 부위는 따끔거리는데, 탄산성분이 혈압을 낮추고 심장을 편안하게 하는데 효능이 뛰어나다고 한다. 그러나 오색에서의 온천욕은 호텔이나 여관을 이용해야 하는 불편이 있어 대중온천장과 같은 시설이 필요하다고 본다.

지역주민을 대상으로 국립공원을 이해시키고 공원 내 생활에 도움을 주기 위한 '국립공원 시민대학'에서 이 오색마을의 이미지를 특화시켜 모든 건물, 간판을 다섯 가지 색깔로 치장하고, 다섯 가지 색깔을 주제로 여러 기념품, 음식 등을 개발하며, 주민들도 색동저고리를 입고 탐방객을 대하는 등 '색동마을'로 만들자는 제안을 한바 있다.

전국의 수십만 마을이 경쟁하고, 모든 계층이 관광객이 된 현 시점에서 장 · 노년층에게만 향수가 있는 오색약수, 오색온천만을 갖고 마케팅하기에는 부족한 점이 많기 때문이다. 현재 강원도가 추진 중인 오색집단시설지구 재정비계획에 색동마을 개념을 입혀 산과 마을, 주민, 탐방객 모두 오색 빛깔이 넘쳐나는 마을을 그려본다.

아울러 오색 입구의 관터 마을, 위쪽의 안터 민박마을 역시 오색집단시설지구에서 제공하기 어려운 상업시설, 틈새상품을 개발하여 전체적인 연계관계를 갖는 전략이 필요하다고 본다. 수해복구사업으로 여러 개 설치한 교량은, 튼튼해 보이긴 하지만, 오색의 소박한 아름다움과 조화된다고 보기는 어려워 뭔가 부드럽고 정감 있게 개선하는 것이 좋다고 생각한다. 하천 양쪽의 수직으로 쌓은 돌 제방도 완만하게 경사를 주어 시각적으로 생태적으로 안정감을 주었으면 한다. 그리고 양양-속초 간 국도, 한계 삼거리에서 오색을 알리는 안내판도 가독성(可讀性)이 떨어져 보강이 필요하다.

오색집단시설지구 내부
오색마을의 향토성을 반영한 브랜드를 개발, 미래 지향적으로 재정비되어야 한다. '오색 색동마을'이라는 브랜드로 모든 건물, 간판, 음식, 기념품 등에 다섯 가지 색깔을 입혔으면 한다.

관광지에 거주하는 주민들은 더 많은 관광객을 유치할 수 있도록 정부, 지자체에게

더 많은 투자를 요구하지만, 실제 고객들은 새로운 편리한 시설만을 원하는 것은 아니다. 오히려 탐방객들은 도시에서는 볼 수 없는, 일반적인 관광지에서 느끼기 어려운 옛 것, 향토적인 것, 고향 맛, 독특한 분위기 이런 것들을 선호한다. 결국 이는 시설의 문제가 아니라 문화의 문제다.

오색지구에 남겨져 있는, 복원할 수 있는 고유성, 향토문화를 잘 다듬어 이를 건물, 간판, 상품, 음식, 침실 등에 표현하고, 지역주민 스스로 호텔 지배인과 같은 친절성, 책임의식으로 탐방객들을 대하며, 그런 바탕에서 지자체와 국립공원사무소에서 필요한 인프라(기반시설, 탐방시설)와 소프트웨어(탐방 프로그램)를 지원해주는, 서로 노력하는 지역공동체를 이뤄나가는 것에 정성을 기울여야 한다. 인접한 송천 떡마을이 좋은 사례다.

케이블카 이슈

오색마을에 또 하나의 이슈는 오색-대청봉 간 케이블카다. 양양군과 강원도가 약 10년 전부터 지역경제를 살리기 위한 유일한 대안으로 케이블카 필요성을 역설해 왔고, 지역정치가, 국회의원 모두 선거공약으로 내세워 지역 현안 우선순위 1, 2번으로 고정되어 있다.

이 케이블카 이슈는 설악산국립공원 뿐만 아니라 전국적 지역이슈로 부각되어 자치단체마다 케이블카 설치가 경쟁화되었으며, 심지어 국립공원 구역 내에서는 2km 이하만 설치 가능한 현재의 자연공원법령을 뜯어 고치자는 발의를 국회에서 하게 해, 현재 환경부에서 전문가, 이해당사자들로 케이블카협의회를 구성해 타당성을 검토하고 있다.

환경보전을 앞세워야 하는 환경부로서 환경단체의 반대가 뻔한 이 이슈에 대해 매우 난처할 것이지만, 어쨌든 환경과 지역을 모두 만족시키는, 또는 모두 조금씩 양보하게 하는 결론을 내야 할 입장에 있어 그 귀추가 주목된다.

이 케이블카 이슈에 대해 정작 또 하나의 당사자인 국립공원사무소 입장은 매우 곤혹스럽다. 자연보전 임무가 우선인 공원업무 특성 상 기존에 훼손된 등산로, 대청봉 정상부 등을 복원하고 정해진 등산로 이외에는 출입금지를 원칙으로 하고 있음에 반해, 새로운 훼손과 탐방압력 가중이 불가피한 케이블카 설치를 찬성하기는 어렵다. 케이블카 찬성론자들은 케이블카 설치로 땅을 밟는 등산객들이 감소할 것이므로 오히려 자연보전 효과가 있다고 말하고 있으며, 기존의 케이블카 단어가 갖는 반(反) 환경 이미지를 약화시키기 위해 로프웨이라는 용어를 쓰고 있지만 이는 국립공원 밖에서 사는 사람들의 이야기다.

만약 오색에서 대청봉까지 케이블카가 설치된다면 케이블카 설치를 위한 기둥 굴착, 상 · 하부 스테이션(관리 · 휴게시설) 설치과정 중에 자연훼손은 물론, 각 구조물과 케이블에 의한 영구적인 자연경관 훼손, 새로운 인공시설이 들어섬에 따른 동식물생태계 교란이 일어나리라는 것은 불보듯 뻔하다.

과거 무분별한 야영과 발길 확산으로 황폐화되었던 대청봉 정상부에 복원공사를 한지 10여년이 지났건만 아직 본래의 자연생태계가 회복되지 못하고 있는 고산지대 특성을 감안할 때, 새로운 탐방객 집중과 확산은 대청봉을 대청봉답게 놔두지 않을 것이다.

또한 현재의 설악동 권금성 케이블카의 경우를 분석해 케이블카 이용객들에 의한 지역경제 활성화 효과가 과연 어떨지를 냉정하게 가늠하는 것도 필요하다. 전체적인 탐방객 증가가 꼭 지역소득으로 연계되지는 않는다. 체류시간 및 교통시간의 감소는 오히려 경제적 역작용을 할 수도 있다. 머무는 시간이 짧은 만큼 돈을 쓸 시간이 없기 때문이다.

만일 정말 산을 좋아하는 사람들이 케이블카를 피해 다른 곳으로 등산을 한다면 그 대책은 무엇이어야 하는지 등에 대한 활발한 논의가 있어야 할 것이다. 반대론자들의 논리를 무조건 제압하지 말고, 반대론자들도 이해할 수 있는 현명한 대안 마련과 설득이 필요할 것이다.

국립공원 입장에서 케이블카 설치는 원칙적으로 찬성하기 어렵지만, 그렇다고 무조건적인 반대는 아니다. 공원보전에 큰 영향이 없는 최소한의 범위 내에서 탐방객, 지역주민 모두에게 필요한 편익을 고려해야 함은 당연하다. 지역사회협력 업무를 가장 중요한 공원업무로 정해서 지역 속으로 들어가고 있는 만큼 지역사회와의 상생 · 공존에 도움이 될 그 어떤 이슈에 대하여도 진정성 있는 대화, 대안 마련에 국립공원사무소는 최선을 다하고자 한다.

한반도-백두대간-설악산국립공원의 상징이고, 강원도-양양군의 자랑스러운 행정구역이기도 한 대청봉만큼은 계속 신성한 땅으로 남겨두어야 한다는 것에 과거의 선조들과 미래의 후손들은 흔쾌히 동의할 것이다. 유독 현재의 우리들만 이견(異見)을 빚고 있는 것에 대해 역사는 우리를 어떻게 평가할 것인가?

미시령-신선봉-대간령

설악산국립공원은 3개의 산으로 이루어진 산악연맹국(山岳聯盟)이다. 한계령과 미시령 사이가 맹주(盟主)인 설악산이고, 한계령에서 남쪽은 점봉산, 미시령에서 북쪽은 금강산이다. 정부에서 이북5도지사를 임명하는 것처럼 나는 금강산 소장을 겸하고 있다고 농담을 하곤 한다. 점봉산 지역을 남설악이라 하듯이, 앞으로 이곳을 북설악 또는 남금강(南金剛)으로 불러야 할지도 모르겠다.

2003년 국립공원구역으로 편입된 '금강산 신선봉 지역'은 그간 '막내 설움'으로 관리의 손길이 등한시되다가 금년에 '외설악/신선봉 분소'를 설치하여 돌보고 있지만, 아직 어설픈 수준이다. 그 증거가 부임 이후 11개월째에서야 '막내 땅'에 발을 들여놓는 이 순간이다.

해발 767m의 미시령(彌矢嶺)은 원래 미시파령(彌矢坡嶺)으로 불리웠다고 하는데, 미시(彌矢 · 화살)를 미시(彌時 · 시간)로 적기도 한다. 따라서 '시간이 오래 걸리고 험준한 고개'라고 이름풀이를 한다.

현재의 미시령 모습은 앞으로 '국립공원 경관'으로 다시 태어나야 할 것이다. 백두대간 허리를 흉측하게 자른 절개지를 이어 원래의 숲으로 복구(생태통로)해야 하고, 남루한 모습의 미시령휴게소는 규모를 최소화해 공원경관에 어울리도록 리모델링해야 하며, 백두대간 정상부에 버티고 있는 주유소도 옮겨야 한다. 불법출입자를 계도, 단속하기 위한 여러 개의 안내판과 철조망도 산행문화가 정착되는 대로 정비해야 한다. 앞으로 할 일이 많다.

백두대간 불법 종주

설악산악연맹 회장도 지내고, 설악산 자원활동가 회장을 하시다 선뜻 국립공원지킴이로 '절도 있게' 변신하신 김회율 선생이 펜스 문을 열어주는데, 마치 DMZ의 문을 열어주시는 듯하다. 이 지역만큼은 '사람출입을 금지시키고 자연끼리만 살도록 하자' 는 의미에서 출입을 통제하는 곳이기 때문이다.

그러나 '안 가본 곳' 을 꼭 가야만 직성이 풀리는 등산 마니아(mania)들, 백두대간 종주자들의 전투산행 때문에 이곳마저 야생동식물만의 산은 아니다.

주로 여름 방학시즌, 가을 단풍시즌의 새벽 시간대에 찾아드는 불법 단체산행객들과의 전쟁은 우리 레인저들을 철야근무로 내몰며 피곤하게 한다. 칠흑같이 어둡고 바람이 휘몰아치는 마루금 고개에서 미시령 도로를 내려다보면 2, 3대의 버스 라이트가 살금살금 올라와 레인저 캠프(지킴터)로부터 멀리 떨어진 곳에 정차 후 라이트를 끈다.

우리 레인저들이 재빨리 그 곳에 다가가 입산을 제지시키면, "어~ 몰랐네요"하며 버스는 사라지지만 산악도로의 S 커브에 숨어 다시 산행객들을 토해낸다. 귀중한 식물들을 마구 밟아가며 초스피드로 올라가지만 다시 레인저들의 서치라이트에 잡혀 내려오고, 다시 숨고 내려오고를 반복하면서 먼동이 터야 그들은 혀를 내두르며 오늘의 불법을 포기하고 다른 '적법' 코스를 택한다.

어떤 이들은 아예 30분~1시간 거리에서 잠행(潛行)을 시작해 백두대간 마루금으로 집결하는 원정대

백두대간 불법산행 새벽의 숨바꼭질 끝에 불법산행을 제지당해 내려오는 사람들. 그 입구에 출입금지 안내판이 선명하다.

도 있다. 아무리 멀고, 아무리 바람이 '휘애~앵' 불어도 본능적으로 그들의 스틱 소리가 들린다. 그 곳에 다가서면 일렬종대의 헤드라이트가 마루금을 향해 물결처럼 올라간다.

"잠깐만요!"하고 소리치면 일시에 라이트 높이가 낮아지며 불이 꺼진다. 그들에게 다가서면 대부분 고개를 숙이고 있지만, "참 재수 없는 날…"이라고 진심을 내 뱉는 사람들이 있기 마련이다.

많은 백두대간 마니아들이 '설악산 백두대간 불법산행'에 나섰다가 우리에게 '운 좋게' 적발되어 불법을 거두는 사람들은 연간 약 3천 명 정도다. 이미 마루금에 깊게 들어와 적발되면 그 대가가 장난이 아니다.

지난해 불법 산행자 30명 전원에게 50만원씩, 1천5백만 원의 과태료를 부과해서 화제가 된 적이 있었다. 적발되지 않은 사람들에 의해 밟혀질 백두대간의 자연과 역사를 생각하면 참으로 안타깝다. 그들에게 백두대간 출입금지구역의 자연훼손 현황과 환경오염 실태를 보여주고 그 곳에 사는 대형동물들을 대면시키고 싶다. 2007년 3월 이 곳에 들어갔다가 사망한 사람에게 물어보고 들어가라고 하고 싶다.

미시령-상봉

처음 5분간 급경사 초입길을 올라서면 이곳이 출입 통제구역인가를 무색하게 할 만큼 뻥 뚫린 자갈길이 나온다. 눈에 거슬리는 통신사 철탑, 구렁이 기어가듯 하는 몇 개의 파이프 선로(線路), 여기저기의 샛길에 마음 아파하며 20여분 올라가 걸음에 발동이 걸릴 때쯤이면 흙길이 나온다. 마치 터널처럼 갈참나무가 빽빽한 폐쇄된 공간에 급한 오르막이라 금방 땀방울이 솟구친다. 뜨겁고 짭짤하니 '자연의 사우나'인 셈인데, 수량(水量)과 호흡이 전에 없이 과(過)한 것은 속세에서 몸을 마구 굴려서이기 때문이다.

상봉에서 바라본 백두대간 오른쪽에 황철봉, 가운데 멀리 대청봉-중청봉 라인이 아련하다.

능선부에 오르기 직전에 만난 샘(신선샘?)의 물은 수량은 적지만, 더없이 차가워 몸 전체의 온도를 낮추는 듯하다. 청량(淸凉)샘으로 이름을 붙이면 어떨까.

이곳에서 오른쪽으로 '금강산 화암사(華巖寺)'로 내려가는 샛길이 있다. 고성군 토성면에 위치한 화암사 일원은 공원구역 밖으로, 이 방향에서 올라오는 등산객들을 막을 재간이 별로 없다. 이 샘터에서 진을 치고 있다가 돌려보내는 수밖에.

하늘에 잠자리가 많아지면 정상부가 가까워졌다는 징조이다. 출발 후 1시간 정도 되었을까, 전망이 탁 트이는 능선부의 첫 바위에 올라 남쪽을 일견하니 가까이 육중한 황철봉과 날카로운 공룡뼈대, 멀리 대청-중청-끝청이 아련하게 조망된다. 동해바다 수평선은 구름에 가렸다 말았다 구름파도가 치고 있다.

왜 영동과 영서를 구분하는가? 영동의 구름덩어리들이 시시각각 변화무쌍하지만, 절대로 영서로 가지 않는 모습이 오늘 하루 종일 목견된다. 상대적으로 동쪽은 구름이 더 가득하고, 서쪽은 햇살이 더 가득하다. 주민들의 성향과 문화도 그만큼 서로 다르다고 한다. 약 15년 전 속리산에

신선봉 고향 금강산을 그리워하는 듯 북쪽으로 너덜바위를 흘렸다. 이름 그대로 신선의 도포자락과 같다.

근무할 때, 설악산으로부터 4명의 전입자가 왔다. 이 분들에게 아무 뜻 없이 관사의 방 배치를 했는데 방을 바꾸어 달라는 심각한 요구가 왔다. 영동, 영서를 구분해달라는 것이었다….

지척에 뾰족한 암봉을 보고 저게 상봉(上峰)인가 했는데, 20여분 길 따라 너덜 따라 고원(高原)길을 가다 보니 그 봉우리는 멀어지고, 불법 산행자 1명에게 50만원(벌금) 갖고 다니라고 엄포와 훈계를 주고, 헬기장 지나 뾰족탑이 있는 봉우리에 들어서니 상봉 표지판이 있다.

해발 1,244m로, 1,214m인 신선봉보다 높다. 그러나 암봉이 작아 신선봉에게 얼굴마담 자리를 뺏겼나 보다. 여기 저기 설치된 군참호도 상봉을 더욱 옹색하게 한다. 여기서 새파란 하늘 아래 조망하는 남쪽 공룡-대청, 북쪽 신선봉, 동쪽 너덜지대 모두 천경(天景), 선경(仙景)이다. 짙은 구름과 안개에 묻혀 아랫마을은 하나도 보이지 않는다.

상봉-신선봉

여기서 굵은 밧줄을 부여잡고 내려서는 몇 개의 급경사 암릉과 비좁은 소로, 이따금씩 절벽 옆에서의 섬뜩한 경험은 마치 수해복구공사 이전의

백두대간 불법출입 리본

리본에 적혀있는 이름은 결코 자랑이 아니다. 자연은 이용보다 보전하는 것이 훨씬 어렵다.

공룡능선 느낌이다.

등산로 정비공사는 업체에 맡겨 후딱, '재미없는 직선으로' 끝낼 것이 아니라, 우리가 직접, 아주 천천히, 세밀하게, 그래야 '길을 재미있게' 만들 것인데, 정부의 예산집행(회계연도) 원칙과 우리의 행정관행이 '혁신'을 허용하지 않는다.

한 30분 내리막과 화암재 수평 길에서 물 한 모금 휴식 후 길을 나서니 여지없이 오르막이 나타난다. 수풀이 무성한 급경사 소로를 20여분 꾸역꾸역 고통스럽게 올라서면, 하얀 암봉이 하나 보이고, 이어서 햇빛이 반짝한 삼거리에 다다른다. 이 삼거리에 주렁주렁한 산악회 리본들이 우리의 통제정책을 비웃기라도 하는 듯이 살랑살랑 바람에 흔들린다. 몹시 기분 나쁘다.

여기서 오른쪽으로 가야 신선봉인데, 바로 직전에 본 왼쪽 암봉이 그곳인 줄 착각하고 왼쪽으로 돌아 암봉 위를 낑낑 올라서니 수평거리 300m 쯤에 두개의 신선 암봉이 낄낄대고 웃고 있다. 시간상으로 왕복 30분 이상이 걸릴 것이다. 이미 예정시간을 초과해 '신선봉 정복'을 포기. 그러나 여기서 보는 신선봉의 근경이 더 신선하다.

금강산 일만 이천 봉 중 가장 남쪽에 멀리 외롭게 있어서였을까, 원래는 거대하고 뾰족한 탑이었을 자기 몸을 부수워 만들어낸 기나긴 너덜을 보며 신선봉의 옛 영광을 추측해 본다. 사진으로 본 신선봉의 표지석은 신선이 날아갈 듯 날렵하다. 하얀 두 개의 봉우리가 일광욕을 하는가 했더니

멧돼지 자국 금방 파놓은 멧돼지의 흔적. 숲속 어디에서 나를 노려볼 생각을 하니 가슴이 두근거린다. 멧돼지에게 잘해준 일이 없기 때문이다.

이내 하얀 구름에 몸을 숨긴다. 바람처럼 움직이는 구름은 신선의 도포자락과 같다.

사진을 찍으려 몸을 세우니 날카로운 바람이 힘 빠진 다리를 흔들어댄다. 영동과 영서의 경계는 여전히 분명하고, 북쪽 향로봉-금강산 지역은 구름의 바다에 가려, 마치 비행기에서 내려다보는 창공의 경관이다. 내려서야 하는 서쪽 대간령, 진부령 방향은 짙은 가스에 묻혀 있다. 바위에 앉으니 햇볕에 달궈진 바위의 뜨거운 온기가 하체를 편안하게 하고, 위로는 거친 바람이 콧등을 말린다. 자연의 반신욕이다.

신선봉-대간령-마장터

대간령을 향하는 내리막 숲속 길은, 능선부에서 파노라믹한 세상을 맛보았기 때문일까, 그저 터벅터벅 발을 옮길 뿐 무료하기 짝이 없다. 양옆에서 삐쭉삐쭉 삐쳐 나온 싸리나무 잔가지들이 살갗을 쓰리게 하거나, 금방 파놓은 멧돼지 자국이 정신을 퍼뜩하게 만들 뿐.

만일 여기서 호전적인 멧돼지를 만난다면 무슨 얘기(변명)를 해야 할까?

멧돼지 "얌마 너 뭐야, 여기는 내 땅이야! 목숨을 내놔!!"

나 "얘야, 나는 공원소장이란다. 내가 너희들 보호한다고 참 죽을 맛이야 ~~"

멧돼지 "너 참 잘 만났다. 그래서 이렇게 불법 산행자, 올무가 많냐 이 짜샤!! 네 팔부터 씹자, 꿀꿀!!"

나　　“그래 알았어, 내 팔… 영어로 스틱(stick)이라고 해~”

멧돼지 “쯔~쯧, 일도 못하면서 무식하기까지 하네, 암이야 아~암 (arm), 얍얍하는…”

한 30분을 내려서니 야산의 관목들이 즐비해 금방 대간령이 나올 줄 알았으나 좀처럼 모습을 보이지 않는다. 안개가 자욱해서 조바심이 났을까, 헬기장(국토지리정보원 삼각점 415번)에서 직진코스와 왼쪽 코스가 나와서 사무소에 전화를 하니, 구세주 손경완 직원이 삐삐선만 따라가라는 말에 직진을 한다. 한 20분 내려서니 대간령이다.

백두대간에서 미시령과 진부령 사이라고 해 대간령(大幹嶺)이라 부른다는데, 이 곳 사람들이 현재 부르고 있는 원래이름은 새이(間)령 또는 샛령이다. 고성 도원리 사람들이 소금과 생선을, 인제 용대리 사람들이 감자 등 농산물을 가져와 물물교환이 이루어졌던 곳. 지금도 주막터와 집터임을 알리는 돌담, 돌무덤들이 듬성듬성하다. 이곳도 리본, 낙서판, 비박자리 등 백두대간 종주꾼들의 흔적이 가득하다. 검은 숲 속에 내리 뿜는 햇살 기둥이 순간적인 '빛의 예술'을 연출하는데… 값싼 카메라로는 복사가 어렵다….

이곳부터 왼쪽길 마장터, 소간령을 지나 창바위까지의 길은 공원경계를 들락날락 하는 곳이다. 그래서 (이런 사실을 아는 사람들한테는) 공원관리가 어렵다. 부드러운 흙길을 편하게 내려오니 계곡물이 시작되는 얕은 냇물이다. 한 옴큼 목구멍으로 넘기는데, 심리적인 설탕물이 아니라, 사실적인 설탕물인 것처럼 너무도 달다. 슈가 스트림(sugar stream)이다.

이런 냇물이 넓어지고 소리가 커지는 것을 확인하며 서너 번을 건너면 일직선으로 키를 높인 낙엽송 군락으로 들어선다. 사람 다니는 길에 많은

꿀풀도 이제 자연림을 벗어나 인공림으로 들어왔음을 알린다. 어떤 할 일 없는 선조님들이 여기까지 일본나무를 심어놓으셨나? 대간령에서 대략 40분을 걸어 억새가 하늘거리는 아늑한 분지형태의 숲속 빈터 마장터에 도착.

낙엽송 길 대간령에서 마장터로 가며, 이곳에 사람이 있다는 것을 알리는 듯한 인공림이다.

마장터 초가집 산 속 깊이 은둔한 초가집에 향수를 느낀다.

마장(馬場)터는 새이령을 오가는 장사꾼들이 말을 묶어놓고 한 잔 하면서 휴식했던 곳인데, 각자 물건들이 있어서 자연스럽게 시장이 열렸던 곳이라 한다. 금년 봄에 이곳에 처음 왔을 때 한 직원이 '말을 사고팔던 곳' 이라 했는데 그건 틀린 말이다.

안쪽에 3채의 집이 있고(귀틀집, 굴피지붕 위에 비닐을 씌운 집, 억새를 엮은 초가집), 바깥쪽에 최근에 지은 듯한 통나무집이 있다. 집 사이사이는 고랭지(高冷地) 채소밭이다. 곰취가 너무 웃자란 듯 해바라기 같다. 신선처럼 사는 도사님 3명이 이곳에 사는 것처럼 보이지만, 내가 본 그들은 어째 속세의 사람과 같아 보인다.

무엇인가로부터의 '은둔' 을 목적으로 사는 사람들, 산에서 뭔가를 채취해서 밖에다 파는 사람들, 그 3명 사이도 그리 가까운 관계는 아닌 것처럼 보이는 이상한 독가촌이다. 그 중 엊그저께 자기 손님 '단속 스티

커' 좀 봐달라고 전화가 왔었던 가운데 집에 들르니 꽁지머리에 코털 주인이 벌떡 일어선다.

약차 한 잔 얻어먹으며 '주민 스스로 자연을 지켜 달라' 고 잔소리하고, 봄에 만났던 앞 집 노익장에게는 '너무 과도하게 채취하면 곤란합니다. 직원을 배치할 수도 있습니다' 라는 말을 전하는 등 순찰임무를 완료.

낙엽송 따라 길도 마음도 평화롭게 소간령을 넘는데, 지척의 덤불에서 노룬지 고라닌지 멧돼진지 후다닥 뛰어가고, 온갖 새들이 퍼드득 날아오르는 소리에 가슴이 철렁하다. 잠시 뒤 마중 나온 직원이 나를 부르는 소리에도 '깜짝' 놀란다. 나는 죄를 많이 짓고 사는 사람이다. 창바위 입구까지 좁고 예쁜 계곡길 40여분.

오늘 순찰거리는 약 10km, 소요시간은 약 6시간, 휴식시간을 빼면 5시간 정도. 1시간에 2km이니 만만한 코스는 아니다. 독도처럼 외롭게 떠있는 신선봉에게 DMZ를 열어, 남북의 동물들, 식물씨앗들이 '엄마 금강산, 아기 신선봉' 소식을 서로 전해 주도록 하는 것…, 우리가 해내야 할 도덕(道德)이다.

금강산 답사기

예로부터 우리나라를 수호하는 오악(五嶽)이 있는데, 백두산(북악), 묘향산(서악), 북한산(중악), 지리산(남악), 금강산(동악)으로, 이들은 민족의 영산으로 숭배를 받아왔다. 이 대목에서 서운 한 것은 바로 악(嶽)자가 있는 설악산이 왜 빠졌는가 하는 것인데, 아마도 금강산과 너무 가까이 있고, 금강산에 비해 지형이 험준하고 오지이다 보니 다녀본 사람이 적어 그렇게 되었을 것으로 추측해 본다. 또한 옛날 당시에는 금강산의 교통이 훨씬 좋았고, 또한 현재의 등산이 아닌 '유람' 형태의 관광이었기 때문으로도 생각된다.

금강산은 행정구역상으로 강원도 고성군과 금강군, 통천군의 일부에 걸쳐 있으며, 정상인 비로봉(1,638m)을 중심으로 산세에 따라 내금강, 외금강, 해금강으로 나누어진다. 총 면적은 530km²이고, 남북의 길이 약 60km, 동서의 너비 약 40km이다.

'금강(金剛)'이란 매우 단단하여 불변의 성질을 가지는 곧은 마음, 불도를 깨치기 위한 굳센 마음을 상징한다고 한다. 그래서 표훈사, 장안사, 정양사 등 수많은 사찰이 있었다고 하나, 현재의 금강산에는 그럴듯한 사찰이 없어 한국의 조계종에서 신계사(神溪寺)복원작업을 위해 스님이 파견되어 있다고 한다.

금강산은 1946년 북조선의 명승지로, 1976년 자연보호구로, 2003년 자연공원으로 지정되어 관리되고 있다. 현재까지 금강산에서 기록된 고등식물은 1,228종(양치류 이상)으로, 금강초롱, 금강국수나무, 금강잔대, 금강분취, 금강봄맞이, 고성분취, 비로봉쑥, 봉래꼬리풀 등 특산식물이 많다.

첫째 날–금강산과의 첫 만남

설악산 속초에서 고성의 북방 현대아산 휴게소까지는 불과 50여분밖에 소요되지 않는다. 여기서 전국에서 모인 50여명 국립공원 레인저들과 반갑게 악수를 나누었다. 핸드폰 반입이 안된다고 해서 핸드폰을 관리소에 맡기고 셔틀버스로 10여분 더 북쪽으로 올라가 남측 출입국사무소에 도착했다. 모두 1,600여명 규모의 관광객들이 다 도착하기까지 1시간 이상을 무료하게 기다렸다.

그러나 출국(?)수속은 개인 당 10초 정도로 통과. 바깥의 출국장에 수십대의 버스가 도열해 있는 가운데 지정된 버스에 타니 현대아산의 '박혜림' 이라는 안내원이 북쪽에 들어갈 때의 주의사항부터 알려준다. 한마디로 자기가 시키는 것 아니면 절대 어떤 행동도 해서는 안 된다는 으름장에 모두들 시큰둥했다.

그러나 멧돼지가 평화롭게 서성대는 남측의 비무장지대를 통과해서 드디어 군사분계선을 넘어 곳곳에 부동자세로 서있는 북한병사를 보는 순간 모두들 그 안내원이 시키는 것만 하겠다는 마음가짐을 가졌을 것이다. 그렇게 다른 분위기를 느낄 수밖에 없었던 것은 아마 이 나이도록 '북괴, 공산당, 괴수…' 이런 단어로 이념화된 결과의 반증이리라.

북한의 첫 경관 같은 나라 풍광인데, 너무 이국적으로 느껴진다.

북측 출입국사무소에 내려 마침 앞에 있는 북한 병사에게 "안녕하십니까?"라

고 생전 처음 북한사람에게 말을 걸어보았으나 냉랭하고 신경질적인 눈초리만 받아야 했다. "허~ 참~ 내~ 원…" 순서가 되어 북한 검사관(군인)의 번뜩이는 눈이 내 얼굴과 사진을 대조했는데… 마치 두 모습이 서로 틀려 보이는 것 같을 정도로 긴장을 한다.

다시 버스에 올라 드디어 북측의 비무장지대를 통과하여 북한 땅을 달리는데…, 원래 그런 지형이었는지 나무 하나 없어 보이는, 둥글동글한 화강암이 첩첩이 엎혀져있는 바위산, '마사토' 산들이 북한의 첫 경관으로 다가온다.

그 밑에 짙푸른 호수(석호)가 바탕을 이루고, 억새무리가 하늘거리는 것이 상당히 이국적(?)이다. 그렇게 10여분 들어가니 바닥에는 지피식물이 거의 없는, 소나무 몇 그루만 댕그라니 남아있는 민둥산의 연속이고 멀리 금강산의 전경이 들어오기 시작한다.

그런 경관보다 더 흥미로운 것은 북한 사람들의 생활이다. 마을과 마을 사이가 한 눈에 들어오지 않을 정도의 넓은 벌판에서 자전거를 타고 가거나 씩씩한 몸짓으로 걸어가는 일단의 사람들이 있다. 어쩌다 가깝게 보니 소박한 복장에, 수건이나 목도리를 머리에 두른 아주머니들, 자전거를 세워두고 먼 산을 바라보는 남정네들에(남측의 버스가 지나가면 그렇게 시킨다고 함), 다 똑같아 보이는 허름한 단독주택의 연속에 이따금 일단의 군인들이 뭔가 작업을 하고 있는 모습… 그런 것들을 더 천천히 자세히 보고 싶었지만 버스가 냉정하게 속도를 낸다.

북한의 전략적 요충지라는 장전항 입구에서 버스에 내려 사진 몇 장 찍고, 다시 오던 길을 10분 정도 뒤돌아서 나와, 현대왕국 같은 집단시설지구를 지나 금강산 호텔에 도착한다. 이 호텔을 짓는 데에만 20여년이 걸렸다고 하는데, 그만큼 돈이 없고 기술력도 모자라서 시간이 오래 걸렸다고 한다.

원래는 북측의 상류층들이 이용했는데, 현대아산이 남측 관광객 숙소로 리모델링을 하고 운영은 북측이 한다고 한다. 그래서 이 호텔의 근무자 대부분은 북한사람들이고 일부 연변족 사람들이 와서 허드렛일을 한다고 한다.

온정령 계곡 호텔에서 바라본 온정령은 설악의 저항령과 닮았다. 설악산과 금강산은 형제산이다.

호텔이라 그런지, 그간 이력이 나서 그런지 이 곳 북측 사람들은 조금 친절하기도 하고 말을 건네기도 한다. 역시 남남북녀인지, 아니면 미인들만을 뽑아왔는지 건강해 보이고 훤칠한 종업원들이다.

5분 거리에 있는 온천은 시설도 좋고 물도 좋다. 뜨끈한 온천욕을 즐긴 다음, 북한식당을 찾아갔으나 예약이 되지 않아(예약이 안 되면 그만한 음식을 미리 준비하지 못한다고 함), 결국 일반음식점에서 포만감을 즐긴 후 일찍 숙소로 돌아왔다. '전국의 레인저'들이 모였으니 반갑다, 술 한잔 하자 밤새 들락날락 하는 바람에 1시가 넘어 잠이 들었다.

설악산 대청봉에서 내려온 내 룸메이트는 이 곳 북한 고성이 고향땅이라고 밤샘을 했는지 새벽 6시에 귀환… 설악산 정기를 받아서인지 알코올 영향이 전혀 없는 듯 하다. 강원도 전형의 무뚝뚝한 표정에 이북 사투리가 유창하다.

둘째 날-구룡폭포, 상팔담, 삼일포, 서커스 공연

창문을 열어 발코니에 나가니 차가운 냉기를 머금은 바람이 불어온다. 호텔 앞마당 저 편에 김일성, 김정일 두 부자가 빨간색 바탕을 배경으로 나란히 선 화려한 사진탑이 있다. 이곳에서 바라본 금강산 계곡(온정령)은 마치 설악산 저항령을 보는 것처럼 U자 모양이다. 금강산과 설악산은 형제산이다.

아침식사는 뷔페식인데, 북한식 떡(방울떡?)이 곁들인 간단한 한식이다. 이곳의 북한 측 종업원들은 누이처럼, 엄마처럼 자상하게 서비스를 한다. 그러나 쓸데없는 말이나 표정은 없다.

8시 30분, 구룡폭포 코스로 향하는 십 여대의 버스가 일제히 출발한다. 아마도 북한 측의 출발신호를 받고 떠나는 것 같았다. 주요 지점마다 감시 군인이나 접대원(안내원)을 배치시킨 이후에 출발시키는 것이다.

무표정하게 부동자세로 붉은 깃발을 들고 서있는 감시 군인들을 가깝게 보니 의외로 앳된 소년들이 많다. 고등학교(북측은 중학교 6년)를 마치고 대학에 가지 않는 모든 남자들은 일단 군대에 가서 3~7년의 군대생활을 한다고 한다. 그래서 어린 소년들이 많다. 7년이 지나 장기복무를 하든가, 또는 제대를 해서 국가에서 정해준 일을 한다고 한다.

길 양쪽으로 금강송, 미인송이라고 떠드는 안내원의 판에 박힌 해설을 들으며, 조계종에서 복원불사를 하고 있다는 신계사를 지나 버스 종점인 주차장에 도착한다. 이곳부터 산길의 화장실은 소변에 1달러, 대변에 2달러를 지불해야 한다고 해서일까 화장실이 북적거린다. 간단한 먹을거리, 차, 그림들을 파는 노점상이 있어 "여기도 잡상인이 있네!"하면서 동료 레인저들이 한 마디씩 한다.

출발해서 5분 정도 거리에 목란관이라는 휴게소가 있다. 이름도 그럴 듯하고 건물모양도 주변과 조화를 이루는 동양적 건축물이다. 이런 시설이 바로 문화경관(cultural landscape)으로서의 자격이 있는 공원시설이다. 우리 설악산의 비선대 휴게소를 이런 식으로 다시 지어야 할 것이다.

우리 등산로와 별반 다르지 않은 돌길을 20여분 올라가서야 양편으로

목란관 설경 주변 자연에 잘 조화되는 휴게소 건물. (사진 인터넷 자료)

확 트인 계곡풍경이 전개되는데, 천불동 계곡보다는 다소 넓은 대신에 다소 낮아 보이는, 설악과 크게 다르지 않은 경관이다. 이곳보다는 설악산의 백담계곡 상류나 십이선녀탕 계곡이 더 빼어날 것이다.

몇 개의 철제다리, 흔들다리를 지나는데 널빤지 바닥이 한 두 칸 뻥 뚫려 위험해 보이는 다리도 있다. 설악산 같으면 "직무유기다, 다 자르겠다" 난리를 쳤을 탐방객들이 얌전히 건넌다. 매섭고 차가운 계곡바람에 옷깃을 여몄지만 이제는 제법 땀이 밴다.

군데군데 북한 측 사람들이 하는 노점상들이 있는데, "쉬었다 가시라요, 천천히 가십세다"라는 말투를 외면하기 어렵다. 나중에 안 얘기인데, 이곳 노점상들의 일부가 설악산에서 과거에 노점상을 했던 사람들이라고 한다. 아마 현대아산에서 '경험자' 들을 고용한 모양이다. 원 세상에….

진눈깨비가 날리는 어두운 초겨울이다. 구슬처럼 아름다운 두개의 담이 이어진 연주담(連珠潭)을 지나, 비봉(飛鳳)폭포 등 몇 개의 폭포(이미 얼어붙고 있는 대형 고드름)를 지나, 아래로도 위로도 멋진 산경(山景), 암경(岩景)이 펼쳐지는 중간 지대를 지나, 아마도 한 90분 정도 지났을까 드디어 우리나라 3대 폭포 중 하나라는 구룡(九龍)폭포에 도착한다.

아홉 마리의 용이 승천했다는 곳답게 지금은 얼어붙어 있지만 물이 떨어지면 웅장한 맛이 있을 것이다. 그러나 웅장함에서는 설악산의 대승폭포보다 못하고 더더욱 토왕성 폭포보다 훨씬 떨어진다. 다만 가까이에서 조망할 수 있는 '사실감' 이 더 할 것이라고 생각해 본다. 이 폭포를 전망

옥류동 계곡 구룡폭포에서 내려다 본 계곡은 설악산의 천불동계곡과 흡사하다. 다만 더 부드럽고 유려하다.

구룡폭포 이미 얼어붙은 빙폭. 주변 경관과의 어울림이 훌륭하다.

할 수 있는 누각의 이름은 관폭정(觀瀑亭), 북한의 보존유적으로 지정할 만큼 역사적 건축물로서 가치가 있다고 한다. 그래서인지 동양화적인 경관에 딱 어울리는 누각으로 보인다.

몇 장의 사진을 찍고 다시 돌아 나와 구룡폭포의 낙수(落水) 원천(源泉)인 상팔담(上八潭)으로 기어오른다. 급한 경사지에 거의 수직에 가까운 여러 개의 철제다리를 타고 올라가야 한다. 이곳의 철제 난간과 계단은 모두 회색이다. 아마 화강암과 같은 색을 선택했을 것이다. 올라갈수록 차가운 바람은 더욱 매섭다. 이따금씩 산 아래 경관을 조망하며 한 20~30분을 오르니 상팔담 바로 입구에 "참으로 금강산은 조선의 기상입니다"라고 쓴 석탑이 있고 그 옆에 북한 측 안내원 남녀가 발을 동동 구르고 있다. 그냥 서있으려니 얼마나 추울까.

상팔담을 내려다보는 마음은 말 그대로 무릉도원, 선녀들의 세계를 보는 것 같다. 이미 살며시 얼어붙었지만 여덟 개의 담이 초록빛으로 연이어 파이고, 그 사이 사이를 가랑비 같은 물줄기가 이어주는 듯, 마치 조롱박으로 물을 떠서 아래의 담에 퍼주는 듯, 사랑스럽기도 하고 애절하기도 하다.

'아~ 이래서 금강산이구나. 그래, 여기만 금강산이야' 할 정도로 감탄사가 터진다. 설악이 금강을 부러워할 것 없더라도, 이 상팔담 만큼은 뚝 떠내 가져오고 싶다. 이 여덟 개의 담 중에서 가장 크고 동그랗다고 하는 다섯 번째 담에서 우리가 익히 아는 '선녀와 나무꾼 이야기'가 탄생했다고 한다. 그럴만한 곳이다. 그래야 하는 곳이다.

나무꾼이 사냥꾼에게 쫓기는 사슴을 숨겨 주었더니 사슴은 그 보답으로 선녀들이 목욕하고 있는 곳을 일러주며 선녀의 날개옷을 감추고 아이를 셋 낳을 때까지 보여 주지 말라고 당부한다. 사슴이 일러 준 대로 선녀의 날개옷을 감추었더니 목욕이 끝난 다른 선녀들은 모두 하늘로 날아 올라갔으나 날개옷을 잃은 선녀만은 가지 못하게 되어 나무꾼은 그 선녀를 아내로 삼는다.

아이를 둘까지 낳고 살던 어느 날 나무꾼이 무심코 선녀에게 날개옷을 보이자 선녀는 재빨리 그 옷을 입고 아이들을 데리고 하늘로 올라갔다. 어느날 사슴이 다시 나타나 나무꾼에게 하늘에서 두레박으로 물을 길어 올릴 터이니 그것을 타고 하늘로 올라가면 아내와 아이들을 만날 수 있을 거라고 일러준다.

사슴이 일러준 대로 하늘에 올라간 나무꾼은 한동안 행복하게 살았으나 어머니가 그리워 용마(龍馬)를 타고 내려오는데, 이 때 아내는 남편에게 절대로 용마에서 내리지 말라고 당부한다.

어머니가 아들이 좋아하는 호박죽을 쑤어 먹이다가 뜨거운 죽을 말 등에 흘리는 바람에 용마는 놀라서 나무꾼을 땅에 떨어뜨린 채 그대로 승천한다. 땅에 떨어져 홀로 남은 나무꾼은 날마다 하늘을 쳐다보며 슬퍼하다 수탉이 되어 지금도 지붕 위에 올라 하늘을 바라보며 울음을 터트린다고….

상팔담 겨울 화강암의 침식작용에 의해 만들어진, 구룡폭포 위에 있는 여덟 개의 웅덩이란 뜻이다. (사진 인터넷 자료)

매서운 칼바람이 쌩쌩하지만, 아쉽고 아쉬운 상팔담에서 발길이 떨어지지 않는다. 내려가는 길목에 있던 여자 안내원이 먼저 말을 건넨다. "괜찮습네까? 기가 막히디요." 그렇다고 하니까 "선생님, 기네스가 뭡니까?"라고 묻는다. 아마 앞에 간 관광객이 기네스북에 오를 만큼 좋다는 이야기를 한 것 같다. 기네스를 설명하고 나니까 "거럼 북은 뭡네까?" 라고 또 묻는다. 알고 묻는 건지, 모르고 묻는 건지, 그러나 질문이 싫지 않다. 우리 동포이기 때문이다.

내려가는 길은 이제 싱겁기 그지없다. 상팔담을 보았으니 이에 견줄 만한 것이 없다. 어떤 할머니가 철퍼덕 넘어졌는데, 괜찮다고 했으나 나중에 알아보니 팔목이 부러졌다고 한다. 관광객의 대부분은 중년 이상 노년이다.

올라올 때 감탄했던 목란관 길목에 간이음식점이 있다. 몇몇 직원들이 모여 있길래 들려서 무심코 북한 막걸리 한 컵을 음미했는데 새콤달콤 금방 미각을 돋우고, 소고기 꼬치구이 한 점을 먹어보니 더 이상 가는 안주가 없다. 아마 나와 같은 공원관리자들이 관광객의 입장에서 마음 놓고 이런 간식, 간주(間酒)를 먹어본 적이 없어서 그 맛이 더했을 것이다.

지나가는 레인저들마다 삼삼오오 들리니 금방 일어설 수가 없다. 꼬치구이를 굽는 북한소녀들의 표정이 앳되다. 이것을 많이 팔아봐야 그들에게는 돈이 되지 않는다. 그러나 정성이 있고 손놀림이 부지런하다. 그들은 국가를 위해 열심히 외화를 벌고 있는 '공무수행' 중이다.

오후 일정은 삼일포 구경. 우리의 집단시설지구 같은 현대아산의 편익시설지구와 주요 관광코스의 도로는 모두 녹색 펜스로 둘러싸여 있다. 즉 녹색펜스 내부는 현대아산의 세상이고, 따라서 북한의 일반주민들은 그 펜스 내부로 들어오지 못한다. 그러나 버스를 타고 삼일포를 가려면 이 펜스를 벗어나 몇 개의 북한 마을을 근접해서 통과해 가야 한다.

안내원이 사진촬영 불가 등 주의사항을 강조한다. 그렇게 근접해서 본 북한마을에 사람이 별로 없고, 있다 해도 시선을 주지 않아 답답하다. 번호판이 달린 자전거 몇 대가 교차로에 서 있는데 사람들은 대부분 뒤를 돌아보고 있다. 그런 상황을 곳곳의 군인들이 지켜보고 있다. 우리가 빨리 지나가야 저 사람들이 제대로 갈 수 있다.

오전의 구룡폭포, 상팔담에 비해 삼일포는 밋밋하다. 바다에 근접해 있는 짙푸른 큰 호수에 단양팔경에서와 같은 누각이 한 점 떠 있고, 호수 한 켠에 목란관 같은 휴게소가 있다. 이 호수 둘레의 10% 정도를 그냥 걸으면서 주요 조망점에서 사진을 찍는 것이 관광메뉴다.

이 코스의 두 개 지점에서 북한 측 여자 안내원이 해설을 해주는데, 노래요청을 받으면 한 두 번 사양하다 쉽게 노래를 불러준다. '시집을 가요, 반갑습니다' 등과 같은 건전가요 일색이지만 아저씨, 할아버지들 입이 딱 벌어진다.

오후 4시 30분에 시작된 그 유명한 북한의 공연예술. 마침 맨 앞줄에 앉아 그들의 표정을 생생하게 볼 수 있었다. 세계적인 공연 서커스(그들은 서커스가 아니라고 강조했지만)에서 입상한 작품들만을 엄선했다고 했는데 그럴 만도 했다.

한 치의 오차도 없는 기계적인, 컴퓨터와 같은 정교한 신체 움직임. 주제마다 점차 고난이도의 기술을 구사하는데, 이제 끝났구나 싶으면 상상할 수 없는 더 높은 고난이도의 공연이 이어진다. 한 주제 당 대략 10분 정도가 소요되는 작품이 끝나면 그들의 이마에 땀방울이 송글송글하다.

열 명 정도의 청년들이 나와 팔 힘만으로 몸을 직선으로 뻗어 철봉을 45° 각도로 착착 올라가는 공연에서 북한의 유격대원 훈련이 연상되었다. 그네에 발을 건 좌측 남자와 공중에서 수도 없이 회전하며 날아온 우측 여자가 허공에서 서로 팔을 잡을 때면 그 소리가 둔탁하게 났고, 손목에 바른 파우더 가루가 공중으로 흩어졌다.

관중들은 모두 마음을 졸이지 않을 수 없다. 그 연기가 감탄스럽기도 하거니와 그 연기를 위해 그들이 치루었을 고통을 생각해서 눈물을 글썽이는 관객도 많았다. 우리는 사람이지 기계가 아니다. 만일 그들이 실수를 하여 바닥(그물)에 떨어지면 어떻게 하느냐고 현대아산 관계자에게 물으니, 매우 드물게 그런 일이 발생하는데 재빨리 아무 팔이나 다리를 잡아 질질 끌고 무대 뒤로 사라진다고 한다. 어쨌든 그 '예술가' 들은 국가적으로 차관급 대우를 해준다고 한다.

이렇게 하루의 일정은 끝났다. 온천에 들어가는데 어제와는 출입문 방향이 다르다. 음양의 조화 때문에 남탕, 여탕을 매일 교체한다고 하니 기분이 야릇하다. 오늘이 마지막 밤이니 설악산 레인저들만 뭉치자고 해서 호텔의 12층 라운지에 들어서니 북한 여성인지 연변 여성인지 친절하게 자리 안내를 한다.

북한의 소주라 할 수 있는 들쭉술(한 병에 이만 오천 원) 두 병에 간소한 안주. 평소에 말수가 적던 송영진 레인저가 전주(前酒)가 있었던지 고성에 다변이고, 절대 말을 안 할 것 같던 임종식 레인저도 술술 말문을 연다. 평소에 말씀깨나 하던 문상경 레인저는 말없이 연신 술만 마시고… 술은 그렇게 사람을 바꾼다.

옆자리 다른 손님들을 서빙하던 접대원(안내원)이 '반갑습니다' 노래를 부르자 순간적으로 송영진 레인저가 튀어나가 그 접대원에게 바로 오늘 삼일포에서 해설을 하던 여성이 아니냐고 확인 재확인을 하니 그 접대원 동무가 그렇다고 시인한다. 투 잡(two job)이 아니라 그저 열심히 근무하는 것처럼 보인다.

셋째날-만물상, 아쉬운 귀환

아침식사는 어제와 같아 좀 더 자연스럽게 이런저런 음식을 갖다 먹을 수 있었지만 어제의 과음으로 뜨끈뜨끈한 미역국을 두어 사발 드는 레인저들이 대부분이다. 주차장으로 나가니 어제 온 사람들, 오늘 가야 할 사람들, 각 코스별로 나눈 모임들 등 수천 명이 있는 것 같은데 비교적 일사불란하게 움직인다. 이곳이 통제된 곳이다 보니 그렇게 각자 자기 스스로를 잘 통제하는 것 같다. 두려움에 대한 인간의 본능이 아닐까….

온정령의 구비 구비 만물상으로 올라가는 도로는 무척 세심하게 완만하게 조성되어 절개면 발생이 거의 없다. 눈이 약간 내려 마지막 주차장까지는 가지 못하고 중간 주차장에서 모두 버스에서 내려 도보로 산행이다.

여기서도 북측의 감시원, 안내원들이 미리 배치되고 나서야 출발신호가 떨어졌고, 도로를 벗어나 등산로에 접어들자 북측 관계자들이 등산로의 눈을 비로 쓸어내린다. 비질을 그렇게 능숙하게 해대는 풍경도 오랜만에 본다.

전 날 내린 눈을 미리 치우지 못했다고, 안전 문제가 있다고 북측 관계자들이 만물상 입구 삼선암에서 더 이상의 산행을 제지한다. 그래도 감히 항의하는 사람은 아무도 없다.

삼선암은 세 개의 바위 봉우리가 뾰족하게 나 있는 곳으로 만물상을 멀리서 조망할 수 있는 첫 번째 전망 터다. 여기서 바라본 만물상은 말 그대로 높고 넓은 바위산에 여러 가지 모양의 암석들이 도열하고 있는 모습이다.

설악산 공룡능선 초입의 신선대 밑 절벽, 권금성에서 바라보는 만물상, 또는 백담계곡을 내려오며 조망하는 용아장성 능선의 절벽들, 또는 울산바위 각각의 암봉들이 더 세세한 형태를 띠고 있는 모습을 연상하면 되겠다.

입구에 북한의 '3김' 인 김일성, 김정숙, 김정일 동지가 이곳을 다녀갔다는 비문이 있다. 터가 좁아 수

삼선암과 만물상 왼쪽 삼선암 중 하나의 봉우리와 멀리 만물상. 삼선(三仙)은 설명이 없고, 북한의 '3김' 인 김일성, 김정숙, 김정일 동지가 이곳을 다녀갔다는 비문만이 있다.

백 명의 관광객들이 아래 계단에서 대기하고 있기 때문에 사진 몇 장 찍고 서둘러 내려와야 했다. 오늘의 마지막 일정은 이렇게 싱겁게 끝이다. 어디를 어떻게 자유롭게 갈 수 없으니 이런 곳이라면 자연만족은 완벽할 것이다. 고객만족은 영점이라 하더라도….

내려오는 길목에도 그림과 차를 파는 노점상이 있는데, 그 옆에서 어정대는 군복파카에 선글라스를 낀 사나이가 안전관리반이라고 한다. 금강산에는 우리의 국립공원사무소와는 약간 개념이 다른 '금강산명승지 종합개발지도국' 이 있다. 현장관리도 하지만 상당히 정치적, 경제적 역할을 하는 기관이라고 한다. 설악산 소장으로서 금강산 소장을 만나고 싶었지만 이 사람들과 접촉하려면 우선 남측 관계기관의 승인을 얻어야 한단다.

올라간 만큼 지루하게 내려오는 산악도로. 여전히 감동은 없는 점심식사(현지의 북측 음식을 먹고 싶었다). 면세점에서 들쭉술, 장뇌삼, 꿀 등 북측의 토산품 구매, 그리고 자동적으로(선택의 여지가 없다) 귀환 버스에 탑승.

북한 땅을 떠나 남쪽으로 가는 길은 처음 북한 땅을 밟았을 때 이상으로 애절하다. 조그만 개울에 다리가 없어 물을 건너려 바지를 걷어 올리는 사람들, 민둥산에서 잔가지를 주우려는지 삼태기 같은 것을 지고 허리를 굽히는 할머니, 그냥 그렇게 일정한 간격으로 꼿꼿이 서있는 북한 병사들….

왜 금강산을 제외한 모든 산들은 민둥산일까. 버스 안내원의 말에 의하면 첫째, 불이 나도 진화장비가 없어 그대로 방치한다. 둘째, 북한주민들은 불이 나서 잔가지나 숯 재료가 생겨야 화목으로 이용하므로(생나무를 자르는 것은 엄격히 금지) 불이 나도 수수방관한다. 그래서 산 바닥에 낙엽조차 없다. 셋째, 이곳은 접경지역이므로 시계확보를 위하여 나무를 벌채한다.

김정일 비문 앞에서

귀환버스를 타고 5분여 달리니 '속초 61km' 라는 이정표가 보인다. 언제 다시 이곳으로 올수 있단 말인가. 바깥 풍경이 아쉬워 버스 안내원의 눈을 피해 카메라를 꺼냈는데, 버스 안내원은 "제발 내 말 좀 들어라"라는 간절한 애원에 원망의 표정을 짓는다.

그도 그럴것이 사진을 찍다가는 그 개인이 간첩으로 몰릴 수도 있고, 전체적인 금강산 관광프로그램에도 차질이 있을 수 있다는 것이다. 머쓱하다. 그래서 북측 출입국사무소에서 카메라 체크를 한다는 멘트에 괜히 가슴이 콩딱콩딱…. 애써 무표정을 지으며 통과했던 검사대. 그렇게 마침표를 찍어가는 북한 땅 금강산 방문 일정이다.

'황량한' 북측 비무장지대를 지나, '섬뜩한' 군사분계선을 지나, '온화한' 남측 비무장지대에 들어오니 비로소 둥그런 철모에 선글라스를 낀 우리 측 병사가 거수경례를 한다.

'분단' 이라는 것이 이렇게 확연한 것인지.

설악의 누이 금강은 앞으로 어떻게 살 것인지. 설악에서 땅을 밟아 DMZ 건너서 금강 누이에게 갈 수 있을 날이 언제인지, 두고 온 북녘 땅, 북녘 동포들의 잔영으로 상념이 더해지는 금강산 여정의 끝이다.

설악산 국립공원의 비전

미스 코리아, 설악산 국립공원

2008년 새해가 밝았지만 우리 국립공원에 행복한 새해만은 아닐 것 같다. 지난 연말의 동서남해안권 발전특별법, 그리고 개발 지향적 성향의 신정부 출현은 우리에게 적지 않은 영향을 줄 것이라고 예견되고 있다. 아니나 다를까, 지역사회는 다소 들떠있다.

우리 관내의 속초시 신년하례회, 양양군 신년인사회에서는 마이크를 잡은 지역인사들 마다 "자연공원법의 규제가 드디어 풀렸다", "…지구 개발, …케이블카 설치" 등 사자후가 터져 나와 많은 사람들의 박수를 받았다. 이런 분위기의 자리에서 뭐라 말 할 수 없었던 나는 그냥 있을 수 없어 다음과 같은 글을 강원도민일보에 기고했다. '미스코리아 국립공원' 만큼은 손대지 말자는 내용이다.

미스 코리아, 설악산 국립공원

풍요와 다산의 무자년 새해가 밝았다. 날카로운 칼바람에 영하 20도 내외의 체감기온에도 불구하고, 새해 첫날 대청봉에서 희망의 일출을 보려는 사람들의 행렬이 이어졌다. 마치 자궁 속에서 터져 나오는 불덩이처럼 수평선에 낮게 깔린 구름 위로 붉고 붉은 '새해' 가 천공으로 솟아올랐다.

많은 사람들이 지난 어려움을 뒤로하고 앞으로의 희망과 번영을 소원했을 것이다. 특히 지역경제 활성화에 모든 에너지를 쏟아 붓는 것같은 설악권 지역사회에서는 새 정부의 성향에 큰 기대를 걸며 새해 아침을 맞이했을 것이다.

대청봉 일출

우수에 젖은 설악산 한계령
(사진 수메루)

그러나 그 중심에 있는 설악산국립공원의 '산지기'들은 다소 색다른 신년사를 들어야 했다. 작년 연말에 통과된 '동서남해안권 발전특별법'과 신정부의 개발 지향적 기조가 어떤 형식으로든 국립공원이라는 성역에 영향을 미칠 것이라는 예견이 있기 때문이다.

금수강산이라고 칭하던 수려한 자연이 개발 명목으로 대부분 사라진 이 시대에서 '이 곳만은 보전해야 한다'고 남겨둔 국립공원. 그 중에서도 백미의 백미로 꼽히는 세계적 명산 설악산에 서서히 '개발의 메스'가 다가오고 있는 것 같아 마음이 편치 않다.

지역경제와 국립공원의 상관성에 대해 설악산을 지키고 있는 레인저(ranger)들의 생각은 지역 정치가들 입장과는 좀 다르다. 그들은 국립공원의 규제정책이 지역발전에 걸림돌이 되고 있으며, 금강산 때문에 설악권에 피해가 많다고 하지만, 지난 해 설악산을 찾은 탐방객 수는 약 340만 명으로, 전년도에 비해 30%, 최근 3년 간의 탐방객 수에 비해 14% 증가했다. 공원입장료 폐지와 접근성의 향상이 주요 원인이겠지만, 작년도 한

대청봉 노을 (사진 수메루)

여론기관에 의뢰해 조사한 바에 따르면 전국 국립공원 중 설악산이 지명도 1위를 차지한 것과 같이 설악산에 대한 국민들의 사랑은 변함이 없다.

설악산을 찾는 탐방객수가 증가했음에도 왜 지역사회에서는 경제적으로 체감되지 않을까? 설악권을 찾는 손님들에게 설악권은 그냥 스쳐지나가는 곳인가, 머무르며 호주머니를 여는 매력이 담긴 곳인가? 이에 대해 '돈을 투자하는 전문가' 인 정책결정자들, 개발업자들은 개발을 통하여 호주머니를 열게 할 요령이겠지만, '돈을 쓸 전문가' 인 고객들도 설악산 일원을 더욱 상업화하여야 한다고 주장하고 있을까?

그나마 자연성이 많이 남아있는 설악산에 이런저런 인공시설들이 들어올 경우, '설악산의 고유성' 이 훼손된 상태에서 찾아올 매력이 남아 있겠는가? 현시대의 우리가 당장의 경제적 어려움을 해소하고자 신성한 설악산에 손을 댄다면, 그간 애지중지하며 보물처럼 설악산을 물려주었던 선조들과 앞으로 우리에게 퇴물처럼 물려받아야 할 후손들은 현시대의 사람들을 어떻게 생각할 것인가?

국민들을 잘 살게 하라고 국민들이 세금을 내어 봉급을 주고 있는 지역사회 공무원들이나, 자연보전에 최선을 다하라고 국민들의 세금으로 봉급을 받고 있는 국립공원 직원들이나 국민으로부터 소명 받은 책무의 중요성은 다르지 않다.

한 쪽은 개발을 통해 국민들에게 이로움을 주고, 한 쪽은 보전을 통해 이로움을 줌으로, 양 자는 국민에게 다 필요한 존재이다. 그러나 각자의 경계선은 분명하다. 국립공원의 안쪽은 엄정한 보전을, 바깥쪽은 개발을 통해 국민에게 봉사하는 것이다.

그 사이에 완충공간이 필요하고 완충의 문화가 필요하다. 설악권의 경제가 어려운 좀 더 근본적인 원인이 무엇인가 분석하고, 그 대책을 세우는 등 좀 더 장기적인 계획을 세워나갈 수 있는 혜안이 필요하다. 국립공원 측에서도 지역사회협력을 가장 중요한 전략목표로 삼고, 지역과의 공존상생을 위해 많은 고민을 하고 있다.

설악산국립공원은 국제기구가 인증한 세계적 수준의 국립공원이다. 우리나라를 대표하는 '미스 코리아' 인 것이다. 아무리 어려워도 미스 코리아의 얼굴에 상처를 내는 일만은 없도록, 설악산을 설악산답게 지켜나갈 수 있도록, 새해벽두에 많은 분들의 덕담과 지혜가 필요하다.

— 강원도민일보, 2008. 1. 8.

설악산-DMZ-금강산 평화공원

이 곳 설악산에서 서울로 가는데 4시간 정도 걸리는 것에 비해, 금강산은 설악산에서 불과 1시간 거리에 불과하다. 같은 나라에서 그 복잡한 출입국 절차를 거쳐 접했던 삭막한 이북풍경, 그리고 성큼 다가온 금강산을 바라보며, 그리고 그 안에 들어가 설악산과 다를 것 없는 지형지세를 눈여겨보면서 폭 1m 라 하더라도 DMZ를 열어 두 형제산을 이어주었으면 하는 바람을 가져본다.

사람에 의해 떨어진 두 남매산에 통로를 열어, 사람은 갈 수 없더라도 우선 자연의 씨앗이 자유롭게 날아가고, 뭇 동물들이 성큼성큼 넘나드는 상봉이 있었으면 좋겠다.

이따금씩의 그런 감상적인 마음도 잠시뿐, 우리 일이 아니라고 기억에서 멀어질 때 태국 방콕에 소재한 국제자연보전연맹(IUCN) 아시아지부에서 일하는 에릭(Eric Unmacht) 이라는 미국인이 '설악-금강 평화공원' 이라는 프로젝트를 갖고 설악산국립공원을 찾아왔다.

우리나라에서는 정치적, 군사적 측면에서 '설악-금강 평화공원' 의 실현가능성에 의문을 갖는 분들이 많겠지만, 당사자가 아닌 제3자가 국제평화적, 생태적 측면에서 실현시킬 가치가 충분하다고 판단하고 우리 설악산을 방문한 것이다. 나는 그와 함께 일주일을 보내며 설악-금강의 미래에 적지 않은 희망을 갖게 되었으며, 또한 국제사회의 우리 금강-설악에 대한 관심과 우정에 많은 고마움을 느꼈다.

그 어떤 난관도, 우선 작은 아이디어로 시작해, 어려운 과정을 거쳐 드디어 돌파했던 것이 사람의 역사였다는 면에서, 우리가 애정을 갖고 정성을 기울인다면 DMZ의 일부분을 열어 설악산–금강산을 통하게 하는 것이 불가능한 일만은 아닐 것으로 생각한다. 먼저 자연의 통로를 열고 언젠가는 사람의 통로도 여는, 나아가 완전한 통로가 되는 그런 계기가 설악산국립공원의 북쪽 '금강산 봉우리 남쪽 끝–신선봉'에서부터 시작되었으면 한다.

다음은 이와 관련하여 기고한 글이다.

설악산–DMZ–금강산 평화공원

금강산을 다녀온 사람들에게 물어보는 흔한 질문이 "설악산, 금강산 어느 쪽이 더 좋은가?"이다. 금강산을 처음 가보는 사람들은 단연코 금강산 쪽에 손을 들 것이지만, 설악산을 웬만하게 다녀본 사람이면 아마도 설악산 쪽에 손을 들어 줄 것이다.

산에 대해 관심 있는 사람이라면 "금강은 절묘하지만 장엄하지 않고, 지리산은 웅장하지만 절묘하지 않다. 설악은 이 두 가지를 고루 갖춘 명산이다."라는 말을 들었을 것이다. 이처럼 설악산과 금강산은 맞수이면서, 아주 가까이 위치한 형제산이다.

지금은 설악산국립공원 구역으로 편입되어 있지만, 미시령에서 신선봉, 대간령으로 이어지는 백두대간 능선은 원래 금강산 자락이다. 금강산 일만 이천 봉 중 마지막 남쪽 봉우리가 신선봉이고, 그 아래 있는 절 이름이 현재도 '금강산 화암사'이다.

울산의 거대한 바위가 금강산 봉우리가 되려고 북으로 이동하다가 금강산 코앞에 와서 멈춰선 곳이 바로 설악산이다. 금강산이나 설악산이나 약 1억 8천만 년 전 땅 속의 마그마가 솟구치다 지표 아래에서 식은 화강

설악산에서 바라본 금강산
위쪽 맨 뒤에 금강산의
스카이라인이 아련하다.
(사진 권재환 레인저)

암이 그 기반이다. 그 지표가 벗겨지고 온갖 풍화, 침식작용을 받아 깎이고 문드러지면서 바로 오늘의 암석경관과 폭포, 계곡이 생겨난 것이다.

옛날의 금강-설악은 사람이 들어가기 어려워 온갖 동물-반달가슴곰, 사슴, 산양들이 뛰어노는 지상낙원이었을 것이다. 남북으로 이어지는 국토의 척추 백두대간과 동서로 갈라지는 갈비뼈 12개 정맥의 중심에 위치하여 온갖 동식물들의 씨앗, 유전자를 공급하는 '자연 발전소' 역할을 했을 것이다.

그러나 이 생태(生態)적, 모태(母胎)적 발전소는 이미 50년 이상 가동을 멈추고 있다. 사람들은 한국전쟁이란 이름으로 설악-금강에서 격전을 치루며 자연에 흠을 내더니, 휴전선이란 이름으로 영원히 백두대간을 잘라

내 설악-금강 형제 사이를 갈라놓았다.

원래 한반도에 붙어있던 일본 땅이 분리되어 생물 간 이동과 교류가 없자 각각의 땅에서 서로 다른 아종(亞種)으로 유전자가 변화된 현상을 볼 때, 남과 북의 지리적, 생태적 단절이 지속될 경우 정치적 분리에 이은 생물적 분리현상이 올지도 모른다.

남과 북 사이의 DMZ는 과거와 현재는 장벽이지만, 앞으로는 통로의 개념으로 발전시켜야 할 것이다. 멸종위기종 67종을 포함하여 2,700여종의 동식물이 모여 사는 DMZ는 백두대간, 도서 연안과 함께 한반도의 3대 생태축이다. 최근 환경부에서는 DMZ를 2012년까지 유네스코 생물권 보전지역으로 지정하여 세계적인 생태 · 평화 · 관광지로 발전시키겠다는 계획을 발표한 바 있다. 그리고 각 지방정부에서도 앞 다투어 이러한 계획에 동참하려는 분주한 움직임이 진행되고 있다.

한편, 자연보호단체의 유엔으로 불리는 국제자연보전연맹(IUCN)에서는 '설악-금강 평화공원' 이라는 보다 현실적인 대안을 제안하고, 10월초 실무자가 현지를 답사하는 등 구체적인 타당성을 검토하고 있다. 그 계획에 따르면 907km²에 이르는 비무장지대를 한꺼번에 열 수 없는 만큼, 남과 북의 상징적인 국립공원으로서 서로 이웃해 있는 설악산-금강산을 DMZ와 함께 묶어 생태 · 평화공원으로 조성하는 것이 가장 실현성 있는 대안이며, 이를 통해 다른 DMZ 지역에도 생태적, 평화적 대안을

DMZ 사람들의 긴장(철책)과 대조적으로 자연은 평화스럽다.

전파하자는 것이다.

이는 남과 북의 정부가 가장 쉽게 추진할 수 있는 비정치적 대안이며, 지역사회에도 이득을 가져올 경제성 있는 프로젝트라고 생각된다. 만약 '설악-금강 평화공원' 이 실현된다면, 남북의 생물들이 자유롭게 이동하는 상징적인 평화무드가 조성될 것이며, 현재의 금강산 관광을 설악산, DMZ와 묶어 패키지화하는 생태관광 상품을 세계시장에 내놓을 수 있고, 나아가서 설악산에서 출발하여 백두대간을 타고 DMZ를 넘어 금강산을 다녀오는 '평화의 등산로' 도 열 수 있을 것이다. 자연의 길을 열고, 사람의 길을 열고, 마침내 통일의 길을 열 수도 있을 것이다.

세계는 바야흐로 환경이 경제를 살리는 녹색경제의 시대다. 경상남도가 유치한 람사르(Ramsar) 총회, 제주도가 유치하려고 하는 국제자연보전연맹총회에 이어 강원도에서도 설악산-DMZ-금강산을 묶어 '유네스코 생물권보전지역 총회' , 또는 '세계 국립공원 대회' 를 유치하면 어떨까. 강원도 자연의 우수성을 전 세계에 알려 지역민들의 자긍심을 높이고 지역경제를 활성화시키며, 나아가 양양 국제공항, 속초 항만시설 등을 정상화시키는 계기도 마련할 수 있을 것이다.

금수강산이라 부르던 아름다운 자연 중에서도 백미(白眉) 중 일등으로 꼽히던 우리의 설악산-금강산. 장벽이 아닌 통로로서 DMZ를 현명하게 이용하여 우리에게 평화와 번영을 가져올 '설악-금강 평화공원' 의 실현을 기대해 본다.

— 강원도민일보, 2008. 10. 21.

지역을 살리는 생태관광

강원도, 설악산에서의 생활이 이제 1년 남짓, 그간의 소견을 요약하면, '강원도 중심, 강원도 세상' 이라는 담대한 슬로건에도 불구하고, 아직 세상의 중심에 있지 못한 '우리' 강원도, 아직 부활하지 못한 '관광 일 번지' 설악권이다.

동서울터미널 로비에 들어서면 강원도의 브랜드는 청정자연이라는 광고판이 말해주듯, 그리고 수도권 고객들이 가장 가고 싶은 여행목적지로 강원도를 꼽고 있듯, 강원도에 특별한 관광 이미지와 무한한 잠재력이 있음은 틀림이 없다. 그러나 이런 가능성이 현실화되지 못하고 있는 것에 관하여 대부분의 지역사람들은 관광인프라 부족과 각종 규제를 들고 있는데, 내 생각은 좀 다르다.

사계절 아름다운 산, 확 트인 푸른 바다, 이국적인 호수풍경의 어우러진, 수도권에서 3, 4시간이면 도착하는 설악산–동해안까지의 교통망, 설악산 자락과 해안선에 도열해 있는 수 많은 숙박시설과 음식점 등을 볼 때 관광인프라가 부족하다고 할 수는 없다.

어떤 분들은 각종 위락시설의 부족을 말하고 있으나 고급, 대형 위락시설로 승부를 걸기에는 수도권을 비롯한 부자 자치단체와의 경쟁에서 우위를 갖기 힘들고, 저변 인구가 크게 부족한 현실에서 기본적인 유지관리가 쉽지 않을 것이다.

모든 것은 고객위주이어야 한다고 본다. 설문조사에 의하면 여행객들이 그런 위락시설을 바라고 강원도를 찾는 것은 아니다. 가장 자연적인

땅을 바라고 찾아오는 것이다. 관광분야에서 강원도의 맞수라고 할 수 있는 제주도에 가보면 '세계 자연유산 제주도' 라는 슬로건이 즐비하다.

각종 법률에 의한 개발규제는 강원도 뿐만 아니라 전국에 동일하게 적용되고 있으며, 국립-도립-군립공원에 적용되는 자연공원법은 이미 많은 부분에서 규제완화 차원의 변경이 있었고, '동서남해안권 특별법' 이 이 지역에 대한 개발규제를 더욱 완화시키고 있다. 역설적으로, 그 간의 법규제가 이 지역의 관광자원을 그만큼 발전(보전)시켰다고 한다면 지역분들에게 욕 먹을 일인가?

대중관광 설악산 소공원 가을성수기의 인파

생태관광 국립공원 레인저의 자연해설

전 세계적으로 새로운 유형의 여행은 체험관광, 생태관광, 문화관광이다. 단체로 우르르 찾아가 똑같은 것만을 반복하던 대중관광을 벗어나 이제 그 곳만의 독특함, 그 곳만의 감동을 찾아, 불편함이 있더라도 '색깔이 있는 곳' 에서는 기꺼이 돈을 지불하는 개인관광, 가족관광, 테마관광의 시대인 것이다.

이런 측면에서 우리 동해안권, 설악권의 여행지는 단순한 산, 바다 이

문화관광 백담사 템플스테이

상의 것이 별로 없다. 산에 가서 등산 이외에 무얼 할 것인가, 바다에 가서 여름 해수욕 외에 무엇을 할 것인가, 회 말고 다른 먹거리는 무엇인가, 강원도 냄새가 나는 마을풍경과 향토문화는 어디에 있는가 등에 대하여 우리 강원도는 대답하여야 한다.

그 대답을 '생태관광 프로그램'과 문화적인 브랜드에서 찾아야 한다고 본다. 가장 청정한 산과 바다를 대표이미지로 삼고 있는 만큼 2박 3일, 3박 4일 '생태여행 상품'을 만들어 등산, 해수욕 이외에 이 지역의 숨겨진 자연, 향토적인 문화를 체험할 수 있게 하여야 한다.

설악산 주위를 여행버스로 순환하면서 곳곳의 명소에 내려 그곳의 국립공원 직원, 문화해설자들로부터 안내해설을 받게 하고, 지역의 향토마을 또는 인증된 숙박업소에서 머물면서 지역주민으로부터 강원도 특유의 음식문화, 인정(人情)문화를 체험하고, 다양한 향토 상품을 구입하게 하는 등, 이러한 '프로그램 여행'이 바로 생태관광, 문화관광이다. 조사에 의하면, 이런 독특한 여행경험에 대해 사람들은 기꺼이 더 많은 비용을 지불한다. 지역주민들에게 직접적인 소득향상을 가져오는 것이다.

문화적인 브랜드는 무엇인가? 강원도 이미지에 걸맞는 단순 담백한 인정, 친절이 몸에 밴 서비스 체질, 깨끗하고 격조 있는 중저가의 숙박시설, 세련된 도시-마을-건물-거리시설 디자인, 구릿한 냄새나는 독특한 된장찌개, 전국에서 가장 값싸고 싱싱한 횟집거리, 그 옆에 가장 비싸고 고급

어린이 백두대간 생태학교
설악산 야영장에서의 야간 프로그램

적인 횟집타운, 생명력 넘치는 새벽 어시장, 애환이 가득한 야시장, 산소탱크 산촌마을, 수많은 축제를 2, 3개로 압축하는 정체성 강화, 설악권 4개 시군의 통합적 관광브랜드 구축과 그 밑에 시군별 하위 브랜드를 차별화하는 전략 등등, 여행객이 원하는 특색 있는 문화를 창조하고 깊게해서 전 국민에게, 세계 사람들에게 각인시키는, 백화점식이 아닌 '선택과 집중'의 관광정책이 실행되어야 할 것이다.

강원도에 와서 '강원도 소외론'이라는 말을 많이 듣고 있는데, 강원도야말로 천혜의 자연을 가진 혜택 받은 기회의 땅이라고 생각한다. 그 기회를 어떻게 경제로, 행복으로 이어가느냐 하는 것은 국가와 지자체의 책임만이 아닌 모든 강원도민들의 책임이고, 그 일은 큰 합의 아래 각자의 역할분담, 투자분담, 희생분담이 있을 때 가능할 것이다. 팔짱 낀 채 남들 탓만 하고 있으면 그 '소외론' 처럼 정말로 소외받게 될 것이다.

자연도 살리고 지역도 살리는 생태관광, 문화관광을 통해 강원도 중심, 강원도 세상이 빨리 다가왔으면 한다.

— 강원일보, 2008. 8. 23.

설악동의 르네상스를 꿈꾸며

전 국립공원 대부분 공통적인 고민거리로, 집단시설지구 낙후 문제가 새로운 현안 이슈로 이미 등장하였다. 우리 설악산 역시 설악동, 오색 집단시설지구가 많은 고민을 하게 하고 있다. 공원에서 빼버리면 되지 뭐 했던 것이 불과 몇 년 전이고, 그렇게 빠져나간 곳도 있다.

그러나 공원에서 법적으로 빠지더라도 그곳은 엄연한 국립공원의 입구 이미지를 갖고 있다. 따라서 빼 버리면 현재는 그러한 문제에서 벗어나는 것 같을지 모르지만 세월이 좋아질 언젠가는 국립공원 입구로서 품격있는 모습을 갖추어달라고 (지역에게, 주민에게) 애원하게 될 세상이 올 것이다.

우리가 이 집단시설지구를 여관, 음식점, 노래방, 불법시설, 잡상인. 이런 이미지로 생각했었지만, 사실 공원의 자연 못지 않게 우리가 돌봐 주어야 할 '공원시설' 로서는 크게 생각하지 않았던 것이 사실이다. 그러나 이제는 하나의 문화시설, 공원경관으로 그 품격을 갖추어 주어야 한다고 본다.

자연공원법에도 나와 있듯이(시행규칙 14조 3항) 집단시설지구 등의 '공원시설 권고기준' 을 우리 자연성, 향토성에 맞게 정립해서, 당장은 아니겠지만, 세월이 지나면 전체적으로 '국립공원다운' 이미지를 갖도록 디자인하고 문화성을 갖추어야 한다고 본다. 국립공원을 찾지 않더라도, 그 집단시설지구의 매력을 찾아올 정도의 '국립공원 마을(park town)' 로 승화시켜야 한다고 본다.

다음은 설악동 문제에 대해 기고한 글이다.

설악동의 르네상스를 꿈꾸며

이미 위기가 지나 침체상태를 면치 못하고 있는 설악동 집단시설지구에 대한 해법이 저마다 다르다. 이곳의 재정비계획을 주관하고 있는 강원도는 용역을 통해 인접장소에 대규모의 종합관광단지를 구상하고 있는 것 같고, 그 곳의 토지소유자들 역시 자신들을 투자자라 표현하며 그런 대형개발을 원하고 있다.

그러나 공원계획 승인권을 갖고 있는 중앙정부는 자연보전과 공원시설의 범위 내 개발이 되어야 한다는 이유를 들어 곤란하지 않느냐는 입장이 있는 듯하다. 그리고 해당 집단시설지구 주민들은 그런 대규모 개발계획에 대해 호(好), 불호(不好)보다는 현재 갖고 있는 재산권에 대해 정부나 지방정부가 보상해 주거나 인접장소에서의 대규모 개발에 따른 이익을 기존 집단시설지구에 재투자해주기를 바라고 있는 것 같다. 그러나 그런 이익이 있을지, 전혀 다른 상황이 초래될지에 대하여는 아무도 장담할 수 없다.

이해관계자가 또 없을까? 아마도 설악산을 중심으로 경제권을 형성하고 있는 시, 군, 특히 인근 상권으로서는 대규모 개발이 새로운 손님들을 끌어 모을지, 오히려 경쟁관계 속에서 기존 손님들을 분산시킬지 초미의 관심을 갖지 않을 수 없을 것이다. 이런 여러 이해관계가 맞물려 있는 현상을 타개하고자 '이해관계자 협의회'가 구성되어 첫 회의를 열었지만, 결과는 그런 이해의 차이를 확인했을 뿐이다.

이런 현상은 비단 설악동만의 문제는 아니다. 전국 국립공원의 대부분

집단시설지구마다 초창기의 번영시대를 넘어 슬럼화에 이를 정도로 낙후 상태를 면치 못하고 있다. 해당 주민들은 자연공원법에 의한 과도한 규제가 그 원인이라고 분통을 터트리고 있지만, 이미 공원구역에서 해제된 바 있는 몇 개의 집단시설지구가 여전히 '해제효과'를 보지 못하고 있는 것을 보면 그렇지도 않은 것 같다.

현행 자연공원법을 들여다보면 오히려 공원관리자들이 우려할 정도로 규제완화 쪽으로 계속 변경되어온 것이 사실이다. 밖이 변화할 때 안에서 미래를 준비하였는가에 대하여도 지역사회 스스로의 답이 필요하다.

금강산에 이어 백두산, 개성 관광의 길이 열린다고 하자 설악권을 비롯한 강원도 관광경기는 더욱 침체될 것이라고, 그래서 이곳에 활력을 불어넣어줄 정부의 특단의 조치가 필요하다고 입을 모으고 있다. 그러나 자본주의 시장경제 논리로 보면 점점 더 경쟁력을 잃어가고 있는 원인이 어디에 있는지부터 따져보며 냉정한 시각으로 우리 자신을 점검해보는 것이 우선이어야 하겠다.

금강산이든 백두산이든 우리에게 새로운 경쟁자가 나타난 것이다. 이들과 대비할 때 우리의 약점과 위기요인을 간파하여 새로운 대안, 즉 블루오션 시장이 어디에 있는지 지혜를 모아야 할 것이다. 단기적인 관광경기 부양으로 근본적 문제가 해결되기는 사실상 어렵다는 것을 공동인식하고 중장기적 변화를 스스로 일으켜야 한다고 본다.

해법의 실마리는 고객으로부터 찾는 것이 하나의 방법일 것이다. 지난 3년 간과 비교해서 8% 이상 증가한 탐방객 숫자를 어떻게 기회 요인으로 활용할 것인가? 사람들은 왜 설악권으로 오는가? 그들은 우리에게 어떤 준비가 되어있었으면 하고 원하는가? 지난 가을 성수기에 물밀 듯이 들어온 방문객들은 왜 돈 한 푼 쓰지 않고 재빠르게 돌아가는가?

강원도의 용역을 수행한 한국문화관광정책연구원의 보고서에 의하면 지역주민들은 위락, 레저, 교통시설 확충을 원하고 있지만, 관광객 즉, 고객들은 자연생태체험과 전원형 휴양시설을 원하고 있다고 한다. 지역에서 원하고 있는 그런 종합관광시설은 이미 다른 지역, 특히 수도권 인접지역에서 충분히 제공되고 있기 때문이다. 체험관광시대에서 고객들은 설악산과 속초 앞바다 이외에 여기서만 보거나 느낄 수 있는 그 무엇을 원하는 것이지 다른 지역과 비슷한 관광 상품에 시간과 돈을 쓸 필요성을 느끼지 못하는 것이다.

설악동 집단시설지구 상가
국립공원 마을로서의 품격 있는 이미지가 없다.

스페인의 안다루치아(Andalucia)
설악동의 이름에 어울리는 이런 '화이트 타운'으로의 변화를 기대한다. (사진 인터넷 자료)

이제 설악산 거주 80일째를 맞고 있는 필자가 한 사람의 고객으로서 설악동을 본다면, 미안하지만 이 지역의 관광매력도에 높은 점수를 줄 수 없다. 대한민국 어디를 가도 비슷한 형태의 관광타운 이미지, 다닥다닥 붙어서 오히려 홍보효과가 없는 간판의 홍수, 맛을 기대하기 어려운 실내장식과 청결상태, 겉만 보고서는 판단할 수 없는 객실 수준, 친절하다고 보기 어려운 무뚝뚝한 말씨 등은 마치 "다음에 오지 마세요!"라고 알려주는 것만 같다. 인프라의 문제 보다는 서비스문화가 하루빨리 개선되지 않으면 정말 재방문율이 계속 떨어질 것이다.

결론적으로, 설악동 재정비계획은 각 이해관계자들의 이해득실을 떠나서 방문지인 설악산국립공원의 고유특성과 방문객의 요구를 중심으로 다양한 이견을 설악권 발전이라는 큰 물줄기에 통합하면서 문제해결의 가닥을 잡아야 한다고 본다.

지역경제 활성화 역시 큰 목표임에는 분명하지만 대규모 개발이 현실적으로 가능한 것인지, 가능하더라도 혹시 또 다른 공동화(空洞化)를 가져오지 않을지, 인접 시군을 포함하는 설악권 경제공동체의 수용력을 초과하지 않는지, 냉정하게 검토하여야 할 것이다.

또한 계획 승인권을 갖고 있는 중앙정부의 입장, 국립공원의 존재이유 등과 전혀 다른 계획안을 무리하게 추진한다면 결국 지지부진하게 시간과 에너지 손실이 클 것임도 고려하여야 할 것이다.

개인적으로 하나의 아이디어를 낸다면, 온 세상이 하얀 '화이트 타운'을 꿈꾸어 본다. 설악이라는 이름 뜻과도 어울리는 하얀 건물, 하얀 간판들의 세상으로 만들어 이곳만의 시각적 브랜드를 각인시키고, 사람들의 마음도 주민들의 서비스문화도 모두 하얗고 정감 있고 깨끗하다는 정서적 브랜드를 만들어 가는 것이다.

국제관광산업에서의 글로벌 스탠다드는 결국 한국화, 지방화라는 면에서 설악산의 자연성, 설악동의 향토성을 새롭게 특성화시켜야 한다. 그런 향토성의 이미지에 진한 커피 향과 같은 새로운 감각, 세련된 매너의 관광 상품이 조화를 이루어 간다면 머지않아 설악동은 명품휴양지로 거듭날 수 있을 것이다.

다른 지역은 물론 설악권에 있는 다른 관광단지에서도 맛볼 수 없는 설악동만의 세상, 설악산이 있어 더욱 매력이 있지만, 설악산이 없더라도 그 '화이트 타운'을 찾을 수 있는 그런 자연형, 전원형, 문화형 휴양지로서 설악동의 부활-르네상스를 꿈꾸어 본다.

— 강원일보, 2007. 11. 10.

설악동 이슈에 대한 해법

설악동 집단시설지구는 '돈 버는 관광타운'으로 무궁한 잠재력을 가진 곳임에 틀림없다. 타운 앞으로 사이로 옆으로 연간 400만 명 이상의 방문객이 들썩들썩하는 설악산국립공원의 초입에 위치하고 있기 때문이다.

원래 신흥사, 비선대 일원에 난립되어 있던 영업시설을 1970년대에 공원입구에 모아 관광단지로 만든 이후 90년대 말까지 호황을 누렸으나, 이후 현재는 영업시설의 50% 이상이 문을 닫고, 비수기에는 아마 70% 이상이 영업을 포기하면서 쇠락의 길로 접어든 설악동. 그 이유에 대해 대부분의 주민들은 국립공원의 규제정책 때문이라고 입을 모은다.

자연공원법과 지역사회

우리나라 국립공원의 40년 역사를 한마디로 표현하면 '보전과 이용(개발)의 갈등'이라고 축약할 수 있다. 그런데 보전을 우선시하는 공원관리자 입장에서, 이 갈등은 맞장 뜰 수 있는, 주고받는 관계였다기보다는 늘 이용론자들에게 판정승이 돌아간 불리한 게임이었다고 한다면, 아마 지역주민들을 비롯한 많은 이해관계자들이 이의를 제기할 것이다. 그러나 사실이다.

공원정책의 근본이 되는 자연공원법의 역사를 2000년대 전후로 살펴보면, 총론적으로는 '자연생태계, 지속가능한 이용' 등의 환경용어를 새로 사용하면서 보전할 곳은 엄격히 보전하고 이용할 곳은 조건부로(지속가능한 범위) 풀어준다는 정책을 취해 왔다. 그러나 각론을 살펴보면 원래의 규제강도와 범위, 허가절차 등을 상당히 완화시켜, 국민생활에 불편을 최소화하는 방향으로, 동식물생활에 불편을 주는 방향으로 '진보' 되어 왔다.

'동식물 채취금지!' 가 지역주민에 한하여 부분적으로 허용되었고, 나무껍질에 상처를 내 수액을 채취하는 행위도 제한적으로 허용하고 있으며, '밀집마을지구' 라는 용어를 만들어내 도대체 이곳이 국립공원인지 아닌지 모를 정도의 '도시' 로 진화된 곳도 적지 않다. 이러다보니 태초 이래로 자연을 야금야금 잠식해 온 인류역사와 마찬가지로, 국립공원 역시 그 경계가 심각하게 흔들려왔으며, 그 내부에서의 사람활동 역시 '과도한 자유' 를 누리고 있지 않은지, 그래서 동식물들이 누려야 할 자유를 오히려 제한하는 공원관리를 하고 있지 않는지 걱정하지 않을 수 없다.

따라서 자연공원법 때문에, 공단 때문에 못살겠다는 지역주민들의 원성을 이해는 하면서도, 자연공원법과 공단이 오히려 (외부로부터) 지역사회를 보호해 온 측면, 난개발과 불법시설 난립을 막아 이 정도의 경관수준을 유지해 온 측면도 있음을 강변하고 싶다. 특히 설악동 타운에 대해서 자연공원법을 탓할 것이 아니라, 과거 호황을 누릴 때 왜 미래를 대비하지 못했는가 하는 자기비판이 필요하다고 본다.

설악동 집단시설지구 전경
그저 단순한 건물, 여관들의 모임이다. 활력 있는 외부공간은 없다.

설악동 집단시설지구 내부
마구잡이식의 간판들. 정갈한 외모, 특색 있는 디자인으로의 변화가 시급하다.

왜 설악동은 쇠퇴하고 있는가? 설악동에서 1년 반을 살면서 이 문제를 고민했던 경험으로 볼 때 그 이유를 다음과 같이 논해 본다. 정확한 얘기라고 공감이 있을런지, 아님 돌팔매질이 있을런지도 모르겠다.

설악동은 왜 쇠퇴하고 있는가

첫째, 설악권에 유입되는 관광객 수는 일정한데, 공원구역 밖에 숙박시설을 위주로 한 관광인프라가 대단히 증가해서 결국 새로운 시설, 새로운 서비스에 손님을 뺏길 수밖에 없었다는 간단한 경쟁원리가 그 이유다.

목우재를 넘어 공원구역 밖에 들어 선 수많은 콘도시설, 연수원, 모텔, 그리고 20분 거리 낙산도립공원의 모텔타운에 대해 설악동은 속수무책이었을 것이다. 이는 자연공원법이 규제했던 층수 제한, 건폐율 제한 등의 소심한 차원을 떠나 도시계획, 지역계획 차원에서 고려되었어야 할 사안이다.

둘째, 소위 '학단' 이라고 부르는 수학여행단을 타겟으로 한 마케팅에서 빨리 벗어나지 못했다는 것이다. 설악산, 경주 등에 집중되던 수학여행 자체가 다른 곳으로 확산되었을 뿐 아니라, 학부형들이 숙박 장소를 사전에 점검하는 시대에서 골목방 같은 옛날의 여관들은 더 이상 선택받을 여지가 없어졌다.

다닥다닥 붙어있는 옆집과 제휴하거나 합병(M&A)을 통해서 수학여행단들이 찾아올 수 있도록 전면적인 시설개선을 하거나 가족형, 휴양형 테마로 탈바꿈하거나 등의 '창조적 변신' 이 있어야 했다.

셋째. 주인의식의 상실이다. 잘 나갈 때에 돈을 벌었던 주인들이 미래의 위기환경을 예견하고 자기 집, 자기 마을에 투자를 했어야 하나, 현재 영업시설의 대부분은 임대자가 운영하고 있거나 허름한 상태에서 경매시장에 방치되고 있다.

리모델링 역시 임대자의 몫이고, 대부분 빚을 진채 지자체에게 이자 보전을 요구하는 실정에 이르고 있다. 직영자이거나 임대자이거나 스스로 해결하려는 노력 보다는 정부를 원망하고, 자연공원법에 울분을 터트리는 것이 습관처럼 되어있다.

넷째, 남다른 서비스가 없다. 고객감동, 고객이 왕이어야 하는 시대에서 여기 설악동만큼은 단골고객이 있기 어려운, 여전히 투박하고 무감정한 서비스 수준을 벗어나지 못하고 있다. 음식 맛이 특별히 나쁘지는 않지만 '좋은 수준' 은 아니며, 숙박시설이 특별히 더럽지는 않지만 '깨끗한 수준' 은 아니고, 사람들이 특별히 불친절하지는 않지만 '친절한 수준' 은 아니다.

특별함이 없는 곳에 고객은 없다. 이런 설악동의 이미지를 우리부터 달리 보자고 지역의 점잖은 정기모임을 설악동에 유치했던 날, 나는 울그락불그락 안절부절 하지 않을 수 없었다.

국립공원관리청과 지역사회

다섯 째, 또 다른 중요한 이유는 없을까? 그렇다. 공원관리청의 무관심이 그것이라고 자아비판하지 않을 수 없다. 원래 같은 지자체 소관의 행정구역에 선을 그어 자연공원법을 적용하다가, 아예 국립공원관리공단이라는 별도 기관이 내려와, 공원 내부에 대해서는 애지중지 손길이 많았지만, 공원경계의 지역사회에 대해서는 이렇다 할 도움이 없었던 것이 사실이다. 집단시설지구, 마을지구 공히 건물을 짓거나 늘릴 때 까다로운 절차는 물론, 같은 불법시설, 불법행동이라 하더라도 공원 밖에서는 대충 눈 감아 주는 것을, 공원 내에서는 공원직원들이 눈 뻘겋게 뜨고 닦달을 하기 마련이다.

이런 엄격한 현장관리에 비하여 하나의 공원경관, 공원문화, 공원경제(지역경제)로 대하여야 하는 지역사회에 대하여는 마치 공원관리청의 소관이 아니라는 듯 무대접, 무대책이었음을 자성하지 않을 수 없다.

물론, '국립공원 내 지역사회'의 일반행정, 경제활동, 사회문화 활동의 대부분은 여전히 지자체의 소관이지만, 변두리에 떨어져 있는 공원마을에 대한 지자체의 관심은 시내보다 상대적으로 적고, 어떤 사안에 대해 지자체, 공원관리청 간 핑퐁게임(업무회피)이 있는 것도 사실이다.

이래저래 국립공원 경계에 위치한 마을은 손해를 보는 셈이고, 이런 상황을 설악동집단시설지구에 적용한다면, 이 관광타운의 장래에 대해 발 벗고 나서는 기관이 없었으며, 국립공원사무소 역시 이 책임론에서 벗어날 수 없다.

세월이 변해서 국립공원 지역사회에도 봄이 오고 있는가. 설악산국립공원사무소가 추진하고 있는 공원관리 4대 전략에 '지역사회 협력'이라는 문구가 선명하다. 그러나 이 구호는 그간의 규제 완화나 단순한 시설투자를 의미하지는 않는다.

규제완화 및 예산투자를 위하여는 그 이전에 국립공원-지역사회 간 상호 이해-협력의 바탕문화가 선행되어야 할 것이다. 지역주민들이 국립공원의 가치를 이해하고 국립공원을 지키려는 책임감을 함께 느낄 때 더 많은 규제완화를 논할 수 있을 것이다. 국립공원 역시 지역사회로 들어가 고객의 입장에서 그들이 공원관리청을 어떻게 바라보는가를 체감하는 체험이 필요하다.

환경부-국립공원관리공단의 기관 특성이 '돈 많은 투자기관'이 아닌

만큼, 지역경제를 확 바꿀 예산투자는 어렵다. 집단시설지구의 기반은 조성되어 있으니만큼 재개발 부문은 별도의 투자기관 또는 자본주의적 속성에 맡기고, 공원관리청은 소프트웨어 즉, 공공디자인, 서비스 인증, 탐방프로그램, 공원 커뮤니티 구축 등 공원문화를 살리는데 집중하는 것이 효율적일 것이다.

국립공원과 지역사회와의 대화
보전이냐 이용이냐? 서로 마음을 열어 이해의 폭을 넓히면 공존, 상생할 수 있는 대안이 나올 것이다.

설악산국립공원사무소에서는 이런 지역협력사업의 초석으로 국립공원 시민대학, 숙박업소 인증제, '설악동마을 발전계획서 만들기', 생태관광 프로그램 등의 아이템을 가동시키고 있어 지역주민들로부터 적지 않은 호응을 받고 있다. 대형투자로도 시원치 않은데, 이런 소형 아이템으로 무얼 바꿀 수 있느냐는 회의적 시각도 있다.

그러나 변화는 지역주민이 주도해야 하며, 그런 변화에 촉발점 혹은 자극, 방향성을 주는 것이 행정기관의 역할이라고 본다. 변화의지가 없는 지역사회에는 외부자본에 의한 투자매력, 행정기관에 의한 예산지원 매력이 없을 것이다.

설악동 집단시설지구의 미래

설악동 관광타운의 미래는 어디로 갈 것인가? 빨리 팔아넘겨야지, 정부가 특별한 보상 또는 투자를 해줘야 해, 공원구역에서 빼주세요…, 이런 탄식만 반복된다면 현재 상황이 쉽게 개선되지 않을 것이다. 스스로의 노력과 희생을 기대하기 어려운 곳에 예산을 투입할 정부, 투자할 민간부문

국립공원 굿 스테이(good stay) 인증식 낙후된 숙박업소들의 서비스 수준을 향상하기 위한 인증제도.

은 없을 것이다. 대한민국은 경쟁의 원칙을 중시하는 자본주의 국가이다.

만일 살아남으려면 치열한 생존노력이 필요하다. 무엇보다 지역공동체(커뮤니티)의 탄생이 필요하다. 각자 이해관계가 첨예하게 다른 1, 2, 3 집단시설지구 및 설악동 마을, 그 안에서 숙박시설-상가시설-일반주택, 그리고 원주민-건물주-임대자 간 입장의 차이 등등 각각 흩어져 있는 이해관계를 모아줄 강력한 리더십이 필요하다.

현실적으로 그런 리더를 설악동 안에서 구할 수 없다면 외부에서 영입이라도 하여야 한다. 영업 차원이 아니라 경영 차원에서 접근하여야 할 것이다. 각 지구마다 이해관계가 다르기는 하지만, 그래도 전체의 부활이 있고 난 뒤에 각자의 부활을 도모해야 할 것이다.

다음은 현재 강원도가 마련한 '집단시설지구 재정비계획'에 대한 조속한 추진이다. 그간 환경부-강원도-지역사회 간 협의과정이 있었고, 저밀도 휴양형, 웰빙형 관광타운으로 타협적인 대안이 모아졌다고 보는데, 이를 빨리 공식적으로 결정짓고 단계적 추진이 시작되어야 한다.

수천억 원이 소요되는 재원을 어떻게 조달할 것인가의 문제는 쉽게 결정될 사안이 아닌 만큼, 예산소요 우선순위계획을 빨리 확정 짓고, 우선 당장 각 기관마다 내년 예산에 얼마라도 반영해야 하는 것이 순서다. 지역주민 스스로의 고통분담도 필수적이다. 재정비계획은 강원도가 주도했지만 이의 실행을 주도하는 기관은 없는 듯하다. 그래서 지역 공동체가 필요하고 여기서 강력한 원동력 역할을 하는 것이 필요하다.

다음은 소프트웨어의 혁신이다. 즉 찾고 싶은, 머물고 싶은, 잠자고 싶은 관광타운으로의 변혁이 필수적이다. 설악산 바깥에서 제공되는 서비스를 능가함은 물론, 전국 관광지 어느 곳에서도 찾아볼 수 없는 극진한 손님맞이, 남다른 음식 맛, 깨끗한 잠자리, 이색적인 체험거리가 보장되어야 한다.

대중관광, 수학여행의 과거 향수에서 과감히 벗어나 테마관광, 가족여행의 현재와 미래를 수용할 문화적 장소로의 변신이 필수적이다. 설악산이 아니라 설악동을 찾아올 정도가 되어야 한다.

시간이 좀 걸리고, 그동안 수지타산이 맞지 않는다고 해도, 꾸준히 확실하게 밀어붙이지 않으면 '설악동의 과거 이미지' 를 쉽게 벗어나지 못할 것이다. 그래서 강한 지역공동체, 강력한 리더십이 더욱 필요하다고 하겠다.

요즘 설악동집단시설지구와 설악동마을을 공원구역에서 제척시키자는 주장이 비등하다. 몇몇 사람들의 계산된 주장인지, 전체 주민들의 심사숙고 끝에 나온 자구책인지 모르겠으나 만일 공원구역에서 뺏을 경우 현재보다 더 슬럼화가 된다면 그 책임은 누가 질 것인지 염려하지 않을 수 없다.

현재 자연공원법은 국립공원내에서 집단시설지구와 마을에게 '이 곳만은 이런 저런 시설을 해도 된다' 는 특혜(?)를 주고 있지만, 공원구역에서 해제되는 시점에 당장 지금보다 더 엄격한 관계법의 적용을 받을 수도 있다.

그렇지 않다하더라도, 각자 저마다의 증개축과 개발에 의해 현재보다 더 나쁜 시각환경을 초래할 수 있으며, 외부자본 유입 등 더 험난한 경쟁에 의해 기존 상권이 더욱 쇠퇴할 우려도 배제할 수 없다. 주민들의 경제에 직접적인 영향이 있을 것이기 때문에 공원구역 제척에 따른 유 · 불리를 더 언급할 수 없지만, 지자체나 주민들이 '상식적인 수준에서' 그리 쉽게 단언할 문제는 아닐 것이다.

설악동마을의 미래

원래는 설악산 내부의 휴게소, 집단시설지구의 영업자들을 위한 거주 마을로 조성된 설악동마을은 한 때 '민박마을'로 불리며 번성했으나 현재는 집단시설지구와 함께 동반쇠퇴의 길로 접어들었다.

총 251개의 주택 중 244개가 노후건물인 것으로 조사되었고, 약 50채가 빈 주택으로 공동화(空洞化) 되었으며, 인구는 2007년 현재 787명으로, 이는 2004년 대비 약 14%가 감소된 수치이고, 그나마 60세 이상 고령자가 36%에 이른다. 오늘의 설악동마을은 한마디로 '가고 싶지 않고, 살고 싶지 않은' 어둡고 초라한 마을이다.

설악산국립공원의 초입에 위치한 이 설악동마을을 '명품 공원마을'로 변화시키고자 소집했던 주민회의에서 우리 공원직원들은 생각하지 못했던 난관에 봉착했다. 그간 규제와 단속을 일삼던 기관에서 이런 의외의 미팅을 주최한 저의가 무엇인가에 의구심이 컸던 것은 이해할만 했으나, 주민 스스로 발전가능성이 없다고 포기하거나 기관이 알아서 해주기를 바라는 심리가 팽배했고, 심지어는 공원사무소에 협력하는 이상한 분위기에 자신만은 동참하지 않겠다는 눈치 보기도 있었다.

우여곡절 끝에 주민총회를 열어 이 사업에 대한 '승인, 추인, 묵인'을 받아 실무협의회를 구성했지만, 일을 진행하는 것보다는 각자의 이견(異見) 또는 자존심을 조율하는 것에 대부분의 시간이 낭비되었다.

사무소에서 제일 잘 웃던 담당자는 매일 울상을 짓고 나타나 업무 스트레스를 호소했다. 나 역시 '주민을 위해 잘 해보자'라는 일에 주민들 스스로 오해와 억측을 불러오고, 심지어 소장이 바뀌면 없던 일로 하는 것 아닌가, 사무소에서 성과품(보고서)만 만들고 끝내려는 것 아닌가, 아이디어 창출에는 관심이 없고 당장 얼마를 투자할 것이냐, 이도 저도 다 싫으니 공원구역에서 빼 달라 등의 질문과 요구에 기가 막히기도 했다.

명품 공원마을 만들기 설악동 마을 40년 만에 지역주민과 국립공원이 처음 만나 마을발전을 논의.

우리 마을 이렇게 마을의 장단점, 기회, 위협 요인은…, 앞으로의 변화에 대해 주민 스스로 고민 고민.

이 사업에 대한 자문회의에서 어떤 위원이 "설악동마을이 공원구역에서 제척될 것이 뻔한데, 그때 가서 공원사무소는 발을 뺄 것 아니냐?"는 돌출발언까지 나와서 분위기에 찬물을 끼얹는 듯 했다.

어쨌든 이 사업은 현재진행형이다. 철벽같던 공원사무소와 마을주민 간에 대화의 물꼬를 튼 것은 간접적인 성과이다. 단속자와 피단속자가 만나 처음으로 소주 한 잔 하며 어색함을 나누기도 했다. 같은 주민끼리도 서로 모르는 사람들끼리 통성명을 하는 진풍경도 있었다.

설악동 마을의 내부 이런 곳에 살 의욕이 있을까? 탐방객이 찾아줄 것인가?

설악동 마을의 비전 활발한 지역공동체 구축과 정성스런 노력으로 변화는 가능하다. (그림 인터넷 자료)

설악동마을이 생겨난 이래 최초로 마을발전을 위한 회의가 밤마다 벌어지고, 12시 가까이 까지 토론이 이어진다. 쇠퇴한 우리 마을을 어떤 이미지와 브랜드로 특화시키고, 어떻게 생기를 불어넣을 것인가, 눈감고 있는 주민들을 어떤 자극으로 일깨워 활기 넘치는 공동체로서 스스로 마을발전의 주체가 되도록 할 것인가, 설악산국립공원이라는 최고의 브랜드와 마을이미지를 어떻게 연계시켜 관광객들을 불러 모을 수 있을 것인가?

국립공원사무소에서도 최선을 다하겠지만, 바라건대 모든 지역주민들이 주체가 되어, '명품 공원마을' 로서의 자부심을 갖고 설악산국립공원의 이름에 걸맞는 설악동마을을 부활시켜 재미있게 부유하게 행복하게 살게 되기를 희망한다. 설악산이 있어서 더욱 자랑스런 마을, 국립공원이 있어서 더욱 행복한 마을을 가꾸어가길 바란다. 그 첫 걸음은 주민 스스로 '주인 정신' 을 회복하는 것이다.

설악동 교통체계

성수기 때마다 상습적인 차량정체로 방문객들을 짜증나게 하고 청정지역의 공기를 더럽히는 설악동의 교통문제 역시 이해관계자 간의 문제다. 문제는 있는데 해법이 저마다 다르다. 길쭉하게 형성된 설악산 초입에서 신흥사 입구까지 교통시설(최종 주차장) 위치에 따라 이해관계가 다르기 때문이다.

설악산 안쪽에 가장 근접하여 성업 중인 기존 주차장을 폐쇄하라는 일방적인 주장에 대해 그 달콤한 영업이익을 얼른 포기할 기득권자는 없을 것이다. 경전철 또는 모노레일을 설악산 안쪽까지 놓겠다는 일방적인 주장에 대해 고가(高架)시설이 아름다운 공원경관을 해하도록 동의해줄 공원사무소도 아니다. 관계법에 의하면 문화재보호구역에서 인공구조물을 설치하는 것도 매우 어렵다. 극단적인 상대방이 있는 극단적인 해법은 있지만, 모두가 수긍할 중간자적 해법은 자리를 비집고 들어갈 여지가 없다.

가장 자연적인, 가장 조용한 장소를 남겨 자연생태계도 살리고, 사람도 그 곳에서 편안한 정서생활을 하자고 지정한 곳이 국립공원이지만, 사람이 모이다 보니 그 곳에서 경제활동이 일어나는 것은 당연하다. 어떻게 하면 자연도 보전하고 사람도 이용하느냐에 국립공원 이슈의 해법이 제시되어야 한다. 저탄소, 녹색성장의 모범적 대안이 탄생되어야 하는 곳 역시 국립공원이다.

내가 생각할 때 설악동 교통문제의 최적 해법은 모든 이해관계자가 관여하는 '순환 셔틀버스' 시스템이다. 최종 목적지인 설악산 안쪽의 기존 주차장은 폐쇄하여 회차로로 이용하되, 그 기득권을 다른 주차장 수입으로 보상해주고, 모자란 주차용량은 국립공원지역을 벗어난 인근의 주차장을 이용하되, 이곳까지 셔틀버스가 순환함으로써 탐방객 불편을 최소

설악산 소공원 입구의 교통정체

화하는 방안이다.

통상적인 범위 내에서 주차료를 징수하되 셔틀버스를 무료로 이용하게 하면 탐방객들은 불평하지 않을 것이다. 코끼리열차처럼 운행하거나 2층 버스를 도입한다면 그 자체가 관광 상품화 될 수도 있다.

이렇게 되면 설악산 소공원까지의 진입도로는 혼잡에서 벗어나게 되므로 현재의 도보 탐방로에 자연조경을 해서 '걷고 싶은 아름다운 길' 로 리모델링할 수 있을 것이다.

맑은 공기, 쾌적한 숲길에서 안전하게 걸어가는 사람들, 독특한 저탄소 '환경버스' 로 편안하게 들어가는 관광객들, 투명한 공동회계로 이익금을 나누는 주차장 이해관계자들, 이런 '순환 셔틀버스' 시스템을 제안한다.

각 이해관계자들이 자기들만의 이해관계에서 한 발짝 물러나 고객과 환경을 생각하면 차선의 해법이 나올 것이다.

설악권의 먹거리 비전

국립공원에 근무하다보면 공식적인 손님들, 개인 손님들에게 음식점을 안내하는 일이 많고, 또한 탐방객들로부터 괜찮은 집이 어디냐는 전화 문의도 많다. 그러나 지리산, 속리산, 북한산, 태안해안 등에서 근무할 때 해보지 않았던 고민을, 이 곳 설악산, 설악권에서 고민해야 하는 것이 바로 음식점 소개다.

물론, '바닷가에 왔으니' 대부분의 손님들에게 해안에 즐비한 횟집을 안내하게 되지만, 사실 어느 집에 특별한 맛깔스러움과 정감적인 분위기, 또는 값싼 맛이 있다고 선뜻 소개할 만한 집이 많지 않다.

바가지 쓰지 않을 집, 자연산이라고 속이지 않는 집을 소개해달라는 문의에 대한 답변도 쉽지 않다. 등산 전후에 속을 풀 해장국 집 소개도 어렵다. 더 어려운 것은 '산에 왔으니' 설악산의 맛을 먹어보자고 할 때 정말로 안내할만한 집이 별로 없다는 것이다.

물론 오색의 산채정식, 용대리의 황태음식, 척산과 학사평의 두부마을, 목우재 입구의 닭마을 등 '테마가 있는' 음식타운이 있고, 그 중에서도 소문난 집도 있다. 그러나 설악산에 오면 꼭 들려야 하는, 또는 설악산보다는 그 음식점을 목표로 찾아올 정도의 '대대로 전해 내려오는, 그 곳만의 값 싸고 질 높은, 친절하고 청결한, 주인의 정겨움이 넘치는' 그런 향토적인, 중저가의 대중음식점을 선뜻 소개하기가 쉽지 않다.

가장 어려운 것은, 여행사들이 모집한 단체관광객, 수학여행 온 학생들에 대한 음식 서비스다. 구체적으로 확인한 바는 없지만 경쟁적으로 저가 유치를 하고, 단체유치를 위한 영업비용 때문에 이들에게 질 높은 음식을 제공할 수 없다는 것이다. 그들은 특색 없고 무성의한 음식들을 보고 이 지역 전체의 관광서비스, 지역문화, 인정(人情) 등을 판단할 것이며, 이 곳에 다시 올지, 다른 사람들에게 소개할지를 판단하게 될 것이다.

얼마 전 외국 대학생 10여명이 유네스코가 주관하는 국제캠프에 참석차 설악산을 방문했다. 대부분 아시아 국가에서 온 그들에게 점심으로 어느 식당의 비빔밥을 제공했지만 별로라는 인상을 받았다. 사실 나도 백화점식인, 수 십 가지의 메뉴가 다닥다닥 붙어있는, '외관, 실내, 음식내용 모두 엇비슷한' 설악동 집단시설지구의 음식점을 잘 애용하지는 않는 터였다.

정갈한 순두부 식사

정성스런 웰빙 닭요리

그날 저녁 설악동 야영장에서 국립공원의 자원활동가들이 직접 감자를 갈아 감자전을 부쳐 주었는데, 모두들 흥미롭게 함께 감자전을 부치며 맛있게 먹었다. 우연히 주변에서 야영을 하고 있던 외국인들에게도 호평을 받았다.

국제자연보전연맹의 특사로 찾아온 어느 미국인은

설악산 둔전리
국화차
(사진 수메루)

설악동 마을의 허름한 집에서 정성스럽게 구워주는 삼겹살, 구수한 된장찌개, 싱싱한 웰빙 상추에서 '한국 맛'을 느꼈다고 한다. 전통적인 메밀국수와 녹차 수육, 그리고 시원한 백김치 동치미를 내놓는 어느 음식점을 나오는 사람들의 표정에 만족감이 가득하다. 가능성은 무한하다.

여름, 가을 성수기의 탐방객 주종을 이루는 단체모집 산행객들의 식사는 이 곳 설악권과 별로 관계가 없다. 대부분 무박산행인 그들에게는 출발지에서 준비해 온 도시락이 아침, 점심으로 제공되고, 하산 후에도 버스에 준비해 온 프로판가스로 해장국을 달구어 먹는 모습을 흔히 볼 수 있다.

최소 비용으로 경쟁하는 여행사들의 저가 마케팅에도 문제가 있지만, 현지에서 제공할 수 있는 간단한 도시락과 해장국마저 경쟁력이 없다는 말인가. 혹시 오래 전부터 우리 설악권의 음식 맛, 가격경쟁력, 서비스문화에 대해 신뢰를 잃어버린 것은 아닐까.

수많은 사람들이 우르르 몰려오지만, 영업지역은 조용한 것에 대해 지역 분들의 걱정과 요구는 대체로 비슷하다. "경기가 나빠서…, 탐방로를 더 개설하고 위락시설을 만들어 사람들을 더 오게 해야…."

사람들이 많이 올수록 경기는 좋아지는 것일까? 국립공원 입장료 폐지 이후 더 많은 사람들이 오고 있지만, 국립공원 입구인 이곳의 음식점에서 호주머니를 푸는 사람들이 늘어난 것은 아니다. 설악산 바깥쪽 음식점들의 수입은 늘어났을지 몰라도.

전국 어디를 가나 흔하게 있는 먹거리를 백화점식으로 늘어놓거나, 관광지는 이래도 좋다는 식으로 호객행위, 바가지요금이 극성을 부리거나, 강원도는 원래 이렇다는 식으로 투박한 말투와 행동을 보이는 등등의 '내부 요인'을 청산하지 않고서는 '전국이 경쟁하는' 관광객 유치전쟁에서 이길 수 없을 것이다.

강원도-설악산-동해안에서만 맛볼 수 있는 특색 있고 향토적인 음식 개발, 안심하고 먹을 수 있는 위생관리와 적정한 가격, 깨끗하고 격조 있는 인테리어 및 집기류, 그리고 손님을 진심으로 섬기는 친절문화가 한두 집이 아닌 모든 음식점에게 공통 필수적으로 갖추어질 때 설악산-동해안권은 비로서 옛날의 '관광 일 번지' 영광을 재현할 수 있을 것이다. 점차 증가하고 있는 중국, 일본, 동남아시아 등 외국인 관광객들을 위한 배려도 시급하다.

명품 국립공원 설악산이 청정 해안과 어울리고, 순박미 넘치는 강원도 이미지와 결합되어 전국에서 가장 가보고 싶은 여행지로 꼽히는 이 곳 설악산-동해안권. 거기에 수많은 명품 음식점과 친절문화가 더해져 대한민국 최고의, 세계적인 관광지로 거듭나게 하는 것은 지역사회 구성원 모두에게 달려 있다.

— 맛있는 동해안, 2008 가을호

강원도 · 설악산 · 반달가슴곰

강원도의 상징동물은 반달가슴곰이고 그 캐릭터의 이름은 '반비' 인데, 강원도청의 홈페이지에 설악산, 오대산에 서식하고 있는 것으로 기재되어 있다. 그러나 이 야생동물의 실체는 1983년 설악산 저항령에서 총에 맞은 채 죽은 불쌍한 모습을 끝으로 현재까지 확인되고 있지 않다. 이후 간헐적으로 몇몇 학자와 산꾼들이 곰 흔적을 발견했다는 이야기가 있어 금년 가을 설악산국립공원의 전문요원들이 주요지역을 현장조사 한 결과 끝내 곰 흔적을 발견할 수 없었다.

반달가슴곰의 행동특성과 가족관계, 수명 등을 고려할 때 25년 동안 공식적인 흔적이 발견되고 있지 않은 것은 '국지적인 멸종' 으로 해석할 수 있다. 만에 하나 한 두 마리가 생존해 있다고 해도 야생에서 평균 수명이 20년 정도인 이들이 새끼를 낳아 존속할 가능성은 거의 없다.

그렇다면 지역적으로 멸종된 이 동물에 대해 우리 사람들은 어떤 관계성을 가져야 할까? 전국에서 가장 청정한 자연, 우수한 자연생태계를 자랑하면서 반달가슴곰을 상징동물로 내세워 온 우리 강원도에서 이 동물에 대해 어떤 태도를 가져야 하는 것일까?

전 국민이 사랑하고 애용하는 설악산국립공원에서 마지막 반달가슴곰이 밀렵된 이후 4반세기가 지났는데, 전국에서 최고의 야생환경을 여전히

죽은 반달가슴곰 1983년 국내에서는 마지막으로 촬영된, 설악산 저항령에서 반달가슴곰의 죽음.

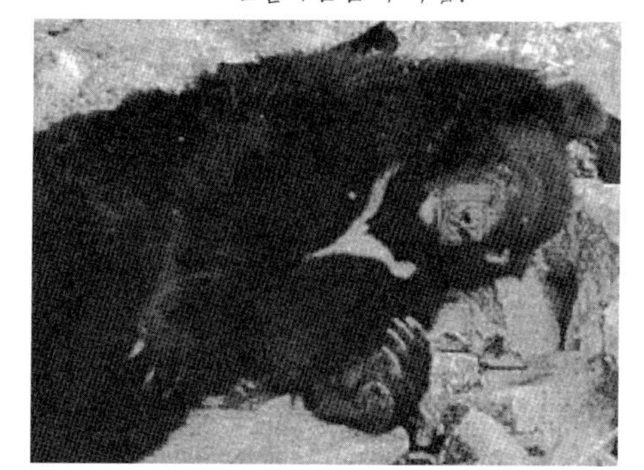

반달가슴곰 복원
지리산국립공원에서 야생적응 실험 중인 반달가슴곰

갖고 있다고 자부할 수 있을까? 이에 대한 정확한 대답은 바로 반달가슴곰 복원이다.

왜 반달가슴곰을 복원하여야 하는가? 반달가슴곰은 단군신화에 나오는 우리 민족의 조상이고, 민족정서에 잠재된 가장 친근한 동물이다. 아이들과 청소년들은 우리 산에 곰이 산다는 사실 자체만으로 자연에 대한 경외심, 호연지기를 기를 수 있을 것이다.

곰은 한반도 자연에서 현존하는 최상위 대형동물로서, 곰이 서식하는 환경에서는 그 이하 많은 동식물들이 조화롭게 살아갈 수 있다. 즉, 생태계의 조절자로서 먹이경쟁으로 멧돼지, 고라니 등의 숫자를 줄여 농작물 피해를 감소시키고, 희귀, 멸종위기 식물들의 씨앗을 멀리 퍼뜨리는 역할도 할 수 있다.

우리 강원도에, 설악산에 반달가슴곰이 복원된다면 아마 '평화의 전도

사' 로서도 역할을 할 것이다. 우리가 곰에게 생태통로를 만들어주면 사람은 갈 수 없는 DMZ와 금강산을 넘나들며 남북의 온기를 전파하는 '단군 어머니' 로서의 사명을 다할 것이다. 팬다곰이 미국과 중국 간 평화협정 상징이 되었던 것처럼, 반달가슴곰이 남북 간 평화사절로서의 역할을 할 수도 있을 것이다. 지역주민들에게도 복을 가져 올 것이다.

곰이 사는 설악산, 멀리서 곰의 실루엣을 볼 수 있는 설악산에 더 많은 탐방수요가 있을 것이며, 이를 지역주민이 주체가 되는 생태관광으로 연계시킬 수 있을 것이다. 미국과 일본의 많은 국립공원에서는 곰을 구경하거나 학습하는 테마관광이 인기이다. 곰을 주제로 한 생태마을과 자연학습, 각종 인형 및 기념품 판매, 관련 축제 및 학술행사 등 반달가슴곰이 지역경제에 도움을 줄 아이템은 무궁무진하다.

반달가슴곰 실체가 카메라에 포착된 이후 복원사업을 시도하고 있는 지리산의 경우 같은 아종(亞種)인 러시아 우스리스크의 새끼 곰과 평양동

설악산의 대형 포유류

물원에서 데려온 어린 곰을 야생적응훈련 후 방사하여 현재 16 마리의 곰이 비교적 안정적으로 서식하고 있다.

지리산에서 곰 복원 사업을 지휘한 바 있는 필자의 경험으로 볼 때, 지리산에 비해 설악산의 곰 서식환경은 더욱 유리하다. 산과 숲의 지형지세가 험준하고, 고산지대의 우수한 자연지역은 대부분 사람출입을 통제하고 있기 때문에 사람의 간섭이 덜하며, 주식인 도토리 열매가 달리는 참나무류가 많고 동면을 위한 바위굴과 나무 굴도 많다. 국립공원 경계에 사는 주민수도 적고, 꿀을 치는 주민도 적어 주민피해도 많지 않을 것이다.

곰은 경계심이 매우 커 사람접근을 먼저 피하는 본능을 갖고 있으므로 탐방객에 대한 피해는 거의 없다. 이제 국민의 자연보전 의식도 많이 향상되었으므로 밀렵 우려도 적다고 본다. 무엇보다, 과거 수많은 곰들이 살았던 장소이므로 적절한 개체수를 공급해주면 그들끼리 가족관계를 형성하며 자연적응에 성공하리라 본다.

사람은 원래 야생동물들의 세상에 도시를 만들어 행복을 누리고 있지만, 그 야생동물들은 이제 간신히 국립공원과 같은 보호지역에서만 마지막 목숨을 보존하고 있다. 만물의 영장으로서 사람이 야생동식물을 보호해 주어야 할 의무가 있음은 물론, 현재의 메마른 사람사회에서 곰이나 산양과 같은 대형동물들을 볼 수 있다는 것은 삶의 활력소가 된다. 반달가슴곰 복원은 자연을 위한 일이기도 하고 사람을 위한 일이기도 하다.

더구나 반달가슴곰을 상징동물로 내세우고 있는 강원도에서, 마지막 곰이 눈을 감은 설악산국립공원에서 다시 반달가슴곰을 자유롭게 뛰어놀게 하는 것은 우리의 역사적, 생태적, 도덕적 의무가 아닐까. 거기에 우리 강원도의 건강성이, 설악산국립공원의 생명성이 담겨질 것이다. 그리고 거기에 야생동물을 배려하는 강원도 사람들의 넉넉한 인심이 담겨져 국민들로부터 더욱 사랑받게 될 것이다.

— 강원일보, 2008. 12. 17

반달가슴곰의 복원이 자연생태계에 어떤 긍정적 영향을 가져오느냐에 관하여는 국내에서는 아직 구체적인 연구가 없다. 현재의 생태계에 어떤 문제가 있기에, 또 곰이 번성한다면 생태계가 어떻게 좋아진다는 것인지에 대해 다소 막연하다.

또한, 한 지역에서 어떤 동물이 멸종되거나 감소될 때 먹이사슬의 변화가 생기고, 특히 포식자인 대형동물이 사라지면 그 경쟁자의 개체수가 증가하거나 먹이감이 되던 하위동물들이 번성할 것이라는 상식과 이론은 있지만, 그런 현상이 작은 풀잎에까지 영향을 미쳐 모든 동·식물생태계에 변화를 주는 현상은 잘 상상할 수 없다.

다음은 대형동물을 복원함으로써 생태계의 균형이 복원되고 있다는 미국 옐로우스톤 국립공원의 늑대복원 사례다. 곰의 경우에도 크게 다르지 않을 것이다.

늑대가 되살려내는 자연생태계

Wolves Reshape Yellowstone National Park

— By Sarah Ives / National Geographic Kids News / 2004. 3월

회색늑대(gray wolves · Canis lupus)는 오랫동안 옐로우스톤 국립공원의 지배자였으나 늑대를 유해동물로 본 조직적인 사냥으로 1926년 '마지막 늑대'가 사살된 이후 70년간 늑대의 그림자도 볼 수 없었다.

1980년대 말 자연생태계 복원 목적으로 미국 국립공원관리청(NPS)이 늑대 재도입을 고려한 이후 "늑대가 다른 동물들을 감소시킬 수 있다.", "지역주민(목축)에게 위협적이다."는 비판 등 많은 논쟁 끝에 1995~96년 캐나다로부터 회색늑대 31마리를 옐로우스톤 국립공원에 재도입하였는데, 이제 250~300마리로 불어났다.

늑대 재도입으로 인해 엘크의 숫자는 약 18% 감소했으나 이는 그리 심각한 현상이 아니고, 이외에 특별히 파괴적인 영향은 없다고 과학자들은 말하고 있다. 늑대 연구를 하고 있는 오레곤 주립대학의 과학자 William Ripple은 "역사적으로 늑대가 그 곳에 있었기 때문에 재도입하였는데, 이제 그 효과가 극적으로 나타나고 있다"라고 말했다.

다른 동물들을 먹여 살림 늑대는 초식동물인 엘크나 무스를 주로 사냥하는데, 노획물에 집착하는 다른 포식동물과는 달리 많은 양의 고기를 남겨놓는다. 이 사체는 곰, 코요테, 독수리, 까마귀 등 다른 동물들에게 '정기적으로 공급되는' 식량이 된다.

공원관리청의 지원으로 늑대의 먹이 습성에 대한 연구를 한 Wilmers에 의하면, 건장한 엘크의 몸무게가 320kg인데 비해 늑대 1마리 당 식사량은 9kg에 불과하므로, 늑대 10마리가 엘크 한 마리를 사냥하더라도 230kg의 고기가 남아 다른 동물들의 먹이가 된다고 한다.

늑대가 없었을 때에는, 겨울철 먹이부족으로 허약해진 초식동물들이 봄이 오기 전에 사망해서 도처에 썩은 고기가 널려있는 경우가 많았는데(개체수가 많아 먹이부족 현상이 심각하다는 의미), 겨울철 끝에 먹잇감(굶어죽은 사체)이 편중되는 것은 1년 전체의 먹이 수요 · 공급을 고려할 때 바람직하지 않은 것이다. 즉, 늑대가 등장함으로써 그런 먹잇감(사체)이 일년 내내 균일하게 제공되는 것이다.

먹이사슬을 촉진 1920년대 늑대가 멸종되면서 개체수가 증가한 엘크의 섭식으로 개울가의 버드나무, 사시나무 등 어린나무의 성장이 저하되어 이들 숲을 서식처로 하고 있는 동물들을 고통스럽게 했다.

특히 비버의 수가 크게 감소되었다. 엘크 서식지의 식생에 대한 연구에 의하면, 1년생 정도의 묘목과 70년생 이상의 나무는 많았지만 그 중간의 나무는 극히 적어 작은 동물들이 은신할 수 있는 환경이 아니었다고 한다.

늑대가 개울가의 엘크 수를 감소시킴으로써 거기에서 자라고 있는 나무가 잘 자라게 되는데, 그렇게 숲을 회복시킴으로써 새나 비버와 같은 동물들에게 훌륭한 안식처를 제공하게 되는 것이다. 늑대를 재도입한 이후 비버의 개체수가 상당히 증가한 것을 포함하여 모두 25종의 종에게 변화가 왔다. 이는 늑대가 쐐기종 역할을 하기 때문이다. 쐐기종이란 많은 수의 동식물들이 (그들의 생활 및 진화를) 의존하는 종을 의미하는데, 쐐기종의 멸종은 곧 다른 종의 멸종을 가져올 수 있다.

그러나 늑대의 재등장을 모두가 반가워하고 있는 것은 아니다. 목축업자들에게 늑대는 골칫거리이다. 늑대는 먹이로 삼는 소, 양 뿐만 아니라 개, 고양이, 말까지도 공격하는 습성을 갖고 있다. 물론 이런 피해에 대해 보상을 해주고 있지만 농부들의 불만은 여전하다.

이런 문제에도 불구하고 과학자들은 다음과 같은 믿음을 갖고 있다 ; 늑대를 재도입한 이후 옐로우스톤 국립공원은 사람들이 이곳을 간섭하기 시작한 이전의 상태로 되돌아가기 시작했다. 생태적으로 이 공원은 20년 안에 완전히 다른 곳이 될 것이다.

국립공원 레인저

국립공원 레인저(Park Ranger)

레인저 개념

전 세계적으로 국립공원과 같은 자연지역에서 근무하는 사람을 레인저(ranger)라 부르고 있지만, 우리나라에서는 아직 생소하다. 레인저의 어원은 영어의 range(특정한 목적으로 어딘가를 돌아다니다)에서 파생되었다고 하며, 14세기 중반의 영국왕실공문서(English Royal Rolls)에 왕실 숲을 수호하는 근무자로 기록되어 있다.

17세기에 이 레인저라는 용어가 미국으로 건너가 식민지 개척 당시 '숲속의 민병대' 성격으로 사용되다가, 18세기 들어 특별한 목적을 띤 정규군 용어로 사용되었으며, 이 때 그 유명한 로저스 레인저스(Roger's Rangers)라는 부대가 큰 활약을 하였고, 박찬호가 소속되었던 야구단 '텍사스 레인저스' 도 19세기 멕시코 전쟁 시 용맹을 떨치던 군부대였다.

미국 국립공원에서 '레인저' 용어를 처음 사용한 것은 1898년 당시 국립공원을 관리하는 육군을 도왔던 민간인들을 'forest ranger' 로 지칭하면서 부터이고, 1905년부터 모든 국립공원에서 'park ranger' 를 공식용어로 사용하고 있다.

이상과 같은 역사에 의해 현재 인터넷 백과사전 Wikipedia에는 레인저를 다음과 같이 설명하고 있다. ; a ranger is a keeper, guardian, or soldier who ranges over a region to protect the area or enforce the law(한 지역을 보호하거나 법집행을 하기 위하여 일정한 지역을 정찰하는 관리자, 수호자, 또는 군인)

국립공원 지킴이 발대식
지역주민들을 공원관리요원으로 선발하여 자연보호, 탐방 서비스, 안전관리 등의 임무를 수행하게 하고 있다.

영어사전에는 ① 돌아다니는 사람 ② 왕실 숲 및 국유림 순찰경비대원 ③ 특별공격대원 등으로 표기되어 있으며, 영영사전에는 '국가나 왕실에 속한 공원 및 산림을 돌보는 직업을 가진 자' 로 표기되어 있지만, 우리의 두꺼운 국어대사전에 레인저는 '특수한 훈련을 받은 전투원' 으로만 표기되어 있다. 즉 레인저의 한국적 개념은 아직 덜 정립(해석)되어 있다.

산 좋고 물 좋은 곳에서 등산이나 하고?

탐방객들, 특히 친구나 지인들이 내 직업을 묘사할 때 약속을 한 듯 공통적으로 쓰는 말이 있다.

"산 좋고 물 좋은 곳에서 등산이나 하고…." 이에 대한 내 공식적인 대답은 다음과 같다. "자연과 함께 하는 것보다는, 늘 사람들에게 부대끼는, 종합업무 직업이야."

그래도 '봉급 받아가며 등산하는, 쉽고 편한, 누구나 할 수 있는' 직업 아니냐는 반문에 대해, 할 수 없이 다음처럼 답한다.

"그래 다 좋은데, 주말도 휴일도 없어 사람 노릇 못하고, 가족하고 떨어져 살고, 하루에도 골백번씩 출동해야 하고, 다들 무릎이 고장 났고, 사람들한테 매일 욕먹고, 산간오지에서 문화생활도 없고, 무엇보다 봉급이 형편없어." 이 정도 답하면 추가 질문은 더 이상 없다.

역시, 최고의 직업

그러나 수많은 직업들과 비교토론을 하거나, 지난 일을 생각하며 내 직업을 자평(自評)해 보면, 역시 '최고의 직업' 이라고 판정하지 않을 수 없다.

우선 마음의 여유가 있다. 자연 속에 있다 보면 자연 밖에서 벌어지는 온갖 치열한 경쟁과 권모술수와 경제적인 수치에 둔감해져 스스로 자연이 되어 간다. 우리끼리는 아무리 계산적인 사람이라고 해도 바깥사람들은 그를 엄청 순진, 순박하다고 평한다. 심지어는 세상사에 관심이 없는 멍청한 사람이라고까지 표현하는데, 이를 거꾸로 해석하면 가장 순수한, 독립적인 직업영역이라고 볼 수 있다.

바깥사람들은 스트레스를 풀러 찜질방으로 골프장으로 가지만, 우리는 홀연히 산에 올라 바람을 맞는다. 대자연을 바라보고 있으면 어느새 상념(傷念)들이 사라진다. 젊었을 때는 시큰둥하던 친구들도 이제 중년을 넘어서며 '제발 임시직이라도 자리하나 만들어줄 수 없냐' 고 신신당부를 한다.

다음은, 자연을 위한 신성한 직업이라는 것이다. 덕유산 강동원 소장이 입버릇처럼 하는 말이 있다. "일반기업들은 결국 사주(社主)를 위해 일하지만, 우리는 국가를, 국민을, 자연을 위해 일한다! 그러니까 명예와 보람을 가져야 한다!" 나는 "자연과 함께, 자연처럼, 자연이 시키는 대로 살아갑시다! 자연과 함께 늘 행복하세요!"라는 문구를 애용한다.

산악순찰, 숲 탐방을 나설 때 그 곳에 있는 야생동식물들을 보면 꼭 집에 있는 내 가족들과 같다. 그러니 자연에 손을 대는 사람들을 보면 그냥 지나칠 수가 없다. 지역사회 유력인사들이 공원구역 안에서 무슨 사업을 시도하며 지역주민이 그걸 원한다고 핑계대면 나는 말한다.

"나는 자연에 있는 수천만의 야생동식물을 대변하는 사람이다. 그러니 투표로 합시다!" 나에게 국립공원시민대학 어른학생들이 "자연에 대한 애정이 진솔하다"라고 하면 그 어떤 칭찬보다 기분이 썩 좋아진다.

다음은 사람을 위한 직업이라는 것이다. 공원입장료가 폐지된 이후 바깥사람들은 '돈 받으려고…' 라며 우리에게 시비를 걸 '마지막 명분' 이 없어졌다. 자연을 안내하고 해설하고, 산간오지에서 등산로, 쉴자리, 잠자리를 보살피고, 절대 절명의 위기에 빠진 조난자의 생명을 구하고, 심지어 공원구역 밖으로 나가 자연을 교육하고, 지역사회에 국립공원과의 공존을 얘기하고 등등 '이익을 위해서가 아니라 봉사를 위해서' 우리는 일한다.

물론 우리가 하는 통상적인 단속, 규제업무가 우리 레인저들을 '군인, 경찰관' 같은 이미지로 보이게 하지만, 이 역시 다수의 선량한, 준법적인 사람들에게 도움을 주기 위한 업무이다. 자연을 자연 그대로 두기 위해서 사람에 대한 최소한의 규제 조치는 필수적이다.

멋진 레인저 복장으로 공원을 누빌 때, 사람들이 "쟤들 멋있다!, 수고하십니다!!, 술 한잔 하고 가세요!!!" 라는 말에 우리의 스트레스는 모두 녹아내린다.

국립공원 레인저 업무

공원업무를 단순히 입장료 징수, 단속으로만 여기는 사람들이 아직 많다. 공원입장료는 이미 폐지되었으며, 단속업무는 계속되고 있지만, 공원 내 질서가 어느 정도 잡혀가고 있는 현시점에서 가장 중요한 업무는 아니다. 사람들은 대자연에 들어와 당연하게 이곳에 자연이 있음을 만끽하고 스트레스를 해소하지만, 그 자연스러움을 유지하고 사람들의 느낌을 더 편안하게 하기 위하여 많은 일들이 필요하다.

레인저 고우(go)! 신흥사에서 문화체험프로그램 진행 중인 레인저들의 다양한 표정. 왼쪽부터 김대광, 노윤경, 필자, 황병훈 레인저

그러나 그 일들의 대부분은 (상대적으로) 사람들이 보지 않는 곳에서, 사람들이 없는 곳에서, 없을 때 일어난다. 설악산국립공원에서 성수기 주말에 100명 이상의 레인저를 사람 많은 현장에 투입하지만, 사람들이 레인저 활동을 접할 확률은 매우 적다. 그만큼 공원지역이 광범위하고 그만큼 많은 사람들이 오며, 상대적으로 레인저 숫자는 적기 때문이다.

공원업무는 한 마디로 '종합업무' 다. "국립공원은 하나의 독립된 국가이다"라고 표현하는데, 공원 내에서 이루어지는 대부분의 현상, 사안, 사건에 대하여 공원사무소가 주관하거나, 그것이 다른 기관의 고유 업무라 해도 일정부분 간여가 이루어진다.

각 레인저들에게 개별적인 직무가 주어져 있지만, 전체적으로 '종합업무' 인 성격 상 좁고 깊은 범위의 전문성(specialist)보다는 포괄적 능력(generalist)을 필요로 한다. 가장 바람직한 것은 공통 기본업무를 바탕으로(generalist), 각자 전문분야에서 깊이와 독창성을 갖는 것(specialist)이다.

공원업무는 각 국립공원의 특성과 규모에 따라 업무량과 종류, '중심업무' 가 다르다. 설악산국립공원의 경우에는 전공원의 업무를 모아놓았다 할 만큼 다양한 업무를 수행하고 있다. 크게 5개 분야로, 작게 32개 직무로 구분할 수 있다.

1. 자원보전 업무 자연자원 관리(자연조사, 동식물복원, 훼손지 복구, 외래종 퇴치), 문화자원 관리, 환경 관리(폐기물, 수질, 환경저해시설 정비), 불법행위 관리(법규준수, 출입통제, 불법시설 정비), 인허가, 지역사회 협력(주민, 단체, 사찰), 공원계획.

자연보전 업무는 공원관리청의 대표 업무다. 자연생태계가 '자연 그대로' 진화되고 있는지, 거꾸로 훼손되고 있는지 잘 규명(모니터링)해서 관리, 복원하고, 공원 환경의 청정성, 공원경관의 자연성을 국립공원답게 유지하는 업무다. 기후변화에의 대응, 녹색성장에의 리더십 확보 등이 새로운 현안업무로 다가왔다.

자연을 상대로 하지만, 이는 사람들이 자연을 어떻게 인식하고 잘 이용하느냐의 문제와 연계된다. 따라서 탐방객의 조심스런 자연 이용 유도, 지역사회와의 협력적인 파트너 십 구축 및 지역사회 공헌, 공원 외부로부터의 개발사업 요구 및 훼손 압력에 잘 대응하는 것도 중요한 업무다. 그러나 사람들의 공격에 자연이 점점 밀리고 있는 현실이 안타깝다.

산양 사체 조사

겨울의 숲생태 모니터링

2. 탐방서비스 업무 탐방객 조사 및 고객서비스, 고객만족 모니터링, 탐방시설 운영(탐방안내소, 탐방지원센터, 자연관찰로), 다양한 탐방 프로그램 기획 · 운영, 건전한 탐방문화 조

고객만족 새해 첫날 탐방객들에게 따뜻한 차를 대접하고 있다.

자연교육 자연의 신비 국립공원의 아름다움을 느껴보세요~

성, 안전관리(재해, 재난, 산불, 안전사고) 등.

국립공원은 국민의 공원이다. 원거리 산간오지를 방문한 국민들이 편리하고 안전하게 공원을 이용하고, 국립공원의 가치 및 자연으로부터의 혜택을 충분히 느끼게 함으로써 정서생활에 활력소를 주는 임무이다. 단, 무제한의 최대적인 서비스는 국민을 만족하게 해도, 상대적으로 자연이 불만족할 수 있다.

따라서 자연보전을 전제로 한 범위 내에서 서비스 제공을 적정화시키는 것이 이 업무의 어려운 점이다. 자연으로의 방문이 다소 불편할 수 있다는 것을 국민에게 이해시키고, 오히려 그런 불편함을 즐기도록 하여야 한다.

최근에는 국지성 집중호우 등 이상기후, 고지대 기상급변 등으로 인한 재난, 안전사고 대응 업무가 증가하고 있다.

3. 기술 업무 토목(등산로, 야영장, 주차장, 수해복구), 건축(대피소, 화장실, 안내판), 조경(자연복구), 시설유지관리.

자연에 손을 대지 않는 것이 가장 이상적이지만, 사람 이용이 불가피하므로, 사람 이용이 집중되는 곳에 최소한의 안내시설 및 편의시설과 자연

수해복구공사
단단하게, 안전하게, 자연스럽게!

탐방로 데크 모니터링
뭐 잘못된 것 없는지.

훼손을 예방하고 복구 하는 등의 보호시설을 설치하는 업무다. 산악고지대에서의 시공은 기술적으로 난이도가 높고, 자연과의 조화성, 환경 친화성, 에너지 절감, 내구성, 공공 디자인 등을 고려하기 때문에 그만큼 많은 정성과 예산이 필요하다.

야외에서의 '고의적, 무의식적인 훼손행위(vandalism)'에 대하여도 기술적인, 환경심리적인 해법이 필요하다. 생물학, 임학, 환경 공학, 조경학, 토목학, 건축학, 디자인, 행동심리 등 서로 이질적인 분야를 복합적으로 적용시켜야 하므로 나는 공원기술업무(park engineering)를 독창적인 분야로 본다.

4. 현장 전담업무 거점관리(안내, 순찰, 계도, 단속), 재난 및 안전관리(수색, 구조, 사고예방), 동식물보호(모니터링, 밀렵단속, 외래종 제거), 자연환경 · 문화 해설, 편익시설(대피소, 야영장) 운영, 시설보수, 청소 등.

탐방객이 많은 현장접점에 투입되어 직접 사람과 자연에게 서비스를 하는 업무다. 탐방안내, 자연 및 문화해설, 불법행위 계도 및 단속, 동식물 반출 및 훼손행위 단속, 안전사고자 구조 및 실종자 수색, 고지대(대피소) 고정근무, 공원시설 보수, 청소 및 쓰레기 운반 등의 임무를 수행한다.

이를 전담하기 위해 별도의 공원지킴이, 안전 관리반, 동식물 보호단, 자연환경 안내팀, 영선반, 청소반 등을 운영한다. 산악지대에서 이런 임무를 수행하는 데에는 상당한 체력과 일정한 전문성, 서비스 마인드를 요하지만, 지역에서 저임금에 고급 인력을 구하기 어렵다는 것이 문제다.

5. 공원행정 업무 인사 및 교육, 성과 관리, 법무, 예산, 경리, 계약, 재산관리, 수익관리, 홍보, 정보관리.

공원사무소의 엄마 노릇을 하는 살림살이 업무다. 모든 식구들이 자기 임무를 잘 수행할 수 있도록 지원하며, 허드렛일부터 중요한 현안까지 업무시스템이 잘 작동되도록 뒷받침을 한다. 각 세부업무는 일반회사와 비슷하지만 모든 것이 공원현장과 연계되어 있어 책상업무로만 끝나지는 않는다.

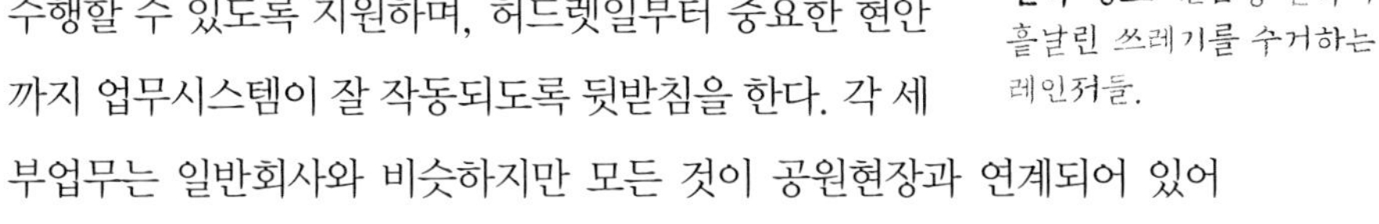

탐방객 구조 이동균 레인저의 파워.
절벽 청소 천금성 절벽에 흩날린 쓰레기를 수거하는 레인저들.

다양한 직종과 계층의 직원들이 광범위하게 흩어져 있으므로 이들을 효율적으로 복무관리하고 지식을 공유하며, 전문적 교육 시행 및 업무 성과를 과학적으로 평가하는 것이 앞으로 중요하다. 업무상 외지근무, 가족과 떨어져 있는 직원들이 많아 이들에 대한 정서적, 생활적인 지원을 해주는 프로그램도 필요하다.

레인저 만들기

첨단 과학기술이 아무리 많이 발전해도 공원업무는 사람에 의한 업무다. 자연과 탐방객에게 직접 다가가 손으로 만지거나 입으로 말하는 '재래식' 방법을 계속 사용하여야 한다. 또한 사람들도 공원의 상태(생태계 변화)보다는 공원관리자의 모습을 보고 공원관리 상태를 판단하게 마련이다.

따라서 공원관리의 성패는 사람을 잘 뽑아 훌륭한 레인저로 성장시키는 '인사관리-역량개발'에 달려 있다. 그러나 우리 조직에 인력을 배치하는 기능은 있어도 인력을 키워 써먹는 기능은 다소 부족하다. 특히 현장에서 고참직원들의 풍부한 실전경험을 체계적으로 정리하여 노하우로 축적해 발전시키려는 노력이 필요하다.

공원관리 22년 역사에도 불구하고 우리 공원관리청에 아직 전문성이 부족하다고 본다. 공원관리 초창기에 단순한 현장관리, 행정업무 위주로 공원업무를 출발시켰고, 이후 자연보전, 탐방객관리, 지역협력 등의 전문분야는 국내에 선행사례가 적어 그만큼 노하우 축적이 어려웠다. 각자의 전공, 경험에 관계없이 '사람이 좋아서, 잘 할 것 같아서, 딴 사람이 없어서' 그 사람을 쓰는 인사관행에도 문제가 있었다고 본다.

사람을 키우는 것에는 상당한 시간과 예산이 필요한데, 이런 중장기적 효과가 나타나는 일에 필요성은 인정해도 시급한 현안으로 인식하지 않는다. 그러는 사이 '일의 수준'은 보편적인 상태에 머문다. 그만큼 전문성 있는 레인저 양성이 어렵다.

레인저 스쿨 자연생태 교육 중인 동식물 보호단 레인저들.

레인저 스쿨 암벽등반 실전에 앞서 체력 훈련 중인 레인저들.

설악산국립공원에서는 지난 6개월간 적지 않은 고생으로 〈레인저 스쿨(ranger school) 교육 프로그램〉을 개발해서 몇 개의 학과목에 대해 시범운영을 하였다. 이 프로젝트에 참여한 직원들은 처음에는 "이런 형이상학적인 일을 우리 현장에서 꼭 해야 하는가?", "교육이 아니라 실전경험이 더 필요하다"라는 등 불평이 있었지만, 교육프로그램을 만들어 가면서 자기의 업무에 대해 의외로 더 많은 전문성이 필요하고, 축적된 경험을 체계적으로 정리할 필요성이 있으며, 그래서 자기업무를 남에게 설명하거나 교육할 역량이 미달되고 있음을 절감하였을 것으로 본다.

등산요령에 관한 시범교육에서 가느다란 다리를 발발 떨고 거의 울듯이 암벽을 내려섰던 여직원이 다시 그 암벽을 낑낑대고 올라와 가쁜 숨을 몰아쉬며 성취감을 맛보는 모습을 보면 이 직원을 성숙한 레인저로 만들고 있음에 보람을 느낀다.

이 프로그램은 공원사무소의 일을 34개의 직무로 분류하여 전 직원 공통, 직무별 기초－실무－심화로 288개의 교육과목과 과목별 개요(槪要)를 제시하고 있다. 각 직원은 자기의 현재 직무와 앞으로 하고 싶은 경력에 따라 필요한 교육을 이수하고, 인사 관리자는 각 직원의 '준비된 역량' 을 체크하여 인사배치 등에 참고할 수 있을 것이다.

특히 이 프로그램은 레인저의 '현장교양' 을 중시하고 있다. 즉, 이미지 메이킹, 고객응대 매너, 스피치 기법, 커뮤니케이션, 갈등문제 이해, 협상 기법, 팀워크 향상 등 '사람에 대한 레인저 능력' 과 기획서 작성, 프리젠테이션 기법, 동영상 촬영기법, 민원 답변 연습, 업무 전산화, 관광 · 환경 영어, 암벽등반 등 '실전업무에 대한 레인저 능력' 을 전 직원 공통역량으로 삼고 있다.

자기 혼자만의 경험을 스스로에게만 자랑하고 있는 경험적인 업무, 헬기작업이나 산불진화와 같이 전 직원이 동원되는 일, 허드렛일로 여길 수 있는 임시직원들의 일까지도 그 업무를 파헤쳐서 교육과목으로 정리하였다.

자연과 사람에 대한 광범위한 지식, 산악 오지에의 적응과 도전능력, 현장접점 대응능력과 위기 대처능력, 내 · 외부적인 리더십 함양 등 지성과 야성을 겸비하여야 하는 국립공원 레인저들에게 끊임없는 교육훈련과 자기계발이 필수적이다.

수백 대 일의 입사경쟁을 뚫고 들어왔으니 실력이 있겠지, 제복만 입혀 내보낸다고, 세월이 가면 다 알게 된다고 하는 사이 외부환경은 급변하고, 고객 수준은 높아지고, 경험 많은 직원들은 다 퇴사하고 나면, 상대적으로 공원관리역량은 저만큼 뒤

에코레인저
자연환경안내원 이봉금 레인저의 계곡생태 체험교육

쳐지게 된다.

세계일류의 공원관리전문기관이 우리의 비전인 만큼, 공원업무를 수출할 만큼의 전문성을 키워나가야 한다. 국립공원은 사람이 관리하는 곳이고, 레인저는 태어나는 것이 아니라 만들어지는 것이다.

국립공원 레인저로 일하면서 좋은 점과 나쁜 점

외국 인터넷 사이트에 다음과 같이 '국립공원 레인저'로서 좋은 점과 나쁜 점에 대한 몇 명의 레인저 이야기가 실려 있다. 나라와 인종, 문화가 다르고, 국립공원별 특성도 다르겠지만 레인저들의 근무환경과 직업에 대한 애정이나 애환은 비슷하다.

Pluses and minuses of working as a National Park Ranger
(http://community.livejournal.com/park_rangers)

■ 좋은 점

- Excellent working environment(기가 막히게 좋은 근무환경, 아름다운 자연)
- Free outdoor gym(공짜로 운동)
- Get paid to hike(등산하면서 돈까지 받음)
- Meet fellow nature enthusiasts(자연에 대한 열정을 가진 동료들을 만나는 것)
- Meet foreigners(많은 외국인을 만나는 것)
- Photographic opportunities(사진을 많이 찍을 수 있음)
- Park uniform(멋진 유니폼)
- Nature talks, public education(자연해설, 환경교육을 하는 보람)
- Instant god-like knowledge in the public's eye(잠시나마, 탐방객들은 나를 자연에 대한 최고의 지식인으로 인정함)
- 사람들이 "세상에 가장 좋은 직업을 가졌다"라고 말할 때 "그렇죠!"라고 대

답하는 것.

- 세상에서 가장 아름다운 경관을 계절을 바꿔가며 그 변화와 동물이동 등을 생생하게 볼 수 있는 것.
- 나이 든 탐방객이 마치 어린아이처럼 "아~"하는 탄성을 들을 때.
- (오랫동안 한 공원에서 근무할 때) 어린 나무가 성장하고-노목이 쓰러지며, 오래된 지형이 부서지며-새로운 지형이 출현하는 것을 바라보는 것.
- "꼭 한번 다시 오겠소!" 라면서 돌아간 탐방객과 재회할 때.

■ 나쁜 점

- Park uniform(유니폼-아마 야외에서는 좀 불편하거나, 충분히 지급되지 않는다는 뜻)
- Usually a seasonal position, 3, 4 months per year(통상 3, 4개월만 제공되는 일자리. 정규직이 되기 어렵다는 의미)
- No benefits(복지혜택이 부족하다는 것)
- No weekends or holidays off work(주말과 휴일에 일해야 하는 것)
- Garbage patrol(쓰레기 단속과 처리)
- Being Mom to tourists(탐방객들에게 엄마 노릇 하는 것)
- Explaining the no-dogs policy('강아지 출입금지' 정책을 탐방객들이 잘 이해하지 못하는 것-바이러스 전염 등 야생동물들에게 피해)
- Lack of training(교육훈련의 부족)
- Backcountry compost toilet maintenance(공원 깊은 곳에서 '발효식 화장실'을 말썽 없게 관리하는 것)
- Coming across occasional dead or crazy people in the wilderness(공원 깊은 곳에서 시체를 보거나 '미친 사람들' 을 만나는 것)
- Dealing with wildlife (especially bears) people have fed(사람들이 먹을 것

을 주어서 습성화된, 사람에게 다가서거나 쓰레기통을 뒤지는 특히 야생동물을 다루는 것, 특히 곰)

- 탐방안내소 개장시간이 너무 짧거나, 제공하는 프로그램이 너무 적다고, 또 탐방객을 위해 투입되는 레인저 수가 너무 적다는 불평을 듣는 것.
- 같은 종류의 사람들에게, 수백 번씩이나, 똑 같은 안내멘트(방향, 거리, 화장실 위치)를 반복해야 하는 것–여자 친구가 찾아와도 그녀에게 똑 같은 멘트를 반복해야 하는 것.

좋은 레인저 탐방객들에게 시집을 나눠주고 있는 신은정 레인저.

나쁜(?) 레인저 새벽에 출입금지구역 단속에 나선 권기현 레인저.

- 넓은 공원을 '단지 30분 안에' 몽땅 구경하고 가려는 탐방객을 상대하는 것.(사람들이 서두르고, 따라서 공원의 가치를 충분히 이해시킬 시간이 없다는 의미)

원문의 맨 끝에는 국립공원의 대부분 지역에서는 핸드폰이 터지지 않고, TV는 물론 라디오가 들리는 장소도 많지 않다고 적고 있다. 탐방객들은 핸드폰 중계탑은 물론 도로, 샛길, 전기, 더운 물, 찬물, 헬기구조 등 무한정한 서비스를 원하고 있는데, 과연 그런 편리를 다 제공하는 것이 최고의 공원관리인지 잘 생각해 볼 필요가 있겠다. 국립공원의 자연환경이 도시환경과 다르지 않다면, 결국 국립공원의 존재 의미를 어디서 찾아야 하는지에 대해 많은 생각이 필요하다.

나의 첫 러셀* 체험

설악산의 4계절 중 가장 아름다운 계절 하나를 고르라면 역시 겨울 설악 아닐까. 만산백설(滿山白雪)! 눈 덮인 암봉과 소나무들의 절묘한 조화는 기가 막힌 설경에 선경(仙景). 밖에서 바라보는 이런 절경(絕景)에 더해 설악산 안쪽의 비경은 어떨까?

2008년 3월 4일. 어제 오후부터 쏟아지던 눈이 아직도 펑펑 내리는 아침 7시 소공원에서 출발했으니 적어도 양폭은 10시경 도착 예정이다. 그러나 양폭에 도착은 오후 3시. 3시간이면 충분했던 거리가 8시간이나 걸린 것이다.

눈 내리는 소공원, 눈밭 천지 저항령 삼거리, 눈 덮인 비선대 계곡은 말 그대로 한 폭의 동양화다. 눈은 그 자체가 좋지만 아무래도 소나무에 얹혀있는 모습이 가장 훌륭한 화경(畵景)이다. 불어오는 한줄기 바람에 소나무에서 털려 퍼지는 눈 입자들이 물안개처럼, 아지랑이처럼 반짝거리며 후다닥 지나간다. 멀리 바라보이는 산자락에도 회오리바람에 눈보라가 솟구치는 모습이 마치 눈을 뿜어내는 분수와 같다.

그런 역동적인 그림을 벗어나면 또 다른 조용한 그림이 나오는 식으로 비선대까지는 발걸음이 가볍다. 주변은 대형 크리스마스 트리, 웨딩드레스의 연속이고, 발밑은 뽀드득 처녀발자국이다. 그러나 그 이후부터 상황은 달라진다.

* 러셀(russell)은 원래 사람 이름으로, 눈이 많이 오는 미국 어디에서 살았던 사람인데, 이 사람이 제설기를 개발해서 그 기계를 러셀이라고 부르며, 눈이 쌓여 없어진 길에 첫 길을 내는 사람, 그 행동을 러셀이라고 한다.

소공원의 폭설 설악산에 눈은 자주 내리지 않지만 한번 오면 폭설이다. 멀리 저항령 이 보인다(가운데). (사진 요한)

비선대 휴게소에서 커피 한 잔으로 산행준비를 점검하고, 비선대 지킴터를 지나 좁은 탐방로로 들어서니 아무도 밟지 않은 설면(雪面)이 나온다. 길이 아니라 어렴풋이 가느다랗게 중앙부위가 함몰된 길 자국이다.

평지에서의 이런 희미한 자국은 10여분 지나 오르막 부위에서부터 그저 눈밭일 뿐 길 흔적은 드문드문 사라진다. 그래도 길 주변의 나무모양, 바위모양과 시선이 가장 멀리 닿는 곳의 지형을 가늠해 이리 미끌 저리 미끌 가다보면 안내판이 나오고 교량, 데크가 나오고 해서 방향을 잃지는 않는다.

그러나 처음에 발목까지 올라오던 '눈 높이'가 올라갈수록 지형에 따라 무릎까지, 허벅지까지 묻히게 되는 '첫 경험'이 반복된다. 오목해야 할 등산로가 오히려 볼록해진 곳도 많다. 옴폭한 등산로에 눈이 쌓이는 동시에 좌 · 우로부터 눈바람이 날려오고 '가벼운 눈사태'가 발생해서 눈 높이가 더 높아지고 깊이가 더 깊어지는 현상이다.

저항령 삼거리 설경

처음에는 재미있어했던 '미끄러짐' 이나 '스르르 묻힘' 이 곧 고통으로 다가온다. 평범한 장소에서조차 점점 더 발을 높이 들어야 이동이 가능하다. 처음엔 반가웠던 데크나 교량도 바람이 몰고 온 눈덩이에 의해 교량입구가 막히거나 상단의 난간만 간신히 보일 정도다.

헉헉거리던 숨소리는 곧 끙끙대는 신음소리로 바뀐다. 얼굴이 화끈거리며 땀방울이 죽죽 흐르고, 등허리와 바지는 축축하게 젖고, 스패츠 사이로 기어들어간 눈이 녹아 양말에 물이 고인다. 기능성 장갑도 이미 '눈물' 에 젖어 축축하기는 마찬가지인데 몸의 열기로 따듯한 느낌이 그나마 다행이다. 평소 보행속도의 4분의 1이지만, 어쨌든 앞으로 나아가고 있다. 그러나 문제는 그 다음부터다.

지면과 평행하게 가는 등산로는 대략 나뭇가지나 주변 지세에 의해 길을 짐작하지만, 비스듬히 기우러진 산자락으로 가는 등산로에 눈이 쌓이면 길을 가늠할 수 없다. 좁은 등산로 자체가 이미 눈에 묻힌 상태에서 상부로부터 계속 눈이 흘러내리기 때문에 요철(凹凸) 없이 하나의 대각선만 보일 뿐이다.

그래서 스틱을 팍팍 찍어대며 '길 바닥' 인지, 허공인지 확인해가며 몇 발자국은 옮길 수 있어도 이미 얼어붙은 눈 밑은 길이나 허공이나 느낌이 똑 같다. 그래서 일단 길을 벗어나면 그 원래의 길을 되찾기까지 많은 시간과 고생을 요구한다.

귀면암 오르막 바로 직전 약 100미터의 길이 이런 곳이다. 귀면암이 보이지 않는 S커브 위치에서 여기서 똑바로 가야할까, 올라갈까 망설이다 '에따 모르겠다 올라가보자' 10여 미터 낑낑 올라가다가 쭉쭉 미끄러져 오히려 원위치에서 10미터 아래로 슬라이딩. 10미터 정도 슬라이딩했다면 다시 원위치로 올라가는데 10여분이 걸린다. 급경사면에 있는 눈은 쌓여있는 것이 아니라 붙어있는 것이라 그렇다. 더구나 그 눈 밑의 지면은 얼어있기 때문에 일종의 미끄럼판이다.

허리까지 묻힌 눈을 차곡차곡 바닥에 깔면서 미끄러짐을 반복하며 간신히 올라가면 기운이 다 빠져 다른 생각은 하나도 나지 않는다. 한 5분 기운을 정리하고 다시 몇 군데 다른 오르막을 찾아 올라가지만 발을 딛고 나아갈 수 있는 길은 발견되지 않는다. 계속 미끄러져 원위치가 되고 주변은 마치 멧돼지가 파헤쳐놓은 것 같은 흔적이 만들어진다. 이럴 때 그 흔한 리본마저 보이지 않는구만!

1시간 정도 이 포인트에서 힘을 소진하다가 (급경사 사면이었으므로) 위험하지만 똑바로 가는 길을 마지막 수단으로 파헤쳐보기로 결정하고, 왼손을 포크레인처럼 사용해서 눈높이를 낮추고,

천불동계곡 설경

폭설에 파묻힌 데크

오른손으론 스틱을 찍어가며 혹시 반동이 없으면 낭떠러지라고 판단하면서, 허리까지 차는 눈더미를 헤치고(아마 한 발자국에 1분여 소요, 10발자국에 한 번씩 계곡하단으로 미끄러진다), 앞으로, 앞으로 나가니 저 멀리 귀면암으로 오르는 철계단 상단부가 보인다. 구세주가 보인다.

그러나 그 귀면암 오르막 계단 역시 통과하기가 만만치 않다. 주변의 모든 눈이 여기 집결된 것처럼 빽빽한 눈덩이가 계단입구를 높게 가로막고 있다. 결국 '높은 눈' 위에 발자국을 내야했고 여기서 미끄러지면 난간 밖으로 넘어지는 셈이 되므로 발발 떨면서, 벌벌 기면서 넘어서야 했다.

여기서부터 병풍교까지는 그런대로 교량과 데크가 곳곳에 있어 방향을 잘 잡아 나아갔는데, 작은 교량을 넘어 우회전하는 코스에서 한 번 더 길을 놓쳤다. 여기도 산자락에 길이 난 곳으로, 기억에는 빙 둘러가는 곳인데, 10여분 러셀을 하다가 아무리 진행해도 전면으로 길 모습이 보이지 않아 결국 원위치로 다시 와 방향을 가름 한다.

다시 러셀한 곳으로 돌아가 몇 미터 더 갔다가, 다시 원위치로 돌아오고를 반복한 끝에 결국 저 멀리 교량 상단부만 간신히 보이는 길을 찾아 천만다행이라고 생각했지만, 지척에 있는 그 곳까지 허리까지 눈에 빠지는 시련이 계속된다. 바쁜 마음에 스틱을 찍지 않고 한 걸음을 잘못 디디니 바위와 바위 사이의 움푹한 곳으로 몸이 스르르 천천히 빠지는, 저항할 수 없는 힘이 밑에서 끌어당긴다.

이제 요령이 생겨 팔짱을 끼고 몸을 앞뒤로 뉘이며 공간을 확보한 후 천천히 발을 굴러 밑바닥을 다지며 빠져나오는 등 '숙련공'이 된듯하다. 그러나 더 이상 빠지고 싶지 않을 정도의 에너지가 소모된다. 어지럽다.

기진맥진 지금 시간이 1시경인데, 예정대로라면 대청봉으로부터 직원들이 내려올 시간이다. 이제 그들을 만나는 것보다는 그들이 만들었을 '러셀 길'을 만나고 싶다. 그러나 그들은 오지 않는다, 그렇다면 아마 장거리 눈길을 피해 대청에서 오색으로 갔을 것이다. 핸드폰을 열어보았으나 통화권 밖이다.

무전기를 갖고 왔어야 했다. "사무소에 출근하지 않으면 산에 간 것으로 알라"고 어젯밤 직원에게 말한 것을 그가 까먹었는지, 앞뒤를 가늠하여 양폭에서 출동했을 만도 한데 인기척은 전혀 없다. 온통 새하얀 세상에 아무 소리도 나지 않는 정적(靜寂)의 산이다. 혹시 어떻게 되지 않을까? 그나마 배낭에 챙겨둔 사탕과 초콜릿, 그리고 양주 1병이 든든할 뿐이다.

이제 이번 러셀에서 가장 위험한 오련폭포 데크가 나타난다. 계곡길 하단부에서 오련폭포 데크 계단 입구까지는 상당한 높이차가 있는데, 이미 길은 보이지 않고 빙벽처럼 눈벽으로 뒤덮인 그 곳은 완전한 비탈절벽이다. 그 절벽을 가로질러 계단입구까지 가야한다.

토왕성폭포 하단부 직전에서 가느다란 로프를 잡고 불안하게 건넜던 바위절벽이 생각났다. 바람이 휘이익~ 불어주니 스르르 '작은 눈사태'가 도처에서 발생되는 '공포감'까지 제공한다. 마치 "오지 마, 오지 마!!" 하듯.

약 45도의 경사면에서 대

어렴풋한 등산로

략 가늠하여 스틱을 왼쪽으로 찍어 진동이 있으면 한 걸음을 조심스럽게 내딛는다. 완전히 허공에 발을 딛는 것은 아닌지? 저 밑 30여 미터 아래로 미끄러지면 영영 못올라오지 않을까? 최선의 경우라도 입산통제인 오늘 아무도 없는 저 밑에서 장시간 허우적 댈 것이 분명하다.

한 걸음 한 걸음 가고 싶지 않은 발걸음인데, 설상가상으로 경사면(거의 수직) 바닥이 얼음으로 노출된 포인트에서는 발바닥의 반 정도만 결빙된 얼음에 걸치고 두 팔을 뻗어 (절벽을 껴안는 식으로) 눈 속에 팔을 집어넣어 균형을 유지한다. 놀랍게도 고맙게도 그 힘없는 경사면의 눈이 흘러내리지 않으며 일종의 버팀이 되어준다. 눈 때문에 고생을 하는데 눈의 도움을 받다니….

천신만고 끝에 데크 입구에 도착했으나 여기부터는 다시 힘을 강요한다. 급경사 비탈면 상부에서 흘러내린 눈이 데크계단을 완전히 뒤덮었으므로 한 계단 한 계단의 눈이 허리 이상까지 차올랐다. 평지에서도 진행이 어려운데 한 계단을 허리높이까지 발을 들어 올라가야 하는 진행이다.

데크이므로 발밑에는 무조건 발판이 있을 것이지만, 시각적으로 보이지 않고 발바닥으로 감지되지 않으며 저 밑은 낭떠러지이니 꼭 서커스를 하는 심정이다. 여기서 미끄러지고 기어오르고 오련폭포 상단까지 대략 30분이 넘었을 것이다.

표고가 높아지면서 협곡바람이 몸을 후빈다. 목 사이로 스패츠 사이로 찬바람이 스멀스멀 들어와 온 몸에 소름을 돋게 한다. 축축한 바지가 살에 붙으며 금방 냉각됨을 체감(體感)한다. 직원들을 격려하려고 가져온 양주 뚜껑을 '과감하게' 열어 제치고 몇 모금 마시니 금방 속이 후끈거린다. 영화에 나오는 그런 장면이다.

한 숨 돌리고 지나온 길을 내려다보니 기나긴 데크 계단이 절벽에 간신히 매달려있는 것처럼 보인다. 양쪽 협곡의 상단에 부스스 눈사태가 떨어지고, 하단에는 건강한 고드름이 육체미를 과시하는 듯 하고, 컴컴한 하늘에선 더 많은 눈이 펑펑 내린다. 아름답고 웅장한 경관이다. 그러나 무섭다. 가슴이 울렁거린다.

이곳에서 10분 거리인 양폭대피소까지도 스틱을 수평으로 잡고 대패질하듯 눈높이를 낮추며 20여분 마지막 힘을 쏟아 올라가니 저 멀리 누군가(전호남 레인저) 내 쪽을 향해서 외친다. 그 소리는 아마 "입산통제인데 왜 올라왔냐, 이 미친놈아~~" 라는 외침이었는데, 목소리조차 낼 수 없었던 내 처지였고, 점점 더 다가서며 서로 알아볼 때 쯤 힘을 모아 터트린 대답이 "빨리 물 끓여~~ 라면 끓여~~."였다.

이때 시각이 오후 3시, 양폭대피소 앞 교량에 올라서니 근무교대를 위해 양기석, 김용부, 김형일 레인저가 중청대피소에서 막 내려오는 길이다. '이 사람들아 내려오려면 진작 좀 내려오지….' 속으로 원망이 가득한데, 아니 웬일이냐고 어쩌고(반갑다고) 저쩌고(죽으려고 환장했냐고) 왁자지껄이다. 대청봉에서 내려오기로 한 자연환경안내원들은 이쪽 길이 위험해서 오색 쪽으로 하산했다고 한다.

양폭대피소에 근무하는 이재병, 전호남 레인저가 급행으로 내놓은 라면에 속이 뜨듯한데다, 몇 잔 돌려먹은 양주로 속이 화끈거린다. 이제 아무 생각도 나지 않는다. 몸도 마음도 눈꺼풀도 풀려 이제 여기서 눕고 싶은데, 자고 싶은데, 죽고 싶은데 어서 내려가자고 양기석 레인저가 재촉하는 한마디가 야속하다. 본부에서 손님이 왔다는 무전이 날라와 서둘러 내려갈 수밖에 없다.

러셀 재연 동료 레인저들과 하산하면서 상황을 재연

내려가면서 보는 '내 러셀 길'은 희한하게도 너무나 초라해 보인다. 무릎까지, 허리까지 찼던 그 길이 왜 이렇게 간단해 보이는 것일까? 그 사이에 눈이 내려 덮여진 것일까? 바람이 불어 함몰 부분을 채웠을까? 도대체 실감나지 않는다.

저 멀리 앞장서는 양기석 레인저의 흥얼거리는 소리가 원망스럽기까지 하다. 저렇게 유유히 내려가다니…, 30분 정도 내려갔을까? 무릎 양옆의 인대에 불이 붙은 듯 조그만 고통이 점점 크게 다가오고 선두의 속도를 따라 붙으려니 죽을 노릇이다. 비선대는 왜 이리 나오지 않는 거야….

이렇게 첫 러셀 경험을 한 것에 대해 우리 설악산과 동료들에게 고맙다고 해야겠다. 그러나 다시는 하고 싶지 않은 러셀이다. 이후 며칠간 '무리한 산행'이었다고 직원들로부터 실컷 비판을 받았다. 그럴 만한 것이 러셀에서 길을 잘못 뚫어놓으면 뒤에 오는 사람까지 모두 낭패를 본다는 얘기에 등골이 오싹했다.

다음 날 젊은 직원 2명이 눈 덮인 마등령에 올랐다가 낭패 일보직전까지 갔다는 소식을 들었다. 2002년도 그 곳에서 한 사람이 사망하고 한 명은 죽음 직전까지 갔던 참변이 있었다. 산은 누구나 아무 때나 가는 것은 아니라는 것을… 부족하지만, 점점 설악이 어떤 곳인지 실감하게 되는 하루였다.

고산(高山) 레인저

고산 레인저들

우리나라 하늘 아래 제일 높은 곳에서 근무하는 중청대피소 레인저들에겐 늘 미안한 심정이다. 탐방객들은 1시간에서 몇 시간을 머물다 가는 낭만적 장소이지만, 직원에게는 24시간을 연속해서 7일간 근무해야 하는 직장이고, 집이고, 휴게 공간이다. 그러나 집과 휴식 공간은 없다.

이 고산지대는 산소량이 적어 처음 근무자는 아무리 건장한 체력이라 하더라도 첫 3개월간 두통과 코피에 시달려야 한다. 몸에서 힘이 스르르 빠지는 무력감도 온다고 하며, 원인을 알 수 없는 피부병을 호소하기도 한다. 말하지는 않지만 우울증이 오는 경우도 있을 것이다.

영하 30℃ 이하로 내려가 눈보라가 휘몰아치는, 밥 먹고 '산 같은 눈'만 치우는, 얼음을 깨서 물을 길어야 하는, 조난자 구조를 위해 출동하더라도 레인저 스스로의 생명을 담보하여야 하는 기나긴 겨울철 근무는 이들에게 큰 고통이지만, 그런 상황을 '즐겨야' 살아갈 수 있다.

출근시간도 퇴근시간도 없이 일하고 잠자는 시간 역시 일정하지 않다. 밤 늦게, 심지어는 새벽 1시, 2시에 문을 두드리는 사람들, 새벽 4시면 일어나 산행에 나서는 사람들 때문에 늘 피곤하다. 이들의 일상생활은 반은 반복적, 반은 역동적이다.

기본업무로 산행안내, 안전사고 계도, 모포 대여 · 수거 · 정리, 물품판매, 장부정리, 시설 보수, 대피소 및 취사장과 화장실 청소, 전 직원이 동원되는 헬기 물품운송, 험준한 관할지역 순찰 등 눈코 뜰 새가 없다.

거기다가 예약자보다 많은 비예약자와의 전쟁, 수많은 질문에 대한 답변, 끊임없는 전화문의, 불법행위 단속, 적설기에는 수 킬로미터 러셀작업, 시도 때도 없이 발생하는 안전사고에 출동해야 하는 응급상황의 연속, 고객만족의 시대에서 감동까지 주어야 하는 친절서비스까지 임무 무한(無限)이다. 설악산 탐방객 400만 명 중 절반이 대피소를 스쳐간다고 했을 때 근무자 1인당 하루 평균 약 500명을 상대한다는 통계가 나온다.

그리고 산간오지에서의 적막한 개인생활, 가족에 대한 그리움, 목욕은 물론 세수도 어려운 갈수기(渴水期), 문화생활의 부재. 이보다 더 악조건일수는 없는

중청대피소 앞 늘 이렇게 혼잡하다

대피소 내부 서비스 왼쪽 최원남 레인저의 자연해설 슬라이드 상영

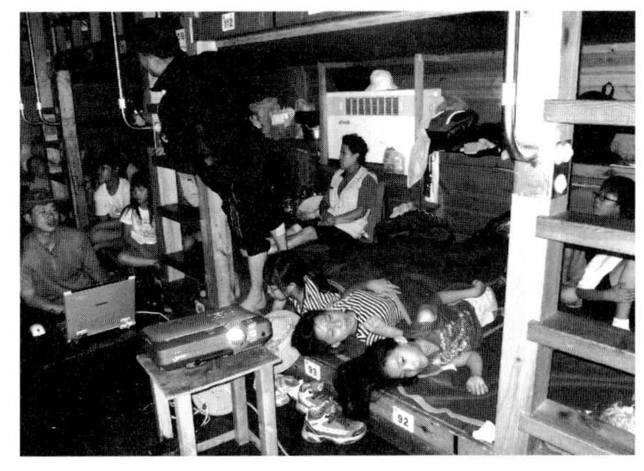

근무지가 바로 중청, 희운각, 소청, 양폭 등 고지대 대피소다.

그래서 나는 대피소 근무자들에게 특별한 지시를 하지 않는다. 전화도 가급적 삼간다. 무엇을 하라는 말보다 무엇이 필요하냐는 얘기를 더 많이 한다. 현장 확인 차 올라간다 해도 쓸데없이 시간을 끌지 않으며, 하루 밤 묵는 것도 여러 번 생각해서 결정한다.

커피 한 잔, 밥 한 끼 하는 것도 그야말로 '얻어 먹는다'는 미안함을 감출 수 없다. 다 몇 시간씩 산행으로 운반한 부식이고 주식이기 때문이다. 그래서 그들이 그들의 세계에서 자율적으로 행하도록 내버려두는 것이 최상의 복무관리, 인사관리라고 생각한다.

이들에게 최고의 낙(樂)은 무엇일까? 직원마다 다르겠지만, 사람들을 출입 통제하는 봄철, 가을철 약 4개월간의 산불방지기간일 것이다. 물론 이 기간에 휴가도 가고, 대피소 정비도 하고, 산불방지를 위해 해야 할 일이 많지만, 설악산의 참모습을 설악산답게 볼 수 있는 기간은 사람출입을 금지하는 이 기간일 뿐이다. 사람이 없는 모습을 즐거워하는 것이 아니라 산이 쉬는 모습을 보고 행복을 느끼는 것이다. 야생동물들의 느낌과 같을 것이다.

이들에게 최악의 사람은 누구일까? 아직도 잔존해 있는 특권의식을 가진 사람들이다. 나 누군데, 누가 연락했을 것인데 하면서 특별한 대접을 직·간접적으로 요구하는 사람들, 심지어 "독방 없느냐, 뜨거운 물(세수) 좀 달라, 밥 해줄 수 있냐?"는 사람들까지 있다. 특권층으로부터 정말 특권을 부여받은 사람들에게 우리 순진한 레인저들은 속수무책이다.

그간의 경험 상 행여 민원이 있지 않을지, 윗사람들로부터 질책이 있지 않을지, 사무소에 불이익이 있지 않을지 신경이 곤두서게 마련이다. 그러는 사이 일반 탐방객들에 대한 서비스, 자연에 대한 서비스는 그만큼 줄어들게 된다.

나는 좀 욕을 먹는 일이 있어도 그런 특권층에 대한 서비스를 중단하라고 지시하지만, 순진한 레인저들은 '소장이 욕먹을 일'을 좀처럼 하지 않는다.

마치 해병대 군인처럼, 대부분 새까맣고 비쩍 마른 얼굴에 눈빛만 초롱초롱한 근무자들에게 대피소 관리에서 가장 중요한 것이 뭐냐고 물어보면 이구동성으로 '직원 간 신뢰와 단합'이라고 답한다.

연속 7일 근무 체제로 1년여 한솥밥에 한 방을 쓰고 그 많은 업무를 각자 알아서 착착 수행하려면 직원 간 이해 협력이 무엇보다 중요하다는 뜻이다. 그래서 대피소 근무자 인사요인이 있을 때에는 신중에 신중을 기해야 한다.

산꾼 중의 산꾼으로서 우직한 이들은 어떤 불만이 있어도 쉽게 표현하지 않는 만큼, 어렵게 어떤 건의사항을 얘기하면 무조건 들어주는 것이 좋다. "당신들이 있어서 설악산이 있구만요" 이렇게 한마디 해주는 사람들로부터 우리는 보람을 느낀다. 레인저는 명예와 사기를 먹고 산다.

레인저의 중청대피소 하루

— 2008년 8월 여름 성수기 주말

05:00 어제 저녁부터 새벽까지 초속 15m의 강풍이 불어 2층 숙소가 흔들리는 바람에 잠을 제대로 잘 수 없었다.

시계 알람소리에 5시에 깨어 고양이 세수를 하고 1층으로 내려가 보니 대피소를 나서려는 산행객, 새벽에 들어온 무박산행객들이 왁자지껄하며

송영진 레인저는 올해 56세로 설악산에서 26년, 오대산, 소백산에서 3년 근무한 베테랑으로 현재 중청, 소청, 희운각대피소 및 그 일원지역을 책임진 대청분소 분소장으로 근무 중이다.

김용부 레인저는 역시 올해 56세로 설악산에서 27년, 주왕산에서 2년 근무한 베테랑으로 남들이 마다하는 고지대 근무를 3년째 계속하며 송영진 분소장과 교대 근무하고 있다.

소요시간 문의, 물품판매, 담요 회수 등으로 당직자는 정신이 없다. 정신이 멍한 가운데 당직자 일을 도와준다.

06:00 오색 탐방지원센터에 전화를 해 확인하니 오늘 새벽 입산객이 1,500명 정도다. 한계령 출발 500명을 합치면, 오늘도 정신없는 하루가 될 것이다. 밖에 나가 동쪽을 바라보니 기상이 좋아 태양이 멋지게 솟을 날이다.

일출을 보려면 서둘러 대청봉으로 올라가야 한다는 방송을 하니 담요 반납자가 더 많이 몰려온다. 제대로 접어서 오는 사람이 없어 이를 정돈하는데 시간이 걸린다.

발전기를 교체하고(2대의 발전기를 8시간마다 교체 사용), 대충 쌀을 씻어 밥솥에 넣은 후 화장실을 점검하니 하룻밤 새에 엉망진창이다. 직원 3명이 동원되어 간신히 정리한다.

07:00 매일 반찬이 같은 아침식사는 10분 이내에 끝났다. 맛을 즐길 시간은 없다. 이 시각 대피소 1층과 반 지하 취사장은 시장통과 같다. 자고 일어난 사람, 나가는 사람, 일출 구경을 마치고 들어오는 사람, 새벽산행 후 퍼진 사람, 누군가를 찾는 사람, 먼저 간다는 사람 등등 대피소 내 · 외부는 사람들의 대 전시장이다.

08:00-10:00 간단히 직원 미팅을 한 후 직원 3명에게 대피소 내 · 외부 정리, 청소, 탐방 안내를 하도록 하고, 2명은 대청봉에 올라 거점근무(안내, 계도, 단속)를 할 것을 지시 한다. 이 경우 밖으로 나가 근무하는 것이 훨씬 편하다. 그만큼 대피소에서 사람들을 상대하는 것은 어렵다. 대청봉 역시 발 디딜 틈이 없을 만큼 복잡하다. 그 와중에 출입금지구역으로 내려가는 사람, 취사하는 사람, 담배 피는 사람들을 제지하는 것이 주요 임무다.

10:00-12:00 침상에 아직도 누워 있는 사람들이 있어 실내청소를 하겠다는 방송을 하니 비로소 방을 비워준다. 전 직원 모두 1시간 정도 침상, 취사장, 로비, 화장실 청소에 나선다. 이후 물품정리, 수입금 결산, 일일 보고 등 행정업무가 뒤따른다.

사람들이 뜸한 11시경 대청봉 근무자들이 귀환해서 대피소 외부 청소에 나선다. 무박산행객들이 버리고 간 쓰레기 봉지가 어지럽다.

12:00 대충 국수를 만들어 아침에 남은 밥과 함께 즐거운 점심을 한다. 그리고 잠깐의 휴식을 즐기지만 여전히 탐방객 출입이 빈번해 5분 이상 휴식은 없다. 직원 2명은 소청, 끝청 방향으로 청소 겸 순찰을 나선다.

겨울근무 얼어붙은 계곡의 얼음을 깨고 식수를 구하는 레인저들

13:00-15:00 오늘 하루 쓸 물을 보충하기 위하여 대피소에서 600m 아래에 위치한 저수조로 직원 1명을 보내고, 1명은 물 탱크실에서 약 2시간 취수작업을 한다.

건조한 봄, 가을 그리고 긴 겨울철에는 물이 없어 헬기로 실어 올려야 한다. 이 때 탐방객들이 '충분한' 물을 달라고 하면 참 곤란해진다. 이후 발전기를 교체하고, 저녁시간을 대비해 취사장과 화장실을 청소한다.

15:00-17:00 이 시간부터는 사무소 상황실에서 안전사고 출동전화가 빈번하다. 1, 2시간 걸리는 사고 장소에 직원 2, 3명을 투입하면 그만큼 대피소 일은 더 바빠진다. 구급약품과 설탕물을 메고 사고 현장에 도착해 보면 이미 사고자가 없는 경우도 많다. 무조건 전화해놓고 슬슬 움직이는 사람들 때문에 공원관리, 탐방객 서비스에 공백이 생긴다.

오후 4시부터 예약자에 대한 숙소배정, 담요대여, 주의사항 방송, 비예약자에 대한 처리원칙 설명 등 가장 바쁜 시간이다. 비예약자는 인근의 소청대피소, 희운각 대피소 등으로 분산을 유도하지만, 대부분 예약 미이행 분을 달라는 요구가 많아 교통정리가 어렵다. 예약했으나 도착하지 않은 사람들에게는 일일이 전화를 해야 한다.

17:00-19:00 숙소배정이 끝났는데도 계속 몰려드는 비예약자 처리에 골치가 아픈 가운데, 대피소 외부에서 취사를 하는 사람들에 대한 점검에

나선다. 버너를 사용할 줄 모르는 사람이 많고, 부주의로 화상을 입거나 화재가 날 염려가 많으며, 출입금지구역에 들어가 숨어서 취사를 하거나 비박(노숙)자리를 찾아보는 사람이 많기 때문이다. 중청봉–대청봉 사이의 '고산지대 자연' 은 한번 밟으면 회복되기 어려워 출입금지가 절대 필요하다.

19:00-20:00 남자끼리만 살아 직원들의 음식솜씨는 다 주방장급이다. 그러나 저녁식사 중에도 여러 가지 문의, 민원이 많아 아예 직원 1명은 후식(後食)을 해야 한다. 안전사고를 처리한 직원이 땀 뻘뻘 흘리며 돌아왔는데, 또 구조요청이 있어 다른 직원 2명을 급히 보낸다.

이때의 구조요청은 대부분 랜턴이 없어 길이 보이지 않는다는 것이거나, 샛길로 내려가 정규 등산로를 찾지 못해서인 경우가 많다. 기본적인 준비, 간단한 산행질서만 지키면 되는데 준비소홀, 무리한 행동으로 목숨을 잃는 경우도 있다. 이 시간엔 전화벨 소리가 두렵다.

20:00-21:00 실내 상황이 어느 정도 정리되어 사람들은 이른 잠을 청하거나 취사장에서 늦은 저녁을 한다. 직원들은 각자 행정서류 작성, 물품정리, 실내점검 등 하루의 마무리 작업에 들어간다.

저녁 9시에 소등(消燈)한다고 안내방송을 하지만, 취사장 등에서 술파티를 하는 사람들 때문에 이들을 침상으로 보내는 것에 애를 먹는다. 잠을 청하는 사람들로부터 술 취한 사람들 때문에 잠을 못자겠다, 자리가 좁다. 코를 너무 곤다, 한 사람은 덥다, 한 사람은 춥다 등의 민원이 계속 이어진다. "집 떠나면 다 고생입니다, 하룻밤만 참으시죠~"라 하며 달래보지만, 가장 힘든 일이다.

21:00 이후 직원들과 오늘 일을 결산한 후, 당직자 1명에게 모든 것을 맡겨놓고 2층 숙소로 '퇴근' 하지만, 10시에 발전기 교체를 하고, 11시까지는 계속 1층을 들락날락하여야 한다.

계속 꾸역꾸역 새로운 사람들이 들어와 1층 로비에 진을 치고, 여의치 않으면 대피소 바깥의 공지나 좀 떨어진 곳에서 비박(노숙)을 하기 때문에 이런 사람들을 실내로 데리고 와 복도와 취사장 입구 등에 '앉아 취침' 을 유도한다. 그런 자리도 없게 되면 대피소 바깥의 모퉁이에서 배낭을 껴안고 웅크려 있어야 한다. 예약과 비예약의 차이는 하늘과 땅의 차이이다.

21:00시경 안전사고 구조를 나간 직원이 돌아와 어깨를 두드려 준 뒤 다시 숙소로 들어가 누워보지만, 피곤할수록 잠은 오지 않는다. 오늘 밤엔 아무 일도 없어야 하는데…, 언제 이 여름성수기가 지나갈 것인가, 대피소에 붙어있는 '지배인' 이 아니라, 산을 막 돌아다니는 레인저이고 싶다.

새해 첫날 대청봉분소 레인저들과 함께

SOS, 긴급! 긴급구조!!

많은 공원관리 분야 중에 순간적으로 가장 어려운 분야는 역시 구조업무다. 온 국민이 산행에 나설 정도의 등산 마니아 국가이고, 자기 체력에 관계없이 이름 있는(난이도 높은) 코스에 나서는 사람들이 너무 많다.

아마 교통사고율처럼 측정한다면 세계에서 산악안전 사고율이 가장 많은 나라 아닐까. 특히 아침 일찍부터 저녁 늦게 까지, 또는 1박 2일로 험준한 지형을 장시간 오르락 내리락 해야 하고, 전문산악인들마저 구조신고가 많은 암릉, 암벽, 빙벽이 즐비한 설악산에서의 안전사고는 그 양이나 구조 난이도 면에서 독보적이다.

2008년 1년 간 설악산에서의 안전사고 통계를 살펴보면 사망 10명(심장마비 3, 추락 3, 익사 1, 기타 3), 부상 156명(골절 34, 통증 36, 탈진 26, 상처 12, 고립 33, 기타 15)에 이르고 있다. 안전사고 발생을 줄이기 위해 공원입구에서의 사전준비 유도(스트레칭), 고지대에서의 계도활동, 등산로 보수 및 낙석지대 정비, 출입금지구역에 대한 단속강화, 야간산행 제한 등의 활동을 벌이고 있지만 산행객들의 안전 불감증은 여전하다.

안전사고 및 조난사고 구조는 공원직원이라 해도 아무나 할 수 있는 것이 아니다. 상당한 전문성과 체력, 그리고 경험에서 우러나온 정확한 판단력이 필요하기 때문이다. 정확한 사고지점을 찾아 도달하는 것이 쉽지 않고(특히 비등산로, 야간), 사고자의 사고내용 여부에 따라 촌각을 다투는 경우가 많다.

긴급구조 하늘에서 내려온 구세주 이길봉 레인저

잘못 응급처치하거나 운반하면 제2의 더 깊은 부상을 초래하는 경우도 있으며, 구조자 자신의 생명이 위험한 경우도 있다. 만일 잘못 처리했다가 더 위험한 상황을 초래하거나 소송에 휘말릴 가능성도 있기 때문에 아무리 시급하다 하더라도 출동준비를 철저히 하고 구조방법에 신중을 기해야 한다.

이에 따라 우리 공원사무소의 전문산악인 출신인 안전 관리반, 안전지킴이 14명은 아무리 베테랑이라 하더라도 끊임없는 실전훈련을 하고 있다. 암 · 빙벽 구조, 계곡 범람시 고립자 구조, 항공(헬기)구조, 실종자 수색, 생존 · 생환(生還) 훈련, 혹한기 비박 및 러셀, 지형숙지, 응급처치 등등 항상 유사시를 대비하지 않으면 사람의 생명을 담보하기 어렵다. 이들을 지원하거나 상황에 따라서 동행 또는 단독구조에 나서야 하는 다른 직원들에게도 똑같은 훈련이 필요하지만, 주어진 업무들이 많아 동등한 전문성을 갖추기에는 어려움이 많다. 그래서 '레인저 스쿨 프로그램' 을 통해 기본적인 역량을 갖추게 하고 있다.

여름 성수기, 가을 단풍철에는 늘 비상대기하면서 특히 주말에는 하루에도 몇 번씩 출동해야 하고, 얼어붙는 고지대에서 밤샘을 하거나, 2박3일 이상 험준한 험로를 수색하는 등의 고달픈 사고도 많지만 이들은 타인의 생명을 구한다는 것에 더없는 보람과 명예감을 느낀다. 그래서 천신만고 끝에 사고지점에 도착한 이들이 가장 바라는 것은 사고자가 '제발 살아만 있어 달라'는 것이다.

한 사람을 구조하기 위해서는 몇 명의 인원이 필요할까? 간단한 무릎부상으로 업고 내려올 경우에도 고지대에서 사고가 발생하면 최소한 2명이 필요하고, 비등산로 암릉, 암벽일 경우에는 3명 이상이 필요하다.

만일 들것으로 이송해야 한다면 등산로에서는 6명 이상, 비등산로에서는 8명 이상이 필요하다. 야간이라면 더 많은 인원이 필요하다.

그 넓고 높은 산악에서 사고자 위치를 정확하게 파악할 수 없다면 수색조를 여러 개 편성해야 하므로 20명 내외, 겨울철 야간이라면 더 많은 인원이 필요하다. 일단 선발대를 보내고 후속 지원대를 보내는 경우도 많다. 그래서 119 구조대, 민간구조대를 동원하여 합동구조에 나설 때가 많다.

이런 사고가 하루에 집중되는 성수기 주말에는 더 이상 출동할 인력이 없어 발을 동동 구를 때가 많다. 전문성이 부족하더라도 일반 직원들을 우선 급파시켜야 하는데, 난

한겨울의 새벽 구조 이런 구조에는 혹한과 싸우며 보통 10시간 이상이 걸린다.

이도가 높은 사고에는 직원들 스스로 조난자가 되지 않기를 바랄 뿐이다.

이런 촉박, 위급한 상황의 연속에서 우리를 가장 괴롭게 하는 것은 바로 '무조건 핸드폰'이다. 잠시 쉬면 회복될 탈진, 경미한 부상의 경우에는 동행한 사람들이 부축해 내려오거나, 모르는 사람이라 하더라도 도움을 주는 것이 '산행 에티켓' 일 것임에도 무조건 핸드폰을 꺼내 구조를 요청하는 경우가 많다.

다급한 엄포성 전화에 헐레벌떡 몇 시간을 뛰어올라가 도착해보면 간단한 운동, 마사지, 보온(保溫) 등으로 멀쩡히 걸어갈 수 있는 사람이 많다. 일단 전화해 놓고 절뚝절뚝 내려오는 사람, 아예 아무 연락도 없이 사라지는 사람도 있다.

정해진 등산로만 이용했으면 아무 일 없었을 사람들, 랜턴 하나만 준비했으면 되는데 산행시간이 늦어 오도 가도 못하는 사람들, 물 한 모금, 빵 한 조각으로 해결할 수 있는 '엄살 탈진' 도 많아 구조자를 허탈하게 한다. 가장 중요한 사실은 이들 때문에 정작 중요한 구조출동에 집중할 수 없어 사람 생명이 위험해질 수 있다는 것이다.

조난자에게 구조비용을 부과할 수 있는가?

혹한의 칠흑 같은 어둠에, 눈보라에, 밤샘 수색, 천신만고 끝에 드디어 조난자를 찾았다. 이 반가운(!) 조난자를 업거니 안거니 내려오다 보면 땀범벅에 탈진에 오히려 조난자가 된 기분일 것이다.

몇 십 명이 수색에 나설 때도 있고, 몇 박 며칠이 걸릴 때도 있다. 헬기에 차량에 부식에 엄청난 인력과 비용이 들어가기도 한다. 설악산과 같은 위험지형에서 구조 레인저들은 자기비용으로 특별한 구조장비를 갖추기도 한다. 자기 스스로 조난자가 되면 안 되기 때문이다.

이런 상황에서 조난자는 "고맙다"는 한마디와 함께 총총히 사라지지만, 구조대원들은 대부분 다음 사고 현장으로 출동하거나 정상근무를 해야 한다.

정상근무를 하더라도 이미 헝클어진 바이오리듬에 무기력 상태에 멍멍한 하루를 간신히 보내기 마련이다. 사나이 세계에서 큰일을 마치고 소주 한잔 하지 않을 수 없다. 빠듯한 근무량에 빠듯한 예산으로 개인비용에 이런 일이 몇 번 터지면 당연히 "조난자에게 구조비용을 부과해야 하지 않는가?"라는 의문이 든다.

이에 대한 정답을 다음에서 찾아본다.

공짜 구조

—Rescued climbers escape fees, too / 2007. 5. 4. / Huntsville Times

미국에 있는 산악 정상에 누가 올라가 구조를 요청했을 때 그 구조비용은 조난자(원인자 부담)가 내는가, 일반국민(세금)이 내는가? 미국 국립공원관리청(NPS) 재난팀 책임자인 Dan Pontbriand의 답은 다음과 같다.

미국의 어떤 기관에서도 수색과 구조 활동에 비용을 부과하지는 않는다. 왜냐하면 돈이 없어서 구조요청을 하지 못하는 사태가 있어서는 안 되기 때문이다. 부자가 아니라도 이 위험스런 야생지역에 들어가 모험을 하는 것에 (잘못되더라도 구조대가 올 것임을 확신하며) 편안한 마음을 가져야 할 것이다. 그러나 만일 구조 요청자가 공원규칙을 어겨 그런 일이 발생했다면, 그리고 그런 사실을 법정에서 증명할 수 있다면, 국립공원관리청(NPS)은 그에게 구조비용을 청구할 수 있다.

그러나 이는 하나의 원칙인 것 같고, 필자가 알기로는 그랜드캐년 등 조난사고가 상습적으로 발생하는 곳에서는 구조비용을 받는다. 또한 일

고립 탐방객 구조 집중호우로 물이 불어난 산간계곡에서

본과 알프스 지역에도 일부 큰 산에 민간구조대가 있어 구조비용을 받는 것으로 알고 있다. 이 경우 인건비에 차량비에 헬기비용, 시시콜콜한 소모품비까지 청구한다. 그래서 구조 요청한 것을 후회할 정도로 많은 비용이 청구되는 것으로 들은 적이 있다.

우리 현실에서 재판을 해서 구조비용을 물어내게 하지는 않더라도, 조난자에게 규칙을 어긴 잘못이 있다면 반드시 벌과금을 부과해야 한다는 생각이다. 그리고 근본적인 구조비용에 대해서는 구조보험이랄지, 종주산행보험이랄지 이런 것도 생각해 볼 필요성이 있다. 자기 잘못에 대해서 스스로의 책임이 필요하다.

손형일 레인저의 구조일지

— 2008년 10월 25일. 가을 성수기 토요일

손형일 레인저는 올해 32세 총각으로 인제 원통 출신. 산을 즐겨 다니다 내설악 산악구조대에 들어가 4년간 구조 활동 후, 설악산국립공원사무소 안전관리반에 입사한 3년차 구조 레인저.

08:00 아! 속 쓰려. 어제의 구조출동 3회를 결산하며 마신 소주를 후회하며 퉁퉁 부은 눈으로 시계를 보니 아이쿠! 8시. 가을 시즌에는 일찍 출

근해야 하는데, 더구나 오늘은 주말이다.

서둘러 나와 편의점에서 김밥 한 줄에 우유 한 통으로 적당히 때우고 사무실로 향하는데 조짐이 안 좋다. 분명 전날 밤 제대로 연결시켜 둔 핸드폰은 충전이 돼 있지 않았고, 출근길 늘 논스톱으로 통과되던 신호에서 세 번이나 걸렸다. 언제부턴가 이런 사소한 것들로 그날의 일진을 예측해 보는 습관이 생겼는데, 이런 예감의 적중률이 꽤 높았다. 오늘 몹시 바쁠 것이다.

08:40 사무소 도착. 지난 한 주의 '구조 성수기' 때문인지 동료와 선배들의 안색이 꺼칠하다. 커피 한 잔에 어제의 무용담을 잠깐 늘어놓고 오늘 있을 '예상업무'에 대해 여러 걱정들을 한다.

10월 초부터 시작된 단풍 시즌은 그야말로 전쟁이었지만, 작년에 비해 큰 사고는 많지 않았다. 예방활동을 많이 한 덕분이겠지. "하지만 오늘은 심상치 않아, 어휴~ 이놈의 징크스!" 장난삼아 말하니 입이 방정이라고 모두들 웃어넘긴다.

09:00 사무소를 떠나 소공원 탐방지원센터에 마련된 대기실로 이동하는데, 벌써부터 차량정체다. 5분 거리를 30분 만에 도착하여 김청환 선배로부터 오늘 하루 긴장할 것을 주문받고, 오늘 애용할 것이 확실한 장비들을 점검 후 각자 오전의 근무위치를 배정받았다. 거점순찰 4명, 회차장 근무 2명, 대기 2명이다. 이 중에서 최악의 근무지는 회차장이다. 이미 만차 상태의 설악산 입구로 차를 대려는 사람들을 돌려보내야 하는 '욕 왕창 먹는' 근무이기 때문이다.

10:00–13:00 가장 편한 대기조에 속한 나의 오전은 잠잠하다. 그러나

폭풍의 전야임을 우리 누구나 알고 있다. 오전은 어제의 체력을 회복하고, 점심으로 힘을 비축하는 시간이다.

13:30 드디어 오늘의 '매 타작'이 시작되었다. 13시 30분 금강굴에서 온 구조신고였는데, 일단 가볍게 웃어줬다. 그 정도면 이동거리도 짧고, 76년생 남자라니, 부축만 하면 자력 이동이 가능할 것이다. 나와 경완형, 정락형, 범근이까지 우선 네 명이 선발대로 출동했다. 40분 만에 도착해 보니 예상은 크게 빗나가지 않았다.

발목이 접질린 사고자를 그럭저럭 비선대까지 내려서게 했다. 하지만, 이것이 오늘 겪을 고난의 전주곡이란 사실은 비선대에 채 도착하기 전 상황실 김청환 선배로부터 날아든 무전 소리로 깨닫게 된다. 문수담 탈진 사고자와 귀면암 무릎부상 사고자 신고가 거의 동시에 날아든 것이다.

14:30 일단 대기 중이던 병호형과 현성형, 재혁형이 출동에 나섰고, 나를 포함한 선발대 역시 금강굴 구조를 마치고 바로 현장으로 이동했다. 상황실로부터 위치 확인을 위한 무전이 계속되고, 죽을힘을 다해 이동하고 있는 상황에서 다시 천당폭포 인근에서 탈진한 여자 환자가 발생했다는 무전이다. 두 환자를 업어 와선대 차량지점까지 1시간 하산 후 다시 산에 오른다. 적중률 높은 예감이 맞아 들어가면서 역시 가을 성수기 이름값을 한다.

15:30 정락형이 "형일아, 여자 환자다. 네가 업으면 되겠다"하고 너스레를 떤다. 걱정 말라고 말은 했지만, 오늘은 정말 숨이 턱 막힌다. 오늘 넘어야 할 산은 얼마나 더 높고 먼 것인지, 미처 구조를 마치기도 전에 다시 두 건의 구조요청이 이어졌다.

16:30 이번엔 잦은바위골과 오련폭포상에서 사고다. 잦은바위골 사고자는 근거리에서 발목부위 통증으로 조금 나은 상황이었지만, 오련폭포 사고자는 발목이 골절된 환자라 하니 서둘러야 했다. 하지만, 이미 입에선 단내가 나고, 다리도 후들거린다.

구조대원 모두 말수도 줄고, 숨소리만 거칠다. 그렇게 헐떡거리고 도착한 오련폭포에서 사고자 일행의 눈초리가 매섭다. 구조지연에 따른 불만인데, 우리 상황을 설명해 보지만, 듣는 건지 마는 건지.

상태를 확인해보니 발목 골절도 아니고 단순히 힘들어서 약간의 탈진 증세로 힘겨워 하는 상태였다. 경험상 충분히 걸어갈 수 있는 '나이롱 환자' 였다. 참 기가 막혀 뭐라 하고 싶었지만, 지금은 고객에게 감동을 주어야 한다는 시대다.

18:00 끝나지 않을 것 같던 구조 출동은 17:55경 비선대 인근에서 탈진한 여대생을 후송하는 것으로 일단락되는 듯 했고, 차량 복귀 중에 울린 핸드폰 소리에 누구랄 것 없이 한숨이 나왔지만 다행히도 차량 지원만 하면 된다는 소식에 모두들 안도의 한숨을 쉰다.

다들 지쳤다. 담배 한 모금에 하루의 피로를 잊으며 오늘 있었던 이런저런 일을 얘기하며 웃기도 하고 아쉬워도 하면서 '수다 파티' 를 연다. 대기자를 제외하고 퇴근하라는 명령이 떨어져 몇몇은 술자리를 만들고 몇몇은 원래 약속을 얘기하며 퇴근. 빡센 토요일이여 안녕~.

이렇게 모진 하루가 마무리되나 싶었지만, 시련의 피날레는 퇴근길 차안에서 받은 호출로 시작된다. 울산바위에서 허리골절이 의심되는 여자환자가 발생한 것이다. 가지 않아도 그림이 그려졌다. 허리부상이니 들것 후송이 불가피 할 것이고, 급경사 철계단을 통과할 생각을 하니 갑갑했다. 에이 씨~ 차를 돌려 사무실에 도착하니 나와 범근이가 꼴찌였다. 다들 약속을 버리고 왔을 것인데 불만표정은 없다. 잠시 내 생각에 반성을 한다.

19:30 총 9명이 서둘러 준비하고 출발했다. 평소 같으면 쉼 없이 울산바위까지 갔겠지만, 바닥난 체력으로 오늘은 계조암에서 한 번 쉴 수밖에 없었다. 턱 밑까지 찬 숨을 헉헉 몰아쉬고 현장에 도착하니 차가운 비바람이 세차게 불고 있었고, 철계단에서 미끄러져 3m 정도 추락한 사고자 여성은 비바람을 견딜 체력과 복장이 아니었다.

허리도 허리지만 저체온증이 오면 안 되는 지체할 수 없는 상황이었다. 다행히 울산바위에서 하산하는 팀이 일찍 발견해 보온을 해주고 있었다. 사고자를 침낭에 '모시고' 좁은 급경사 계단에서 들것 하산이다. 무척 힘들고 시간이 걸렸지만 안전하게 계단작업을 마치고 등산로 이동이다.

앞에서 현성 형이 "아이고 무릎이야"한다. 그럼 바로 뒤에서 "아이고 허리야" 받아치고 또 뒤에서 받아친다. 산악구조대치고 무릎과 허리가 멀쩡한 사람이 누가 있을까. 농담도 하고 웃고 그러면 그동안은 조금은 덜 힘들다. 이래저래 차량까지 힘겹게 내려왔다.

21:30 사고자를 119구급대에 인계하고 초주검 상태로 상황은 종료됐다. 총 8회의 구조출동을 마친 이 시간 너무 힘들고 옷에선 땀 냄새가 펄펄 나고, '내 팔자' 자체를 구조하고 싶다. 이러다 내가 죽을 것 같다는 생각도 한다. "이게 정말 마지막인가?" 장난스레 입방정을 떠니 모두들

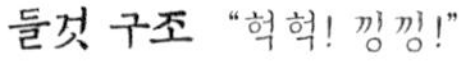

제각각 '폭력 제스처'를 취한다. 난 행여 맞을세라 도망치듯 나오고 안에선 모두 크게 웃는다.

제발 내일 하루만이라도 조용히 넘어갔으면 좋겠다는 바람이지만, 그건 희망에 불과하다. 상관없다. 이게 나의 일, 우리 모두의 일이고, 힘들고 지친 후에는 항상 선배, 동료들의 웃음이 함께 있다. 이제 20일 뒤면 가을성수기 종료, 사람출입을 통제하는 산불조심기간이다. 산과 함께 나도 쉴 수 있다. 파이팅이다!

새내기 이경수 레인저의 첫 구조출동

이경수 레인저는 올해 40세로 레인저경력 7년차, 치악산국립공원에 근무 중 설악산의 수해현장으로 긴급 발령되어 2년간 산악고지대에서 수해복구공사 업무를 했다. 이후 고지대 근무를 자원, 희운각 대피소에서 7개월 근무 후, 다시 가족이 있는 치악산으로 돌아가 근무 중이다.

2008년 3월 2일, 희운각 대피소에 배치된 지 70일째 되는 날. 유난히 따사로운 햇볕이 산등성이 아래에 있는 이곳을 반짝반짝 내리비치고 있는 포근한 날씨였다. 아침 내내 대피소 주변정리와 창고 물품을 정리하고 나서 간단하게 짜파게티로 점심 한 끼를 해결하고 커피를 한잔 하려는 순간, 뜻하지 않는 비보(?)가 중청대피소에서 날아왔다.

구조출동 명령이었다. 아이쿠, 둘밖에 근무하지 않는 희운각 대피소에서 나 혼자 가야하는, 나에게 첫 출동 명령, 암담한 순간이었다. 잠시 고개를 떨구고 먼 산을 바라보았다. 이제까지 살면서 119 응급센터에 한 번도 전화해본 적이 없는 나로선 막막한 여러 생각들이 뇌리를 스치고 지나갔다.

공룡능선이다. 만만치 않은 코스인데 신고 장소는 가깝지도 않은 공룡능선의 끝 마등령 부근인 듯 했다. 왜 하필 내가 가야하는지, 이런저런 생각을 자꾸 하게 되는 나 자신이 부끄러워지는 순간, 모든 걸 결심하고 아이젠과 스패츠, 여벌의 방한복과 따뜻한 물, 행동식으로 초코파이 한 상자 등 출동준비를 했다.

구조의 손길을 애타게 기다리고 있을 사고자를 생각하면서, 내게 주어진 소명을 다해야지 하면서, '처음 가는 듯 생소한' 눈길을 헤쳐 나갔다. 한사람이 겨우 다닐 정도의 좁은 눈길을 내달리면서, 눈에 묻혀 희미한 길에 발을 잘못 디뎌 몇 번이고 무릎이 눈 속에 파묻혔다.

오늘따라 신선대는 왜 또 그리 높게만 보이는지, 가쁜 숨을 내쉬면서 신선대 정상에 올랐다. 잠시 내려다보는 겨울산의 풍경은 햇빛에 반사되어 눈부시게 맑았다. 짧은 감상을 뒤로하고 다시 내리막길로 내리달렸다. 몇 번 씩 미끄러지면서 엉덩이에 찬 기운이 스며들었지만 땀에 젖은 몸이라 그런지 시원하게만 느껴졌다.

한 2km 남짓 1시간을 달리다가 헉! 나는 깜짝 놀랐다. 눈길이라서 땅만 보고 계속 갔는데, 갑자기 50대 후반의 아저씨가 내 앞에서 털썩 주저앉으면서 뒤로 나뒹굴어졌다. 지친 몸으로 계속 산행을 해오면서 탈진한 모양이었다. 그나마 빨리 사고자를 만나서 한편으론 다행이었다. 간단한 대화로써 의식을 확인하고 안정을 취하게 하자 멀리서 헬기소리가 들려왔다. 헬기가 우리를 찾고 있는 듯 계속해서 먼 산 주변을 맴돌고 있었다.

사고자에게 휴식을 취하도록 하고 나서, 바위 꼭대기로 올라가 외투를 벗어 힘차게 팔을 저어보기도하고 둥근 원을 크게 그리면서 헬기에게 내 위치를 알려주기 위한 몸짓을 계속했다. 난 헬기가 잘 보이는데, 왜 헬기에선 날 못보고 계속 주변을 맴돌고만 있는지, 저 멍청이들….

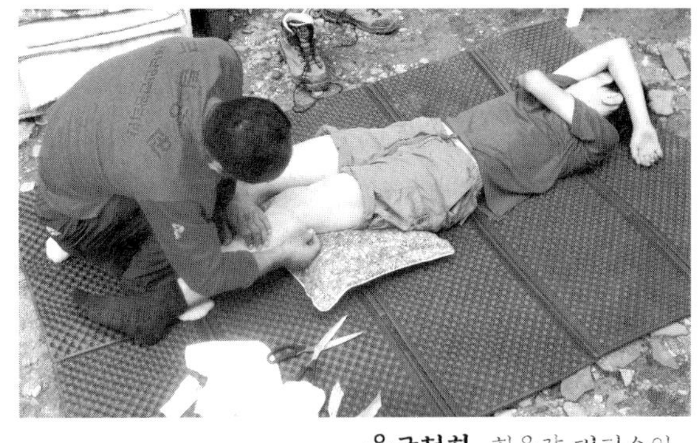

응급처치 희운각 대피소의 안전관리 서비스

팔이 저려 올 무렵 드디어 헬기가 내 허우적거리는 몸짓을 알아차리고 내 곁으로 다가왔다. 119대원이 헬기에서 레펠을 하면서 서서히 내려오고 있었다. 순간 세찬 눈보라가 치면서 난 눈을 제대로 뜰 수 없었고, 기계음이 내는 굉음소리에 평온을 유지하기도 쉽지 않았다. 그 와중에 사고자에게 보호 장구를 착용토록 도와주고 나서 바위틈에 몸을 낮추고, 헬기가 사고자를 싣고 날아가기를 기다렸다.

잠시 뒤 안전하게 헬기에 탑승한 119대원과 사고자는 나만 우두커니 남겨두고 저 멀리 점이 되어 사라졌다. 겨울 공룡능선에 혼자 남은 사나이의 고독, 그래도 처음 신고를 받고 출동할 때 그 무거웠던 마음이 내려 비치는 햇살에 눈 녹듯 하면서 가벼워지는 기분이었다. 머리에 휘둘러 쓴 두건을 벗어 물기를 짜냈더니, 물이 줄줄 흘러내린다. 땀 열이 식으면서 시원한 바람이 이마를 타고 들었다. 시원했다. 한없이 시원하면서 보람찬 순간이었다.

돌아오는 발길은 한층 가볍고, 높게만 느껴졌던 신선대가 내 발아래 저 밑에 펼쳐지는 기분이었다. 나 자신의 삶을 향상시킨 의미 있는 하루였다. 그래도 제발 사고 없는 한해가 됐으면 한다. 산에서의 내 삶은 행복하다. 그저 흐르는 물처럼 사는 것의 아름다움! 자연이 내게 알려주고 있는 진실이다.

김청환 레인저의 댓글 눈 덮인 설악에서 무모한 산행을 자처하는 사람들이 의외로 많습니다. 겨울 산행의 러셀은 체력을 소진시키고 환청과 함께 방향을 잃게 만들어 눈 속에서 잠들게 만들곤 합니다. 눈 온 뒤 강풍이 산길을 순식간에 메워버리고 지형을 바꾸어 놓기도 합니다. 공룡능선의 강풍은 중청의 강풍과 비슷할 정도로 체온을 빼어가고 위치식별을 혼란스럽게 만들곤 합니다. 사고자는 생사(生死)의 경험과 함께 설악의 아름다움만큼이나 오래도록 기억될 사람을 만났을 것입니다. 수고하셨습니다.

절대 절명의 마등령 구조 스토리

2002년 1월 7일 오후 6시 30분경. 속초시내에 상가 간판 400여개가 파손되고 승용차 문을 열 수 없을 정도의 강풍이 들이닥친 날, 설악산국립공원 일부 직원들은 시내에서 술자리를 갖고 있었다. 술자리가 무르익을 7시경 공원사무소로부터 조난신고가 접수되었다고 호출하는 전화가 와 순찰반장 오세권(당시 52세)은 급히 복귀하였으나 이런 최악의 기상상황에서 출동을 해야 할지 망설였다.

늘 함께 구조 활동을 했던 다른 민간구조대에서도 이런 악천후에서는 출동이 어렵다는 판단을 내리고 있었다. 잠시 생각을 정리한 오세권 반장은 7시 30분 직원 4명과 함께 마등령 정상을 향했다.

사고 장소는 설악산에서 가장 험준하고 악천후로 유명한 공룡능선의 마등령 전방 1.7km 지점이었다. 한 겨울이기 때문에 혹한에 대비한 완전무장을 해야 했었지만, 당시에는 고급 장비가 없었고, 각 개인들이 구입한 복장과 허름한 장비를 긁어모아 바쁘게 출동할 수밖에 없었다. 출동에 나선 직원 역시 체력과 경험을 고려하지 않고 당시 호출을 받고 '자원해서' 먼저 도착한 직원들이었다.

평소에 2시간 30분 정도면 올라가는 마등령 정상까지의 급경사 길은 눈이 쌓여 결빙되어 있었고, 바람이 세차 야간 전진이 쉽지 않았다. 급기야 직원 Y가 마등령 정상 전방 30분 지점에서 몸 상태가 좋지 않아 오세권 반장은 젊은 직원 두 명을 선발대로 투입하여 빠른 시간 내에 사고자와 접촉하라는 지시를 내렸다.

두 직원이 마등령 정상에 오르자 사람이 날아갈 정도의 세기로 강풍이 몰아쳤고, 쌓인 눈이 눈보라를 일으키며 얼굴을 때려 고개를 제대로 들 수 없는 상황이었다. 그나마 다행인 것은 하얀 눈밭에 달빛이 희미해 전방 식별이 가능한 것이었다. 두 직원은 1시간 정도 강풍과 무릎까지 차는 눈길을 뚫고 드디어 사고자 A, B와 만날 수 있었다. 이때 시각이 새벽 1시 30분. 출동한지 6시간 만이었다.

둘 다 바위틈에서 웅크리고 있었던 30대 중반의 A는 복장이 든든해 상태가 좋았으나 30대 초반의 B는 체구가 작고 복장이 허술해 이미 몸이 경직되고 정신이 혼미한 상태였다. B는 가냘프게 말했다. "날 제발 살려 주세요…."

두 직원의 인도로 A는 걸어갔으나 B는 제대로 서지 못해 업었다가 내렸다가, 나중에는 구조자도 지쳐서 눈 위를 질질 끌고 가는 형국이었다. 표고 1,300m 고지대 능선에서, 혹한기의 한 밤중 살을 에이는 강풍에, 허리까지 차는 눈길을 러셀을 해가며 사람을 이동시키는 것은 결코 쉽지 않고, 무모한 구조작업이기도 했다.

한편 선발대보다 1시간 정도 늦게 마등령 삼거리에 도착한 오세권 반장은 몸 상태가 좋지 않은 Y, Z 직원을 이곳에 대기시키고 단독이동을 하여 직원 2, 사고자 2명과 만났다. 그러나 사고자 B는 이미 통나무처럼 굳어가는 상태였고, B를 끌고 온 직원 1명도 이미 기진맥진 탈진상태에 가까

필사의 러셀 (자료사진)

웠음을 직감했다.

이들을 독려해 새벽 3시경 마등령 삼거리에 도착한 오세권 반장은 또 다른 상황에 직면했다. 이곳에 대기 중이던 직원 Z의 몸 상태가 매우 심각했다. 체감온도 영하 50도 이하의 강풍에서 30분 이상을 버티고 있었으니 저체온증은 물론 전신에 동상 기운이 스며들고 있었다. "얌마 너 왜 그래!" 말을 붙여도 입이 얼어 말을 잘 하지 못할 정도였다.

화급한 위기상황에서 오세권 반장은 가까운 오세암으로 하산할 것을 결정하고 사무소와 백담분소에 무전을 해 심각한 상황을 알리고 구조대 추가 급파를 요청했다. 이 때 사무소에서 무전을 받은 직원의 증언에 의하면 "끊어질 듯 말 듯한 무전에서 오세권 반장이 계속 울먹였다"고 한다. 그래서 사무소 직원들도 이들이 죽을 줄 알고 모두 울었다고 한다.

마등령 삼거리에서 오세암까지는 불과 1.4km, 평소 같으면 30분에 내달렸을 짧은 거리. 그러나 길이 없었다. 강풍이 몰고 온 눈보라가 길을 덮고 새로운 지면을 만들어 지형을 분간할 수 없었다. 눈은 허벅지에서 허리까지 찰 정도로 깊었다.

오세권 반장은 대략 방향을 가늠해 러셀을 해 나갔으나, 1, 2m 가서 길이 아니라고 판단되면 다시 돌아와, 원점에서 다시 러셀을 하는 식이었다. 이렇게 시간이 지체되는 사이 사고자 B와 직원 Z의 몸 상태는 최악의 사태로 가고 있었다.

사고자 B는 이미 사람이 지탱하지 않으면 쓰러져 움직이지 않을 정도로 정신과 신체감각이 없었고, 직원 Z는 몽롱한 상태에서 간신히 끌려오는 상태였으며 나머지 사고자, 직원들도 체력소진, 공황상태에서 어찌할 바를 몰랐다.

대략 1시간을 이렇게 사투를 벌이고 있었을까? 마등령 삼거리를 출발해서 이제 겨우 100m 정도 길을 뚫었을 뿐이다. 선두에서 길을 열던 오세권 반장이 뒤를 돌아다보니 바로 뒤에 일행들이 있는데, 저 멀리서 헤드랜턴 불빛이 희미하게 보였다. 그 불빛은 움직이지 않았다. 누군가 이 거북이걸음을 따라붙지 못하고 뒤쳐진 것이다. 다가서니 직원 Z가 움직이지 못하는 상태. 얼굴을 들여다보니 완전히 하얗게 얼어서 서리로 뒤덮인 듯하고, 눈이 감겨있어 오세권 반장이 장갑을 벗어 딱딱하게 굳어가는 얼굴에 마사지를 시도했다. 그러고 나니 간신히 눈을 떠 앞이 보인다고 희미하게 대답한다.

여기서 다시 50m 쯤을 내려가 상황을 보니 사고자 B는 이제 완전히 굳어서 탈진상태의 직원이 어쩌지 못하고 부둥켜안고 누워있는 상태이다. 힘이 풀어져 B와 함께 널부러져 있는 구조자까지 생명이 위험한 상태에 온 것이다. 더 이상 지체하면 여기 있는 모두의 생명을 보장할 수 없다. 여기서 B를 포기할 수밖에 없는 것이다.

직원 Z 역시 사력을 다해 마지막 신음소리를 냈다. "난 틀렸으니 너 먼저 가라…" 이에 오세권 반장은 Z의 얼굴을 마구 때리며 "정신 차려!"라고 울부짖으며 그를 끌어당겼다. 다시 1시간 여 정신없이 러셀 후 오세암 근처까지 왔을 때 Z는 아무리 흔들고 때려도 감각이 없는 상태로 끌려 내려왔다.

다른 직원들 역시 사람이 따라오는 건지 송장이 오는 건지 구분이 되지 않을 정도였다. 드디어 오세암 전방 150m 지점에서 오세암으로부터 구조차 올라온 젊은이 두 명을 만났다. 백담분소에서 오세암에 연락을 해 누구든지 제발 올라가라고 사정을 한 것이다.

이제 살았다! 그들이 뜨거운 물병을 양말에 말아 직원 Z의 가슴에 밀어 넣었다. 그러나 설상가상(雪上加霜)으로, 오세암에서 올라온 젊은이 중 1명이 다리에 쥐가 나 그 마저도 끌고 내려와야 했다.

아침 6시. 마등령에서 출발한지 3시간 만에, 구조출동에 나선지 10시간 30분 만에 오세암 뜨거운 방에 들어가 너 나 할 것 없이 방바닥에 벌렁 누워버렸다. 직원 Z의 몸과 함께 얼어붙은 옷을 벗길 수가 없어 나이프로 옷을 갈랐다.

오세권 반장이 웃통을 벗고 이불을 덮으며 Z를 끌어안았다, 차가운 몸에 몸을 비비며 울음 반 설움 반으로 20분쯤 경과되었을까, 드디어 Z의 손가락이 미세하게 움직이며 온기가 돌기 시작했다.

그의 얼굴이 축구공처럼 빵빵하게 부풀어 오르며 하염없이 진물이 흘렀다. 몸에 밴 얼음이 녹아 물이 되고 있는 것이다. 이윽고 가냘픈 신음소리가 흘러나왔다. Z가 살았다고 다른 직원들에게 알리니 모두들 눈물을 흘리며 감격스러워했다.

아침 8시, 1차 구조대를 구조하기 위한 2차 구조대가 백담사로부터 오세암에 도착했고, 3차 구조대가 비선대로부터 마등령을 거쳐 12시쯤 오세암에 도착했다. 이들에 의해 사고자 A, 직원 Z 등 1차 구조대가 오후 5시경, 고인이 된 사고자 B가 7시 쯤 백담대피소에 도착함으로써 이 사고는 대단원의 막을 내렸다.

현재까지 보관되어 있는 당시의 구조일지에는 다음과 같이 기록되어 있다. 사고자 A, B는 서로 모르는 사이로, 양폭대피소에서 만나 희운각까지

오른 후 비선대로 내려가라는 희운각대피소 관리인의 말을 듣지 않고 13:00경 공룡능선을 올라 18:30분경 날이 어두워 길을 찾지 못하게 되자 119로 구조요청 전화를 했다. 사고 당일 현지기온 영하 20~25도, 풍속 20~25m/sec. 풍속 1m당 1.6도씩 체감기온이 내려가는 것을 감안하면 당시의 체감온도는 영하 52~65도이다. 구조에 동원된 인원은 총 56명이다.

당시 경찰서에서는 사고자 B가 사망한 것에 대해 의문을 가졌으나 사고자 A가 경위를 정확하게 설명하여 문제 삼지 않았다. 직원 Z는 한 달간 병원치료 후 업무에 복귀했다. 다른 직원들도 귀와 손가락에 동상을 입어 한 동안 고생을 했다. 그 때의 악몽이 가끔 꿈에 나타나고, 환청(幻聽)에 의한 정신질환까지 있었다고 한다. 무리한 산행으로 생명을 잃고, 구조자까지 지옥에 다녀온, 절대 절명의 구조사건이었다. 국립공원관리공단에서는 이 사건 이후 전문산악인들로 구성된 안전 관리반을 운영하고 있다.

— 위 내용은 당시 구조일지와 구조 참여자 2명의 회고를 정리한 것이다.

영광의 정년퇴임식 35년의 레인저생활을 마치고. 왼쪽부터 오세권, 필자, 강규선 레인저.

가장 힘들고 기뻤던 외국손님

엊그제 5월 13일, 마치 수해(水害)를 맞듯, 피하고 싶었던(!) 외국손님들이 들이 닥쳤다. 한화리조트에서 개최된 세계해설가 대회(NAI)에 참가한 외국인 40여명, 내국인 10여명에게 9시부터 5시까지 하루 종일 '영어 프로그램' 을 제공해야 했다.

150여 명의 우리 정예 레인저(Power Ranger)들도 머쓱해야 했던 것은 다름 아닌 '영어실력' 이었다. 행사 3일 전 부랴부랴 강제적으로 멤버를 구성하고 준비 작업에 들어갔으나 참으로 난감 무지했다. 영어로 '아엠어 보이' 는 할 수 있는데, 전문용어를 섞어가며 자연해설, 문화해설을 하려니 난감이다.

그러나 우리는 설악산이고, 비전이 '국가최고, 세계일류' 이다. 그리고 자타가 공인하는 정예 레인저들이다. 새벽 3시까지 이어졌던 무시무시한 리허설과 칼 같은 "다시!" 본부와 릴레이 편지를 주고 받으며 완성도를 높여간 각각의 영문원고, 그리고 아마 각 개인별로 화장실에서 울부짖었을 '영어낭송…' 그런 것을 무시하며 냉정하게 몰아세웠던, ××같은 소장….

오프닝 세레모니

아~~드디어 그날, 그 시간이 왔다. 바로 3분 전 목우재를 넘어섰다고 하는 순간에도 최원남, 양윤미 레인저는 원고를 고쳐야 했다. 어떤 레인저는 영어를 한글로 써서 카드를 만들어 왔다. 오죽했으면… 그래도 없는 것보다는 낫다.

불안감이 원자폭탄 같은 가운데 금발, 백발, 흑발들이 마구 들어섰다. 그런데 막상 닥치니까 연습에도 없었던 잉글리쉬, 콩글리쉬가 막 튀어나온다. 우리 레인저들 여기저기서 쏼라쏼라, 사실 1~3개 문장을 계속 반복해가며 10여분을 버텼다. 그 뒤에는 무슨 말을 하나? 밑천이 떨어져 가고 있다. 그러나 노란 손수건(행건)에, 영문 팸플릿에, 주스 한 잔에 물량공세에는 장사

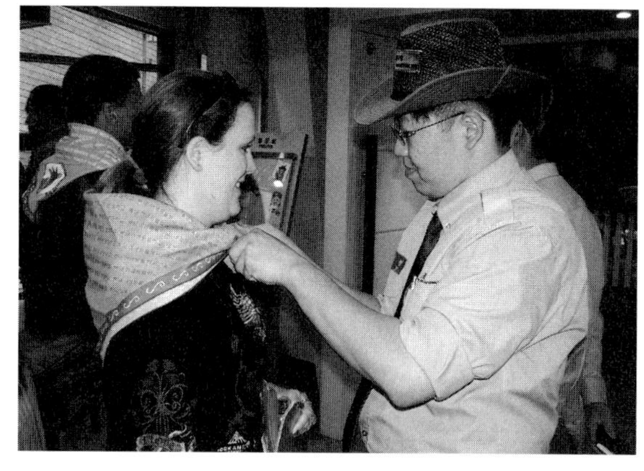

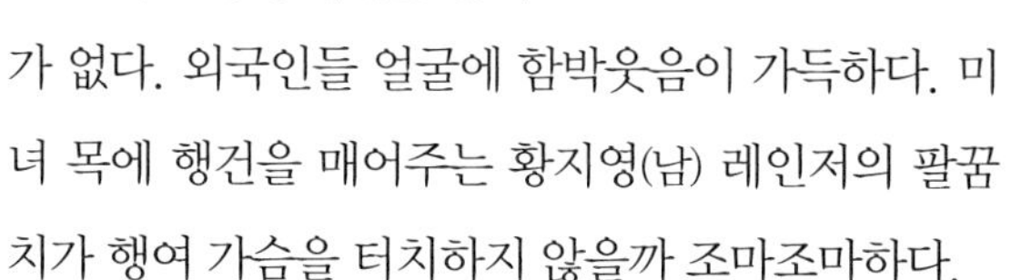

가 없다. 외국인들 얼굴에 함박웃음이 가득하다. 미녀 목에 행건을 매어주는 황지영(남) 레인저의 팔꿈치가 행여 가슴을 터치하지 않을까 조마조마하다.

미녀 손님맞이 황지영 레인저의 가슴이 콩닥콩닥, 손이 마구 떨립니다.

탐방안내소 해설 최원남 레인저의 당당한 콩글리쉬와 컨닝페이퍼.

드디어 오프닝 세레모니, "웰컴 투 써락산~" 3페이지 인사말을 한 50번 읽어댄 효과일까? 조크엔 웃음이, 알아듣고 있느냐는 확인엔 고개를 끄덕끄덕, 실수엔 격려성 표정이 가득하다.

설악산 레인저들의 활동을 담은 동영상에서 후래쉬가 막 터진다. 신현승 레인저의 아마 100번은 연습했을 공원업무 현황설명… 어젯밤만 해도 참 한심했는데 몇 시간 뒤 실전에선 삼삼했다. 몇 군데 실언을 과감하게 밀고나가 그것이 정통 영어인 것처럼 보였다.

최원남, 양윤미 레인저의 탐방안내소 실내해설. 최원남 레인저의 똑똑 끊어 읽는 국어식 영어는 아슬아슬하게 잘 넘어갔지만, 양윤미 레인저의 "팔로우 미(Follow me)!"는 이 점잖은 외국인들을 당황하게 했다. 째지는 듯한 날카로운 발음과 강원도 식 무뚝뚝한 억양이 "야 이 ××들아 냉큼 따라오지 못해!" 이런 식이었다. 처음 황당해하던 외국인들이 플리이이즈(please)를 붙이세요 하면서, 어깨를 토닥거리며 영어를 가르쳐 준다.

이어서 '황토체험' 시간. 김병화, 최옥, 김남희 레인저의 보디 랭귀지 지시에 따라 한 사람도 빠짐없이 누런 황토 물에 손을 적시고, 손가락 사이로 꿈틀대는 황토감촉을 즐거워한다. 호기심과 상상력을 번뜩이며 주물럭 주물럭, 드디어 손수건마다 예술성이 선명한 '동양 무늬'가 창조되었다. 다들 어린아이처럼, 피카소가 100일 그림을 완성한 것처럼 너무들 좋아했다.

이어서 점심시간은 길 건너 '볼품없는 식당'에서 비빔밥이다. 야 이건 당신들 몸에 최고 좋은 웰빙 메뉴야, 화이트 라이스(white rice)에 후레시 베지터블(fresh vegetable), 앤드 리얼 오일(real oil, 참기름)! 그러나 이들은 고기만 좋아하는

황토체험 한국문화의 진수에 모두들 원더풀!

비빔밥 체험 코리안 웰빙 라이스 위드 베지터블(rice with vegetable), 이렇게 먹는 거야!

사람들이다.

처음에는 끄적 끄적 대는 모습에, 입에 풀잎 가득 넣고 찌푸리는 인상, 고추장이 무슨 소스라고 가득 버무려 땀 뻘뻘거리며 물 찾고(워터! 워털!!) 정신이 없다. 그러나 20여분 지나서 돌아다녀보니 모두들 그릇을 비웠다.

음식이 감동스러웠는지, 고추장 때문인지 모두들 얼굴이 벌겋다. 숟가락으로 감자부침을 해체하는 기술도 개발했다. 그들의 얼굴엔 모두 대단한 성취감이 보였다. 한국문화를 돌파한 그들이 존경스러워지기 시작했다.

권금성 해설

자 이제 본격적인 공원해설 투어인데 빗줄기가 오락가락하며 바람이 으스스 불어대기 시작한다. 케이블카 안에서 뭔가 할 말(영어)을 정리하고 있는데, 아프리카 외국인이 이 케이블카 얼마냐, 저 아래 보이는 정글에 사자가 있느냐, 너 제복이 좋구나 한 벌 더 없냐? 등등 예상에 없던 질문을 쏘아댄다.

아프리카 식 영어를 알아듣기 어려워 한참 고민해서 대답하

권금성 경관해설 비바람 속에서 아유 해피 나우(Are you happy now)? 이미연 레인저의 재치 넘치는 영어해설.

려고 하면 또 다른 질문이 터진다. "얘야, 다 왔다. 빨리 올라가자(We are here, let's go!)" 이 말만 했다. 왁자지껄 케이블카에서 내려 비바람 몰아치는 컴컴한 권금성에 오르니 겨울점퍼를 입은 나도 오싹한데, 어떤 외국인은 반바지만 입고 왔다. 천 원짜리 얇은 비옷이 겨우 그의 '돋힌 소름'을 가려주지만, 일어선 솜털이 비옷을 뚫지 않을지….

얘들아 뭐가 춥다고 그래, 컴 클로우즈(Come close~). 퀸씨와 킴씨가 이 캐쓸(castle)을 만들었는데…, 이 바위가 굴러서(Rock and roll)… 새내기 이미연 레인저의 감칠맛 나는 영어해설을 알아들으려는 외국인들의 귀가 다 쫑긋쫑긋, 고개를 끄덕대며 알아듣는 척 하는 모션은 우리와 똑 같다.

그런데 그 다음이 문제였다. 여기서 보이는 위대한 설악산 경관을 소개하려 했던 시나리오가 뒤죽박죽된 것이다. 먹구름, 먹 안개가 몰려와 그토록 연습했던 경관소개를 할 수 없었던 것. 이미연 레인저가 뭐라 변명을 하긴 하는데, 이 외국인들 각자 해석이 다른지 웃는 얼굴에, 우는 얼굴에, 심각한 얼굴들에… 어쨌든 우람한 바위덩어리에, 안개구름 자욱한 허공에, 더 세찬 비바람에, 이 와중에 꼭 남겨야 하는 발자국(증명사진)에, 플러스 마이너스가 뒤섞여 모두들 원더풀 난리 블루스였다.

신흥사 해설

자 이제 제일 난감했던 신흥사 문화해설이다. 가는 도중에 청동불상이 나타나자 행렬은 자동적으로 멈춘다. 저게 뭐냐고, 남자냐 여자냐, 저 안에 뭐가 있냐는 등 질문 홍수 속에서 제발 이 자리를 피해야지 하는 생각이 간절하다.

아프리카 짐바브웨에서 온 흑인친구가 불상이 왜 검정이냐, 부처가 흑인이냐고 물어온다. 블론즈 비케임 블랙(Bronze became black) 이렇게 정

흑인의 질문 "아니 왜 불상이 검정색이죠? 부처가 아프리카 사람입니까?" "아뇨, 청동색이 바래서 검정색으로…"

답을 말해주었는데도 고개를 갸우뚱거린다. 내가 붙여준 별명 '퀘스천 맨(Question man)' 을 벗어나고 싶었지만, 그의 두꺼운 손이 내 손목을 놓아주지 않는다. 흑인의 손바닥이 왜 이리 두툼한지, 곰 발바닥처럼 참 부드럽다.

"기도를 어떻게 하느냐" 라는 질문까지 나와 말로는 설명을 못하고 할 수 없이 양말을 벗고 빗물이 흥건한 기도터에 올라서 생전처음 청동불상에 절을 했다. 하필이면 발톱을 깎지도 않았는데, 어쨌든 이 문화숭배자들 몇 명이 따라서 절을 했다. 이게 바로 '체험여행의 진수' 가 아닌가. 어떤 여성이 시주함에 돈을 넣으려다보니 만 원짜리 뿐이 없었다. 이

신흥사 문화해설 외국손님들의 눈 초점이 한국문화에 모아지는데, 귀가 더 쫑긋하다.

친구 지갑을 거두지도 못하고 쭈뼛쭈뼛해서 천원을 빌려주니 입을 크게 벌려 활짝 웃어준다. 세계적으로 자연해설자들은 다 가난한 모양이다.

신흥사에 도착하니 '문화해설자' 황병훈 레인저가 벌벌 떨고 있다. 사람은 보지 않고 카드(컨닝 페이퍼)에 시선을 고정해서 뭐라고 중얼거리는데, 그 소리는 밖으로 나가지 않고 자꾸 목구멍 속으로 기어들어간다.

옆구리를 쿡 찌르며 "괜찮아, 그냥 지껄여." 이런 말을 하면 할수록 더 산 넘어 산이다. 사천왕문(四天王門)에서 '훠 스카이 킹 게이트(four sky king gate)' 라는 훌륭한 영어가 외국인들을 바보처럼 만든다. 사천왕이 아니라 모두 하늘을 쳐다본다.

황병훈 레인저의 좌충우돌
너희들 그렇게 못 알아듣겠니?
내 원 참, 한국말 좀 미리 배워오지.

이제 외국인들은 해설자에게 집중하는 게 아니라 각자 방향이 다른 카메라 셔터에 집중한다. 시선을 뺏긴 황병훈 레인저, 빨리 끝내고 싶은 마음에 말은 더 빨라지고, 혀는 더 꼬인다. 이제 컨닝 페이퍼도 바닥이다. 연신 내 눈치를 본다. 어느새 "디스 이즈 엔드(This is end)." 해놓고 청중을 보는 게 아니라 내 눈을 쳐다본다. 이런 황망한 황병훈 레인저의 표정을 향하여 외국인 신사숙녀들의 큰 박수가 분위기를 바꾸어 준다. 황~~ 수고했어요!!!

비룡폭포 길 해설

이제 마지막 코스 비룡폭포 자연관찰로다. 비바람이 더 세차게 몰아친다. 준비된 김정민 여사의 소녀 같은 영어가 춥고 배고픈 이방인들의 가슴을 녹여준다. 마지막 코스라 그랬는지, 비바람에 단련되어서였는지, 김정민의 여성스러움 때문이었는지 다들 싱글벙글이다.

이게 서어나무 라는 것인데, 한 번 만져봐, 단단하지? 그래서 '남자나무' 라 했더니 '여자나무' 는 어디 있느냐는 질문이 터진다. 어디 '사랑주 나무' 없냐고 물어보는 김정민 여사. "김 여사 정확한 명칭은 '사람주 나무' 야. 그런데 여긴 없는 것 같애. 빨리 진도 나가자구~".

비룡폭포 길 자연해설 김정민 아줌마 레인저의 감칠맛 나는 소녀해설

중간에 휴게소가 있는데, 이 추위와 배고픔에 곳간을 도저히 지나칠 수 없었다. 둥글레 차 한 잔에, 너도 나도 리필에, 초코파이 한 조각, 코리아 레인저들의 배려에 모두들 무너져 내린다. 벽면에 줄지어 있는 과일주, 산삼(?)주를 가르치며 무슨 열매냐고 물어보는 것이 마시고 싶다는 간접화법인줄 뻔히 알면서 냉정하게 일어서며 "레츠 고우(Lets go~)."

다시 이어지는 영어해설, 야 너희들 모르지? 이게 소나무 솔잎이야, '코리아 케이크' 송편을 찔 때 사용하지. 이 소나무 길 피톤치드 어쩌구 저쩌구, 야 저 구멍이 뭔지 알아? 딱따구리가 말이야… 아이고 이제 다 왔네, 여기서 끝내자! 비룡폭포 갔다 오려면 1시간이 넘어, 얼어 죽어, 그러니까 빨리 집에 가야지~. 짝짝짝 종료 박수가 터진다. 이 프로그램을 기획했던 김대광 레인저의 하루 종일 울쌍 표정 주름살에 다리미질이 들어간다.

에필로그

이렇게 해서 난공불락처럼 보였던, 전혀 가능하지 않을 것 같았던 '고

세계 자연해설가들의
설악산국립공원 집합

급 프로그램' 의 끝이 보이기 시작했다. 그들의 다양한 칼라와 표정에서, 모락모락 김이 나왔던 하얀 피부들과 고무 표면처럼 빗방울이 흘러내렸던 검은 피부들에게 미안해하면서도, 그들이 우리 자연으로부터 경탄과 감동을 받았다는 느낌이 우리 레인저들을 보람차게 했다.

그리고 드디어 '이방인' 에서 '친구' 처럼 느끼기 시작했던 그 오랜 시간의 종점에서, 그리고 헤어지기 위해서 버스에 오르는 그들을 한 명 한 명 껴안아주면서, 나는 아마 우리 모두는 오히려 그 '끝' 을 우리가 더 아쉬워하지 않았을까. 여기서 준비되지 않은 영어가 나온다. 이쓰 타임 투 쎄이 굿바이(It's time to say good bye). 라이크 더 타이틀 오브 뮤직(like the title of music). 그들로부터, 우리로부터 정말 아쉽고 슬퍼하는 표정과 박수가 쏟아진다.

그들과 우리가 설악산 자연해설 여행에서 찍은 수백 장의 사진을 정리해 '슬라이드 쇼' 를 만들며, 그리고 함께했던 레인저들과, 본부 손님, 각

사무소 직원들과 소주 한 잔 하면서, 그리고 지금 이 순간 무언가 공허함과 적막함을 느끼며, 존재하는 설악산과 존재해준 직원들과 존재를 일깨워 준 외국인 친구들에게 뜨거운 정을 느낀다.

결국 나의 존재성, 우리 레인저들의 존재성 확인은 스스로의 노력도 필요했지만, 근본적으로 설악산 자체, 설악산의 자연, 고객, 동료직원들, 힘들고 어려운 현안 등…, 이런 훌륭한 바탕과 '만만치 않은 일들' 이 있기 때문이라고 생각해본다.

이미연 레인저의 외국 손님맞이

이미연 레인저는 올해 29세의 8개월 경력 새내기. 지리교육 전공을 살려 설악산의 바위경관에 대한 독보적인 해설자로 위치를 굳히고 있다.

자연환경안내원 이미연입니다. 국제해설가협회 외국인들에게 영어해설을 하라구요? 입사해서 겨우 15일째, 모든 것이 낯설고 처음인 저에게는 우리말로도 하기 힘든 해설을 영어로 하라고 하니 너무 어려운 숙제였습니다. 신참이

이미연 레인저 '이 외국 사람이 좀 젊었으면…'

거부할 수도 없고, 입사면접에서 외국여행 좀 했다고 큰 소리쳤지만, 제 영어 실력은 살아남기 위한 생존 영어로 길 묻기와 배고플 때, 안녕할 때의 달랑 3문장이 전부였죠. 필사적으로 듣고, 대답은 요점만 간단히!

주변에 아는 사람 열심히 쪼아대 영어 시나리오 작성 후 소장님께 몇 차례 검사 받아 대본을 완성했습니다. 그러나 서울 본부로 갔던 대본은 빨간 글씨로 난도질당해 돌아오고, 해설 당일 아침까지 수없이 리허설에 수정하고 다시 리허설 하면서 소장님께 "할 수 있어요!"라고 했던 제가 원망스럽기도 했습니다.

하지만 시간이 갈수록 이 일이 싫지가 않았습니다. 어려운 일을 함께 풀어가면서 서로를 이해 할 수 있는 시간이 분명 있었다고 생각됩니다. 많은 선배님들의 철야에 가까운 시간까지 열정의 촛불에 마음의 촛불로 동참하였습니다.

드디어 당일 환상적인 시작을 알리듯 아침부터 비가 내리기 시작했습니다. 권금성 해설을 맡은 저는 걱정이 되었습니다. 케이블카 운행이냐 중단이냐 하는 순간도 있었습니다. 안했으면 하는 마음 반, 그래도 준비한 것이 아까워 꼭 해야 한다는 마음 반이기도 했습니다.

드디어 외국인들이 올라왔습니다. 주머니 속에 구겨 넣었던 대본을 꺼내는 순간 빗방울이 더욱 거세졌습니다. 해설 도입부분은 그런대로 넘어갔는데, 이제 주변 경관을 설명해야 할 차례입니다.

그러나 대본에 있는 울산바위는 비구름에 가려 보이지 않아 당황했습니다. '보이지 않아 안타깝습니다.' 이걸 영어로 뭐라 해야 하지? 머릿속에서도 구름이 덮여 난리가 났습니다. 뒤죽박죽, 에라 "so sad, that clouds 음~음~" 어, 그런데 외국인들이 알아듣습니다. 눈빛으로 영어를 읽어주시더군요.

내 실력을 파악한 그들의 질문은 또박 또박이었지만, 대답은 결코 쉽지 않았습니다. 해설자 옆에 서서 쏟아지는 질문에 보조답변을 날려 주시는 소장님 아니었으면 전 '국제망신' 당할 뻔 했습니다. 비가 많이 오니까 빨리 끝내라는 팀장님 사인이 절 살렸습니다.

무사히(!) 그 기나긴(!) 권금성 해설을 마치고 나서야 제 영어는 탄력이 붙어, 다국적 친구들과 수다가 시작되었습니다. 노홍철 닮은 일본 에코가이드 나바, 인도네시아 아줌마, 말 알아듣기 제일 어려웠던 스코틀랜드 마이클 아저씨, 자기 딸 같다는 한국거주 경력 2년의 루(한국 이름 명숙) 아줌마, 레인저의 세계에 들어온 것을 환영한다던 콜로라도 레인저 아저씨 등등이 제게 큰 즐거움을 주셨습니다.

며칠 동안 늦은 밤까지 고생하고, 오늘 하루 종일 내리는 비를 그대로 맞으면서 함께 하셨던 우리 파워 레인저들의 열정과 노력으로 계획했던 프로그램을 무사히 마칠 수 있었습니다. 가시는 손님들 손잡으며 인사하고 안아주면서 우리가 노력했던 시간들이 헛되지는 않았구나 하며 보람을 느낄 수 있었습니다.

드러나지는 않았지만 함께 하시면서 도움이 되셨던 많은 분들이 계신 것을 압니다. 그래서 이렇게 오늘도 설악산 국립공원이 멋지게 지켜지고 있는 것이라 생각됩니다. 우리 설악산 국립공원 파워 레인저 파이팅!!

국립공원 시민대학

국립공원의 엄격한 보전정책과 '규제와 단속을 일삼는' 공원사무소의 권위주의적 이미지 때문에 국립공원과 지역사회는 늘 반목적 관계를 형성해 왔다. 최고의 설악산국립공원에 살고 있지만, 지역주민들의 국립공원에 대한 자부심과 공원사무소에 대한 신뢰감은 땅에 떨어져 있었고, 공원사무소 역시 공원관리에 필요한 지역사회의 도움과 지지를 기대하기 어려웠다.

상호 이해와 협력이 절실하게 필요함에도 그간의 소원한 관계를 그저 당연하게 받아들이고 있던 이 두 그룹에 징검다리를 놓을 방안은 없을까? 매우 오랫동안의 토론과 고민 끝에 '지역주민을 공원으로 끌어들이고, 우리도 지역사회로 들어가는' 초보적인, 그러나 순진무구한 시도만이 이 불편한 상황과 갈등구조를 벗어날 수 있다고 판단하였다.

물질적으로 무엇을 지원해주기 보다는 마음을 열고 진정한 파트너 쉽의 구축으로 친구관계를 만드는 것, 정신적 문화적 공감대 형성만이 상생, 공존의 필수 선행조건으로 판단하였다.

이에 따라 매주 1번씩 3시간 정도, 3개월 코스의 국립공원 시민대학을 '설립' 하기로 하고, 이 생뚱맞은 아이디어를 지역주민들과 직원들에게 전파하기 시작했다. 수업내용은 국립공원 이해 50%, 지역주민에게 도움이 될 관광서비스 분야 50%로 편성하였다.

반격은 지역주민 보다는 직원들로부터 먼저 왔다. 늘 현장에서 맞부딪

쳐오던 지역주민들을 그런 가벼운 프로그램으로 우호세력으로 만들 수 있겠는가, 그들이 어떤 사람들인데.

생태관광 강의 "생태가 뭡니까? 동태도 있나요?"

지역주민들 역시 '왜 안 하던 짓을 하는가, 무슨 나쁜 의도가 숨겨있는 것 아닌가' 한번 속아보자는 식으로 입학원서를 쓴 분들이 많다. 지원자가 적어 동네를 직접 찾아가 '강요'하듯 모셔온 분도 있다. 반면에 왜 이런 기회를 이제 마련했느냐며 정말 기대한다고 찾아온 분들도 있다.

막상 잔치상을 차려 놓았지만, 그간의 경험으로 볼 때 지역주민들의 감정과 원성을 토로하는 자리로 변질될 우려가 매우 높아 살얼음 걷는 기분이었다. 그러나 이런 우려는 설악산의 대자연이 시원하게 날려 보냈고, 사람들끼리의 열린 부대낌이 오랫동안의 갈등을 소중한 우정으로 금방 교체해 버렸다.

서로의 조심스러움과 조금씩의 존경심이 모여 서로를 가장 존중하고, 나아가서 사랑하는 '늦깎이 애정'으로 승화되었다. 이런 이상한 급격한 변화를 공원사무소의 '의도된 작전'으로 보는 시각이 있을 정도였다.

졸업생들은 이렇게 말한다. "국립공원 직원들은 뭔가 다르다. 시내에 있는 공무원들처럼 관료적이지 않고 형식에 얽매이지 않고, 무엇보다 인간적으로 다가설 수 있어 좋다. 아마 산에서 일하기 때문에 그런가 보다."

1기, 2기 졸업생 64명은 이제 국립공원의 든든한 지지자로서, 메신저로서, 자원봉사자로서 한 가족이 되었고 각자 지역사회에서 중요한 리더로 활동하고 있다. 국립공원 시민대학이 지속적으로 졸업생을 배출한다면,

그들이 앞장서서 아마 5년 이내에 지역사회 전체가 설악산국립공원을 이해하고 지지하며 국립공원 역시 지역사회 발전과 지역주민 생활에 도움이 되는 우호적 기관으로 역전될 것이다. '국립공원이 있어서 더욱 행복한 지역사회' 가 될 것이다.

국립공원 시민대학의 '작은 성공' 은 우리 레인저들에게도 적지 않은 교훈이 되었을 것이다. 어떤 '큰 그림' 도 '작은 점' 으로부터 시작하는 만큼, 오늘의 흙 알갱이를 긁어모아 언젠가는 훌륭한 빌딩을 만들 수 있음을 배웠을 것이다.

문제점을 덮기 보다는 과감하게 열어서 최선을 다한다면 그 어떤 현안도 돌파가 가능하다는 것을 배웠을 것이다. 가장 어려운 것은 역시 '시작' 이다. 무엇이든 일단 시작하고 나면 앞으로 나가게 된다. 기어가든 뛰어가든 넘어지든 포기하든 '시작하지 않는 것' 보다는 훨씬 성공적인 상태가 됨을 배웠을 것이다.

국립공원 시민대학 1기 입학식 축사

오늘 세계적인 명산, 저희 설악산국립공원에서 이곳의 주인이신 지역주민 여러분을 모시고 국립공원 시민대학이라는 이름으로 뜻 깊은 모임의 출발을 하게 된 것을 매우 기쁘게 생각합니다. 오늘 이 모임은 저희 국립공원 입장에서나 여러분 지역사회 입장에서나 참으로 혁신적인 혁명적인 전환점을 여는 계기가 아닌가 생각합니다.

그동안의 공원관리는 자연보전, 환경보호, 탐방객 서비스에 너무 치중한 나머지, 지역주민 여러분의 고견과 입장을 반영하는 것에는 매우 소홀했었다고 말씀드리지 않을 수 없습니다. 물론 국립공원은 아름다운 자연

설악산국립공원 시민대학 제1기 입학식
가장 세계적인 국립공원은 가장 지역적인 국립공원입니다. 지역주민의 애정과 자부심이 충만한 공원으로…

경관, 풍부한 생물다양성이 바탕이 되어야 하겠습니다. 저희 설악산국립공원은 그런 조건을 충분히 갖추고 있고, 또한 주변으로부터의 무수한 압력에 잘 대처해왔다고 생각합니다.

그러나 보전적인 측면만을 갖고 저희 설악산을 자랑하기에는 뭔가 아쉽고 부족한 점이 많습니다. 자연을 위한 국립공원이기도 하지만, 사람을 위한 국립공원이기도 하여야 할 것입니다. 탐방객으로부터의 사랑도 중요하지만, 그 이전에 지역주민의 애정과 자부심이 충만한 국립공원이어야 할 것입니다.

가장 훌륭한 국립공원은 지역사회로부터의 지지와 참여에 의해 향토적인 문화, 선진적인 관광문화가 담겨 있는 공원이어야 한다고 생각합니다. 가장 세계적인 국립공원은 결국 가장 지역적인 국립공원이어야 할 것입니다.

이러한 측면에서 저희 국립공원관리공단은, 저희 사무소는 지역사회 협력을 가장 중요한 공원정책으로 정해서 지역사회 여러분을 국립공원의 동반자로 인식하고, 서로 공존 · 상생하는 파트너십을 갖추고자 하는 것에 많은 노력을 기울이고 있습니다.

진정한 파트너십 구축을 위해서는 우선 서로가 서로를 이해하고 존중하는 이웃관계, 친구관계가 형성되어야 할 것입니다. 전 세계적으로 선진적인 공원관리를 하는 국가에서는 지역주민들이 공원관리의 일선에서 활약을 합니다.

자원봉사를 하기도 하고, 기금을 만들어서 국립공원에 기부를 하기도 합니다. 국립공원 관리자 역시 지역사회의 중요한 멤버로서 어떻게 하면 지역경제와 지역문화에 도움을 주는 공원관리를 할 것이냐에 관하여 여러 가지 활동, 사업들을 하고 있습니다.

오늘 이 국립공원 시민대학은 바로 그러한 진정한 협력관계 구축을 위해서 서로의 가슴을 활짝 열고, 서로에게 한걸음씩 더 다가서는 우정의 무대, 공동발전의 무대가 될 것임을 믿어 의심치 않습니다.

이 국립공원 시민대학을 통해서 지역주민 여러분은 각자 스스로가 공원관리의 주체라고 인식하시고, 진정한 주인의식을 갖게 되시길 저는 간절하게 소망합니다. 저희 공원관리자 역시 지역문화 · 지역경제 발전에 대한 책임이 우리에게도 있다고 인식하게 될 것입니다.

모쪼록 매주 한 번씩 3개월간의 소중한 만남이 우리 설악산 국립공원과 '우리 지역주민' 모두에게 꿈과 희망을 안겨주는, 마음과 지혜를 모으는 그런 생산적인 모임이 되기를 기대합니다.

저희 국립공원사무소에서는 앞으로도, 우리 설악산의 천혜의 자연자원을 온전하게 보전하는 동시에, 지역주민에게도 불편을 최소화하고, 가능한 여러 다양한 경제적인 가치가 창출되는 그런 선진국형 공원관리에 최선을 다하고자 합니다.

끝으로 저희 사무소가 준비한, 부족할 수도 있는 이 모임에 선뜻 참가해 주신 '지역주민 학생' 여러분께 진심으로 감사의 말씀을 올립니다. 앞으로 꼭 개근을 하셔서 영예의 졸업장을 타 다 가시기 바랍니다.

또한 지역사회를 대표해서 이 자리에 참석해주신 내외 귀빈 여러분과 자원 활동가 대표님께도 감사말씀을 올립니다. 여러분 모두 건강하시고, 댁내에 항상 행복이 충만하시길 기원합니다. 감사합니다. —2008. 4. 2.

국립공원 시민대학 2기 졸업식 축사

안녕하십니까. 국립공원 시민대학 교장 신용석입니다.

초가을의 문턱에 여러분을 만나서, 아름다운 가을 전체를 여러분들과 함께하고 이제 그야말로 만추, 겨울의 초입에서 여러분들과 일단 헤어지는 석별의 자리에 섰습니다.

우리는 가을을 사랑했던 사람들이었습니다. 현재 이 시간 마지막 잎새가 나무와의 헤어짐을 아쉬워하는 것처럼, 그렇게 여러분과 저희 레인저들이 석별의 정을 나누고 있습니다. 그렇지만 우리의 낙엽들은 우리가 함께했던 시간들은 훌륭한 양분이 되어 내년 봄에 온갖 생명들을, 우리들을 다시 태어나게 할 것입니다.

존경하는 국립공원 시민대학 제2기 졸업생 여러분 ! 그리고 1기 선배 여러분. 저희 사무소가 이 국립공원 시민대학을 그야말로 완벽하게, 여러분께 흡족하게 운영했다고는 결코 생각하지 않습니다. 지역사회 협력, 지역 여러분들과의 교감, 지역발전에의 기여 등 이런 용어들은 아직도 저희 국립공원 직원들에게 어색한 것이 사실입니다.

설악산국립공원 시민대학 제2기 졸업식
"여러분의 열정과 리더십이 지역과 설악산국립공원의 발전을 위해 큰 역할과 기여를…"

그렇지만 저희들의 가슴을 열고 여러분들의 가슴으로 들어가려는 진정한 프로포즈가 있었고, 또한 여러분들의 국립공원에 대한 남다른 애정과 적극적인 참여가 있었기 때문에 오늘 이와 같은 뜻 깊은 마무리를 하게 되었다고 생각합니다.

특히 저희가 뭔가 부족했을 때 여러분 스스로 그 부족함을 채워주시고, 저희가 여러분께 무언가를 바랄 때, 여러분 스스로 그것을 충족시켜 주셨던 것에 대해, 그렇게 해서 우리 국립공원 시민대학의 기초를 훌륭하게 다지게 된 것에 대해서, 진심으로 여러분께 깊은 감사의 말씀을 드립니다.

너무 아쉽습니다! 처음에는 길게 생각되었던 3개월이 너무 순식간에 지나가 버렸습니다.

여러분들의 이름, 여러분들의 온정, 여러분들의 체취와 더 함께 하고 싶습니다. 그러나 가는 세월을 붙잡을 수는 없을 것입니다. 다만, 함께했던 우정과 애정과 소중한 추억을 영원히 간직하고 우리 각자에게 주어진 소명과 인생을 열심히 사는 것에 최선을 다하도록 합시다.

사랑하는 국립공원 가족 여러분 !

저는 우리 설악산, 대한민국 최고의 국립공원을 그야말로 최고답게, 국립공원답게 만드는 것에 매우 큰 사명감을 갖고 있습니다. 또한 국립공원 지역사회에 대해서도 그동안의 무관심, 방관에서 벗어나 그야말로 아름다운 공원마을, 정이 넘치는 문화마을, 살맛나는 경제마을로 만드는 것에도 정성을 다해야 한다고 생각합니다.

매번 강조하지만, 가장 세계적인 국립공원은 가장 지역적인 국립공원이어야 할 것입니다. 이러한 관점에서, 국립공원과 지역사회와의 상생, 공존, 기여, 배려… 이런 새로운 가치를 창조하고 실천하기 위해서 저희 국립공원 시민대학이 탄생되었고, 오늘 그 두 번째 열매의 맺음을 우리는 다함께 자축하고 있습니다.

저는 모쪼록 졸업생 여러분들의 남다른 열정과 지혜, 그리고 한 분 한 분의 리더쉽이, 앞으로 이 지역의 발전을 위해서, 국립공원의 미래를 위해서 보다 큰 역할과 기여를 할 것이라고 믿어 의심치 않습니다.

저희 국립공원 시민대학은 영원한 학교로서 영원히 존재할 것입니다. 앞으로 10년이면 500명의 졸업생이, 20년이면 1,000명의 가족이 될 것입니다. 지역사회의 모든 리더들이, 민초들이 이 학교를 통해서 설악산국립공원을 더욱 사랑하고 스스로 공원관리자가 되고, 또한 이 학교가 지역사회 번영을 앞당기고, 지역주민 여러분의 삶의 질을 높이는 훌륭한 촉매역할을 분명히 할 것입니다. 또한 이 학교를 통해서 새로운 친구와 진정한 이웃을 만나 어울렁 더울렁 언제나 행복하게 살아가는 여러분들의 모습을 꿈꾸어 봅니다.

사랑하는 국립공원 시민대학 졸업생 여러분! 여러분들과 함께 했던 3개월간의 만남을 진심으로 소중하게 생각합니다. 여러분끼리의 만남도 사랑과 우정으로 넘쳐 있을 것입니다. 짧았던 3개월 간의 만남이 앞으로 장장 30년 이상을 이어가는 인연이 될 수 있도록, 하나의 마침표가 아니라 새로운 시작이 될 수 있도록, 그런 아름다운 모임으로 영원히 이어졌으면 하는 것이 교장으로서 여러분께 내주는 마지막 숙제이고 진심어린 소망입니다.

결코 쉽지 않았을 여러분들의 적극적인 참여와 학습, 열정에 대해서 전 직원을 대표해서 재삼 감사의 말씀을 드립니다. 아울러 시민대학 학생들을 위해서 수고와 정성을 아끼지 않은 우리 관계직원들과 자원활동가 여러분께도 격려의 말씀을 하고자 합니다. 이제 마지막으로 여러분을 불러 보겠습니다.

존경하고 사랑하는 국립공원 시민대학 제2기 졸업생 여러분!
자연과 함께, 자연처럼, 자연이 시키는 대로 순수한 인생이시길 기원합니다. 우리 국립공원 시민대학의 동기생들, 선배님들, 그리고 우리 레인저들과 더불어, 설악산국립공원과 더불어 언제나 건강하고, 행복하시기 바랍니다.
여러분들의 빛나는 졸업을 축하드립니다. 감사 합니다! —2008. 11. 19.

국립공원 시민대학 에필로그

소장의 잔소리 봄부터 현재의 여름까지 매주 한번 씩 우리 공원사무소를 찾아온 손님들, 또 학생들이 있었습니다. 한 모둠은 지역 어른들(국립공원 시민대학)이고, 한 모둠은 지역 아이들(어린이 생태학교), 그리고 우리 공원 직원들도 한 모둠이라고 할 수 있겠죠. 어떻게 보면 이 세 모둠들이 서로 따로 따로 이었겠지만, 각 모둠의 정감으로, 우리 직원들의 노력으로, 설악산국립공원이라는 바탕으로 하나가 될 수 있다는 것에 큰 의미와 작은 감동을 가져봅니다.

특히 요즘처럼 지역사회에서 우리를 바라보는 시각이 '따가운' 이 때 어떻게 하는 것이 진정한 지역 사랑이고 설악 사랑인지, 또 사람 사랑인지를 알려주는 것 같습니다. 꼭 예산을 들이고 무얼 해주어서 그런 사랑이 일어나는 것은 아닐 것입니다. 그런 사랑으로 많은 지지 세력이 생겼고, 그분들이 우리 이야기를 남들에게 많이 해줄 것입니다.

우리의 공원관리 목적은 물론 자연보전과 고객만족인데, 그런 행정용어를 떠나 '참 단어' 를 쓰자면 결국 '행복의 추구' 라고 생각합니다. 자연도 우리 손길에 더 행복해 하고, 사람도 우리 설악산국립공원에 들어와 '더 많은 행복' 을 느끼고 가는 것이 우리가 추구하는 최고의 가치라고 생각합니다. 지금은 서운한게 많지만 지역주민들도 국립공원이 있기 때문에 더 행복하다는 마음을 갖도록 해야 합니다.

그러나 우리가 이런 큰 사명감과 높은 직업정신 보다는 언뜻언뜻 현실의 어려움에 부딪히며 '정석 플레이' 를 회피하거나 시시콜콜한 해프닝에 너무 몰두하고 있는 것은 아닌지, 저부터 우리 모두 어제와 오늘을 되새기며 내일을 준비해야 하지 않나 생각합니다. 작은 것에 구애되어 큰 것에 다가서지 못하는 그런 우(愚)를 범하지 말자는 의미입니다.

한 가지 더 말씀드리면, 이런 '거국적인 프로젝트' 에 담당자, 담당 팀 이외에도 많은 직원들이 더 많은 관심을 가져야 한다는 것입니다. 별 일 아닌 것 같아도, 하루 행사를 준비하고 치루다 보면 '학생들보다 교사가 더 많이 배우게 되는' 노하우, 일처리 방식 등을 서로 서로 공유해서 언젠가 자기가 그 일을 맡거나 나중에 간부가 되어 지휘할 때 큰 도움이 되도록 하면 좋겠습니다. 서로에게 더 많은 도움을 요청하고 서로 그걸 받아주시기 바랍니다.

일일이 나열할 수 없지만, 두 개의 큰 프로젝트를 잘 치러준 직원들, 간부들, 자원활동가 여러분께 감사드립니다. 어른 모임에서도, 어린이 모임에서도 졸업식 날 '보일 듯 말 듯 눈물' 이 있었는데 무엇보다도 학생 여러분들의 열정과 우리에 대한, 설악산에 대한 사랑에 감사드립니다.

기획자의 생각 – 조미영

조미영은 올해 33세로 레인저 경력 5년차. 뛰어난 기획력과 추진력, 언제나 활짝 웃음으로 생소한 지역 협력 업무를 어울렁 더울렁 잘 추진하고 있다.

국립공원 시민대학 1기 졸업식을 끝내면서 만감이 교차했습니다. 시민대학을 해야 하는데 어떻게 시작을 해야 할 지, 한 주 한 주 수업이 끝날 때 마다 시민대학의 방향성을 가지고 고민하던 시간들, 아직도 그 고민은 끝나지 않았지만, 나름대로의 생각을 정리해봅니다.

3개월 전, 국립공원 시민대학 학생을 모집하기 위해 지역 색이 유별나기로 이름난 양양군 오색지역을 방문했습니다. 마을 이장님께 시민대학을 열심히 설명해 드리고, 토속상가에서 음식점을 하고 계신 사장님을 소개받았습니다.

이장님과 함께 들어가 만난 그 사장님의 웃음기 없는 얼굴과 적대시하던 눈빛이 왜 그리 무섭던지(너무 강한 인상의 소유자로 사무소에서 그분께 붙인 별명이 '율 브린너'), 그렇게 지역협력 업무를 맡으며 무서움에 떨던 지역주민과의 첫 만남을 잊을 수가 없었습니다.

그러나 3개월이 지난 지금 공단직원을 적대시하던 그 분은 국립공원을 가장 열렬하게 지지하는 팬이 되셨습니다. 그리고 어느 자리에서나 말씀하십니다. "국립공원 시민대학이 자신을 변화시켰고, 자신 같은 사람이 많아지기를 바란다!"라고요.

무엇이 이 분을 이렇게 변화 시켰을까요? 직원들이 정성으로 준비한 시민대학 3개월 동안의 솔직한 만남 속에서 직원과 주민이 서로를 이해하고 대화가 오가면서 쌓인 '정' 인 것입니다. 이렇게 쌓인 따뜻한 마음으로 우리는 '함께 생각' 하는 관계가 된 것입니다. '함께 생각' 하기로 한 지역주민들은 더 많은 분들에게 우리의 얘기를 긍정적으로 해 줄 겁니다.

우리 사무소의 지역 협력 사업은 많은 예산을 쓰는 거창한 것이 아닙니다. 하지만 굉장한 정성이 필요하며, 지역주민과 솔직한 생각이 오고가야 합니다. 우리가 보여준 지난 40년 동안의 권위적인 태도를 벗고 불신감을 씻으려면 그 만큼의 노력과 시간이 필요하다고 봅니다. 이것을 단순히 시설을 설치해주거나, 물건을 팔아줌으로써 해결하려한다면 엄청난 예산을 써도 쉽지 않으리라 생각합니다.

물론 시민대학이 금방 어떤 결과를 주는 것은 아닙니다. 대화를 통하여 상대를 설득하려는 노력은 반드시 필요하지만 서둘러 답을 만들려고 할 경우 이것까지도 형식적으로 느껴지

마을 가꾸기 이렇게! 오른쪽에 율브린너 선생님

기 때문입니다. 서두르지 말고 끈기를 가지고 진솔하게 정성을 다하는 것이 지역주민과의 새로운 관계 형성을 위한 조건이라 생각합니다.

이번 국립공원 시민대학에서 우리는 '살기 좋은 공원마을' 이라는 새로운 꿈을 목표로 지역주민과 대화를 했습니다. 이 마을에선 지역주민이 잘 살고 국립공원도 지켜지고, 공원사무소와의 관계도 좋아집니다. 우리는 꿈을 실현시키기 위해 함께 생각하고 노력할 것입니다. 주민들이 잘 살아야 국립공원도 지켜지고, 가장 세계적인 국립공원으로 거듭날 수 있기 때문입니다.

졸업생의 추억–홍창해

홍창해 씨는 올해 51세. 국립공원 시민대학 1기 졸업생으로 양양군 오색리 공원구역에 거주하며 관광객을 상대로 만물상이라는 잡화점을 운영. 전 오색리 이장으로 설악산 사진 찍기 마니아다.

2008년 4월 2일, 설악동 입구 벚꽃이 만발하던 입학식날입니다. 설악산이 국립공원으로 지정되기 이전부터 이 지역에 살았으나 설악산을 깊이 알지 못해 이번 국립공원 시민대학을 통해 설악산의 가치를 배운다니 크게 흥분이 되었습니다.

그러나 돌이켜보면 공원에 살면서 자연이 주는 혜택보다 박탈감만 느끼고 산 것 아니었나 하는 것이 솔직한 생각이었습니다. 최근 공원정책이 규제와 간섭과 단속 일변도에서 지역주민과 국민의 공원으로 공감, 공존, 공생의 정책으로 변화를 감지하긴 했는데, 시민대학이라는 프로그램으로 지역주민 속으로 먼저 들어온다는 것은 참신하고 신선한 발상이었습니다.

참여한 35명의 학우들도 입학식 순간부터 진지했고 나누어준 레인저

모자가 우리를 한동안 우쭐하게 하였습니다. 함께 공원지킴이의 일원으로 인정받았기 때문일까요?

신나는 자연학습

유난히 설악동 입구에 벚꽃이 흐드러지게 피었던 입학식 날이었습니다. "가장 훌륭한 국립공원은 지역사회의 지지와 참여 속에 향토적인 문화, 선진적인 관광문화가 담겨있는 공원이라 생각합니다. 가장 세계적인 국립공원이란 가장 지역적인 국립공원이어야 할 것입니다" 라는 신용석 소장님의 인사말을 들으며 개인적으로 시민대학 입학은 탁월한 선택이었다고 스스로를 대견해 하였습니다.

설악산국립공원의 역사와 가치, 세계의 국립공원을 배우며 '설악산' 이라는 최고의 캠퍼스를 가진 시민대학 입학식을 마치고 하교하는데 벚꽃이 눈꽃처럼 휘날렸습니다.

매주 수요일은 시민대학의 날이라고 달력에 빨간색 큰 글씨로 써 놓았습니다. 비룡폭포길 탐방로에서의 숲 체험, 권금성에서의 문화자원 답사와 해설, 남이섬으로 생태관광 현장학습, 우수업체 켄싱턴 호텔 벤치마킹, 외국의 아름다운 공원마을 배우기, 설악산의 이웃 공원마을 탐사하기 및 분임토의를 통해 주민들끼리 교감을 나누고 공원을 사랑하는 인적 네트워크를 만들어가는 공동체 의식 등, 그 진지함은 우리를 성숙시키고 국립공원을 지키는 '주민 레인저스' 가 될 것이라 확신합니다.

둔전리에서 열심히 공부하시던 구방 시인님은 모임 때마다 쑥떡이나 국화차를 준비하시고, 봄바람이 무척 불던 야유회 날 10년 묵은 약초주를 집식구 몰래 들고 나오는 열정을 막지 못했죠, 많은 추억과 아쉬움 속에 11주 교육을 마쳤습니다.

보존과 개발, 이 난해한 문제를 차근차근 풀어나갈 심성을 준비했다고나 할까요? 케이블카 문제가 개발과 보존의 문제로 대립될 때 너무 현실적인 문제가 오히려 비현실적일 수 있다는 것을 깨우친 것도 배웠고, '지속가능한 개발' 이라는 생뚱한 슬로건이 개발만능주의와 보존만능주의를 절충시키는 의미라는 것을 하나하나 배우며 1기 과정을 마쳤습니다.

졸업식 하는 날 학사모까지 쓰다니, 이게 또 가슴을 뛰게 하면서 켄싱턴 호텔의 근사한 분위기에서 졸업식을 하였습니다. 졸업사를 준비하신 자작마루 학우님께서는 "이제 꾸준한 노력 끝에 천연기념물 330호 수달과 327호 원앙이의 모습이 보이기 시작했다"며 공원지킴이로서의 전문성까지 들려 주셨습니다.

그 후 국립공원 시민대학 1기는 '설악의 아침' 이라는 이름으로 새 날개를 얻었습니다. 설악을 사랑하며, 설악의 아침을 연다. 언제나 꿈꾸듯 아침을 준비하는 설악의 아침, 그 이름으로 우리는 계속 설악산 국립공원과 지역을 사랑할 것입니다. 좋은 자리를 만들어주신 소장님, 직원 여러분들께 그리고 1기 학우들께 감사드립니다.

산악인과 국립공원 레인저

산에 있다 보니 '산 사람' 들과의 만남이 자연스럽다. 스님과 산언저리 주민, 산꼭대기 사람, 오며가며 스치는 '산꾼', 유랑자, 사진작가 등을 많이 만나게 된다. 도시에서 산을 주제로 영업을 하거나 연구, 집필, 예술 등을 하는 '산 사람' 도 많다. 따지고 보면 설악산에 근무하는 나도 '산 사람' 이다.

이런 많은 '산 사람' 중에서 가장 직접적으로, 가장 도전적으로 산에 접하되, 자연에 대한 사랑과 자연을 이용하는 윤리의식, 리더십이 남다른 분들을 산악인이라고 분류해 본다.

나는 '산악인은 무궁한 세계를 탐색한다' 로 시작해서 '온갖 고난을 극복할 뿐 언제나 절망도 포기도 없다' 는 멋진 문구에 이어 '자유, 평화, 사랑의 참 세계를 향한 행진이 있을 뿐이다' 라고 끝나는 노산 이은상 선생님의 산악인의 선서를 매우 좋아한다.

산에 직접적으로 접촉하면서 산을 사랑하고 아끼는 것은 모두 한마음이라는 의미에서 산악인과 국립공원 레인저는 한 그룹에 속하는 사람들이다.

20여 년 간 국립공원에 근무하면서 산악인들로부터 여러 도움을 주고받으며 동질감도 느꼈지만 어떤 인식의 차이, 차별점이 적지 않았다고 생각된다. 우선 태생이 다르다고 한다. 산은 태초부터 있었고 산악인 역시 국립공원 제도가 생기기 훨씬 이전부터 태생되었다. 따라서 산악인들은 기득권과 정통성을 주장한다.

산악인들이 해왔던 노력과 업적, 산악인들의 정체성과 정통성에 대해서만큼은 존중받아야 한다고 생각한다. 그러나 기득권은 영원한 것이 아닐 것이다. 우리나라 '산 역사'의 가장 후반기에 생긴 국립공원 제도와 국립공원관리공단은 산악인들의 기득권에 손상을 입혔다고 한다. 자유롭게 다니던 등산로, 릿지 길은 물론 암장, 빙장의 자유이용을 막고, 취사 야영금지, 야간산행금지 등으로 산행의 낭만을 빼앗았다고 생각하는 산악인들이 많다.

여기에 대한 국립공원의 논리는 '예외 없는 형평성'이다. 국립공원과 같은 '명품 산'의 아름다움과 생태적 안정성을 유지하기 위해서 국민 모두가 입산규제, 행동제한 등의 조치를 이해하여야 하고 산악인도 예외일 수는 없다는 것이다.

산악인들은 예외를 원하지만, 산악인 이외에도 그런 예외를 원하는 사람들이 너무 많은 국립공원이다. (산악인들에게는 죄송하지만) 대체적으로 산악인은 이용자고, 국립공원 레인저는 관리자다. 여기에 반론이 있을 수 있다.

산악인 역시 산을 보호하고 아끼는 관리자라는 것인데, 나는 원칙적으로 그 주장에 동의한다. 하지만, 산악인과 관련하여 내가 상대한 이슈는

산악마라톤 등 산악행사 개최, 출입금지구역 개방요구, 대피소(산장) 영업권 갈등 등 산을 이용하고자 하는 사안이 대부분이었지, 산을 보호하고 가꾸어나가자 라는 관리적 측면의 논의는 많지 않았다.

국립공원 레인저의 구조훈련

이 관리적 측면에 대해 많은 산악인들은 내 주장에 동의하지 않을 것이다. 그러나 국립공원 내에서 만큼은 새로운 제도에 의해 산악인들의 보전 · 관리활동은 레인저들에게 자리를 내주었다. 기득권과 자존심에 손상을 입힌 이런 면에 대하여는 미안함을 감출 수 없다.

설악산에서 훌륭한 산악활동을 해왔던 한산 구조대, 적십자 구조대, 남설악 구조대 등의 산악인들을 만나면 웬지 모르게 우리 레인저들에게 서운한 마음을 갖고 있다는 것을 느낀다. 새로운 체제에서 이분들과 어떤 발전적 협력관계를 맺어 나갈 것인지 많은 고민을 하고 있다.

산악인이라는 범주도 매우 모호하다. 전국의 그 많은 산악회 회원이면 다 산악인인지, 암벽이나 빙벽 '기술자' 들이면 다 산악인인지, 아니면 산에 익숙하지 않더라도 남달리 산을 존중하는 사람도 산악인인지. 온 국민이 다 산악인이라고도 할 수 있는 이 시대에 나는 '정통 산악인' 이 구분되었으면 한다. 그 기준에 엄격한 산악윤리, 진정한 산악 리더십이 포함되었으면 한다.

일제시대 말기와 해방을 전후하여 우리나라에서 산악운동이 태동되었을 때 그 것은 '정통 산악인' 들만의 전유물이었을 것이다. 그 때는 국립공원 제도 자체가 필요 없을 정도로 전국의 산 자체가 금수강산이었을 것이고, 산에 심취한 산악인들만이 그 머나먼 길, 오랜 시간 고행(苦行)을 하며 등산루트를 개척했을 것이다. 그러나 현재는 온 국민이 산에 갈 만큼 산은 대중적인 장소가 되었고, 옛 모습 그대로 온전하게 남아있는 산은 국립공원 밖에서는 찾아보기 어려워졌다.

헬기를 타고 이름 있는 몇몇 산을 벗어나 언저리 산들을 들여다보면 수많은 산길, 도로, 토석채취, 철탑, 건물 등에 의해 자연이 동강나고 잠식되는 현재에 우리는 살고 있다.

국립공원조차도 무수한 탐방압력, 개발압력과 환경오염으로부터 언제까지 살아남을지 전전긍긍하고 있는 것이 사실이다. 그런 공격행위들을 얇은 방패로 하루하루 간신히 막아내는 것이 국립공원 소장의 일상적인 일과다. 특히 요즘의 우리 설악산을 향한 공격은 더욱 커지고 방패는 점점 얇아지고 있다. 무엇을 하는 것보다, 하지 못하게 하는 일이 더욱 어렵다는 것을 절감하고 있다.

산이 있어야 산악인이 있고, 국립공원이 있는 것이다. 지속가능한 산, 아름다운 국립공원을 계속 존재하게 하기 위해 산악인들의 역할은 매우 중요하다. 나는 우리 설악산에서부터 진정한 산악인이 구분되고 올바른 산악문화가 재창조되는 혁신이 있었으면 좋겠다.

산악인들의 명예가 존경받고 레인저들의 임무가 존중되는 윈 윈(win-win)이 있었으면 좋겠다. 두 그룹이 해야 할 일이 너무도 많다. 그런 일을 실천하면서 산악인, 국립공원 레인저 모두 산에 대한 도덕적 의무와 책임에 충실한 이 사회의 엘리트 집단으로 거듭나기를 소망한다.

국가 최고, 세계 일류의 설악산국립공원이 있고, 전국 산악모임에서 최고 엘리트 집단인 여러 산악회가 설악산을 둘러싸고 있다. 뜻과 힘을 모아 모범적인 산악문화를 정착시키고 동반자로서 산악인 · 레인저 협력관계를 맺어 우리 설악산을 더욱 세계적인 명산으로 승화시키며, 그런 리더십을 전국의 명산에 전파해야 할 의무가 바로 우리 설악산, 산악인, 국립공원 레인저들에게 있다.

우리가 어떻게 해왔고, 앞으로 어떻게 하는지에 관하여 오늘도 설악산은 우리를 굽어보고 있다.

— 설악산악연맹 발간 산마루, 2008. 6월호

산꾼이 본 국립공원 레인저 – 방순미

방순미 님은 올해 47세, 양양군에 거주. 전문적인 산행경력은 약 10년으로 현재 관동산악회 부회장이며 시인이다.

언제부터인가 산을 좋아하게 되었다. 인간은 자연으로 돌아간다는 이치로 산을 좋아하게 된 것은 당연한 일인지도 모른다. 도덕경에 '사람은 땅에서 배우고, 땅은 하늘에서 배우며, 하늘은 자연에서 배운다' 는 말이 있다. 그만큼 자연은 초월적인 힘과 위대함을 가졌다고 믿는다.

오르지 못할 곳이 없는 오밀조밀한 설악산! 어제의 산이 다르고, 오늘의 산이 다르듯, 산은 내 안식처이다. 산에 가겠다고 마음이 서는 날이면 지금도 설렘으로 밤잠을 뒤척이기 일쑤다. 산과 함께 호흡하며 그만큼 감동이 될 무언가 추억이 많기 때문이리라. 산은 말이 없지만 산에 들면 산과의 대화법이 따로 있는 것인지, 끝없는 이야기가 펼쳐진다.

설악산국립공원 신용석 소장의 글 '산악인과 국립공원 레인저' 를 읽은

적이 있다. 산악인의 범주에 대해 생각하는 내용에 대하여 사실 좋은 감정으로 바라보지는 않았다. 어떤 사람이 '참 산악인' 일까? 욕심을 내자면 '산을 통하여 우주를 꿰뚫어보는 깨달음' 을 얻은 자라면 어떨까 싶다.

내 자신은 산을 무척 좋아해서 백두대간을 종주하고 해외 트레킹도 자주 다니지만 산악인이라고 자처할 수 없는 심정이다. 마음이 아직 맑게 닦여지지 않고 있는 까닭이다. "이 산에 왔다 죽을지라도 난 후회 없다" 라는 말을 자주 하곤 했다. 내가 좋아 왔으니 이곳에서 죽은들 무슨 여한이 남으랴 싶다. 그런데 요즘 국립공원에서는 뒷동산도 오를 곳이 없을 정도로 규제가 심하다.

물론 국립공원 레인저의 자연을 보호하자는 깊은 뜻을 충분히 납득하지만, 설악산을 바라보며 마음에 산을 가두기에는 가슴이 아프다. 내 과한 욕심이겠지만, 사랑하는 사람을 만나지 못하게 하는 훼방꾼이 있어 안타깝다고나 할까? 아무튼 국립공원이라는 이유로 규제만 하는 방침에 아쉬움을 떨칠 수가 없다.

산을 오르는 일부 사람들이 예의를 벗어나 자연을 훼손하고 더럽히는 일도 있겠지만, 국립공원 레인저가 앞장서 계몽, 실천할 수 있는 일은 없는지 아쉽다. 국립공원 레인저와 산을 사랑하는 사람들이 타협점을 찾아 '산이 있어 산에 오른다' 는 평범한 진리 안에 살고 싶다. 서로 생명을 사랑하고 존중하며 함께 더불어 살아가는 길을 찾아볼 일이다.

길게 뻗은 저 눈 덮인 설악능선! 당장이라도 나를 와락 껴안을 듯한 산이여, 저 산봉우리가 나를 부르는 듯하네!

— 2008. 12. 26

소장 메가폰

부임 인터뷰

1. 부임 소감

설악산은 '국가대표 국립공원' 입니다. 전 국민을 대상으로 한 여론조사에서 인지도 1위의 국립공원일 뿐 아니라 세계적으로도 그 생태적, 경관적, 문화적 가치가 매우 뛰어나 '국제적 국립공원' 으로 인증된 공원(IUCN Category Ⅱ)입니다. 이렇게 중요한 국립공원의 책임을 맡게 되어 마음의 부담은 있지만, 개인적으로는 더 할 수 없는 영광이라고 생각하면서 앞으로 설악산국립공원의 보전, 발전을 위해 최선을 다하고자 합니다.

2. 설악산은 어떤 산인가

저는 꼭 산 뒤에 국립공원이라는 '훈격' 을 붙여 설악산국립공원이라고 표현합니다. 제가 생각하는 설악산국립공원은 한마디로 '생명력이 넘쳐나는 장대한 자연 그 자체' 입니다. 돌 틈에서 은밀하게 핀 하나의 야생화에서부터 대청봉에서 바라보는 웅대한 장관(壯觀)에 이르기까지 우리 인간에게 생명은 무엇이고 삶은 어떠해야 하는가를 늘 일깨워주는 '생명의 국립공원' 이라고 생각합니다.

또한 설악산은 그 자체가 자연의 보고일 뿐 아니라 백두대간의 중심에서 남북의 생태요소들을 연결하고 품어주는 매우 중요한 위치에 있습니다. 설악산이 살아나야 백두대간이 살아나고, 그래야 우리나라에 금수강산이 남아있다고 말할 수 있습니다.

공원관리자의 입장에서 본 설악산국립공원은 전국의 20개 국립공원을 한 곳에 모아놓은 곳입니다. 경관적으로도 그렇지만, 중요한 공원관리 이슈의 대부분이 이 공원에 존재하고 있습니다. 따라서 설악산국립공원은 공원관리의 리더, 프론티어적인 역할을 해야 합니다.

3. 개선되어야 할 점, 보존되어야 할 점, 앞으로의 활동계획 등

설악산국립공원은 그간의 과도한 이용과 최근의 수해에 의해 적지 않은 고통을 받고 있는 것이 사실입니다. 자연 스스로 정상적인 진화를 할 수 있는 환경용량을 회복토록 하는 동시에 이용자와 지역사회의 바람을 충족시켜야 하는 것이 공원관리의 어려움인데, 앞으로 '엄격한 보존과 지속가능한 이용' 개념이 실제 현장에서 가시화될 수 있도록 최선의 대안을 강구토록 하겠습니다.

국립공원 안쪽에서는 자연과 고객과의 공감을 통해 선진적, 과학적 공원관리에 노력하겠습니다. 또한, 국립공원 경계에서 벗어나 각계각층의 지역사회 분들과 격의 없는 대화와 토론을 통해 이해를 구할 것은 구하고 서로 협력해야 할 부분은 적극 협력하는 등 '커뮤니티 구성원' 의 하나로서 역할을 해나가고자 합니다.

아마 설악동 집단시설지구 재정비 문제, 오색지구 등에서의 수해복구사업을 둘러싼 이해관계자들 간의 갈등, 자연생태계 전반에 대한 안정성 확보, 멸종위기 동식물 복원, 고산지대에서의 탐방서비스 강화, 자연에 부담을 주지 않고 지역경제에도 이바지하게 하는 '생태관광' 의 적용 등이 앞으로 풀어나가야 할 숙제가 아닌가 생각합니다.

그리고 이런 현안문제들을 돌파하면서 앞으로 설악산국립공원이 '국제적인 국립공원' 으로서 한 단계 더 업그레이드 될 수 있도록 미래적인 관리정책과 관리기법을 창출해 내는 것 또한 저의 과제라고 생각합니다. 아울러, 우리 국립공원 직원들의 애칭을 레인저라고 하는데, 레인저들의 전

권금성에서 초도순시를 나온 엄홍우 이사장, 이동규 레인저와 함께

문성을 함양하는 것에도 노력하겠습니다.

4. 관광객과 주민에 대한 당부사항

저는 국립공원을 '등산 훈련장' 처럼 사용하는 이용행태가 하루빨리 바뀌어야 한다고 생각합니다. 꼭 산악 정상을 등정해야만 직성이 풀리고 무용담이 만들어지는 것은 아닐 것입니다. 자연의 묘미와 아름다움에 대한 느낌은 오히려 자연과의 가벼운 접촉과 조용한 사색에 의해 만들어 지는 것입니다. 그런 의미에서 저희 사무소가 제공하는 자연해설 프로그램이나 자연관찰로 탐방에 좀 더 많은 분들의 참가를 권유하고 싶습니다.

지역주민들에게 저희 국립공원사무소는 부정적 인식이 더 많은 기관인 것이 사실입니다. 저희가 하는 자연보전활동은 장기적으로 모든 분들에게 혜택을 제공하겠지만, 경제활동처럼 금방 어떤 이익을 가져다주지는 못하는 속성을 갖고 있기 때문입니다.

자연을 온전하게 보전하는 것이 결국 주민여러분을 위해서, 미래세대를 위해서 기여하는 것이 되겠지만, 현실적으로 완전한 공감을 얻지는 못하고 있습니다. 앞으로 이 점에 관하여는 지역 여러분과 함께 국립공원과 지역사회가 상생, 공존하는 방안을 적극적으로 강구토록 하겠습니다.

저희 국립공원관리공단의 비전-전략 중 하나가 바로 '지역사회 협력' 입니다. 우선 저희 공원직원들부터 마음을 열고, 지역주민 입장에서 공원관리를 바라보는 역발상을 하도록 하겠습니다. 지역 여러분도 공원관리자의 입장에서 지역을 바라보는 시각이 필요합니다. 이런 교감과 이해를 통해 이 곳 설악산국립공원에서 지역협력의 모범사례를 만들어내는 것이 저의 가장 큰 목표 중 하나입니다. 감사합니다.

— 설악신문, 2007년 8월

울산바위에서
모처럼 찾아온 내 아이들, 다경이 석재와 함께

국가 최고, 세계 일류 국립공원

— 뉴 비전 선포식

직원 여러분, 엊그제 우리들의 새 비전 선포와 혁신대회가 여러분들의 적극적인 참여와 호응 속에 훌륭한 성과를 거둔 것에 대해 감사드립니다. 웅크리고 있는 사자처럼 조용했었지만, 우리가 일어서기만 한다면 그 어떤 가능성도 충분하다는 것을 스스로 느꼈던 대회였다고 자평합니다.

대회는 대회로 끝나는 것이 아니라, 이제 공격적인 액션을 취하며 고지를 점령하고자 하는, 즉 비전을 성취하기 위해 뭔가 각자 '전략적으로' 실천해야 할 일이 있을 것입니다. 자동적으로 주어지는 일도 있겠지만, 스스로 찾아서 해야 할 일, 행동도 많을 것입니다. 혁신은 나부터, 작은 것부터, 지금 당장 시작하는 것입니다.

국가최고, 세계일류의 공원관리를 향해, 또한 그런 최고의 역량을 갖추는 개인 발전, 조직문화 개선을 위해 다함께 더욱 노력해주시길 당부합니다. 여러분 모두가 한 분 한 분 소중한 리더입니다. 힘을 합쳐 우리는 '최고의 국립공원 리더십' 을 갖출 수 있습니다.

제가 했던 '뉴-비전 기념사' 와 '혁신대회 마무리 멘트' 를 첨언합니다.

뉴 비전 기념사

오늘 한국의 자연, 한국의 국립공원을 대표하면서 온 국민의 사랑을 받고 있는 이곳 영광스러운 설악산 국립공원에서 우리 사무소의 새로운 비전을 천명하고, 한마음 한 뜻으로 희망찬 도약을 다짐하게 된 것을 매우 뜻 깊고 자랑스럽게 생각합니다.

우리 설악산국립공원은 백두대간의 핵심, 중심자리에 위치하면서 생동하는 자연생태계, 변화무쌍한 경관, 유서 깊은 문화자원 등이 훌륭하게 보전되어 있는 '국가대표 국립공원' 입니다. 국가의 핵심 자연을 상징하고 국민적 자부심이 배어 있는 곳입니다. 또한 설악산을 중심으로 4개 시군의 지역공동체가 형성되어 있는 그 중심 공간이기도 합니다.

이토록 자랑스러운 저희 설악산국립공원은 그간 수많은 훌륭하신 개척자들과 선배님들의 헌신에 의해 '국가최고 국립공원' 이라는 명맥을 유지해 왔습니다. 세계적인 권위를 갖고 있는 국제자연보전연맹 IUCN 으로부터 '국제적 수준의 국립공원' 이라는 인증을 받은 바도 있습니다. 대한민국 모든 국민들이 '설악산국립공원이 최고다' 라는 것에 동의하고 있습니다.

그 반면에 직원 여러분 ! 과연 우리가 설악산 자체가 갖고 있는 이런 최고의 명성에 걸맞는 공원관리를 하고 있느냐에 관해서는 우리 스스로를 냉정하게 비판해보아야 한다고 생각합니다. 과연 우리가 대한민국을 대표하는 최고의 직원, 레인저로 불리울 만큼 그런 역량과 전문성을 갖고 있느냐, 과연 우리 공원의 자연과 고객과 지역사회가 우리에게 최고점수를 주고 있느냐, 이런 것들에 대해서 우리의 현재수준을 솔직하게 진단하고, 그 부족함을 채워서 좀 더 큰 발전을 위해 한마음 한 뜻으로 나아가자

비전선포식 후
파이팅!

하는 것이 오늘 이 대회의 취지라고 생각합니다.

존경하고 사랑하는 직원 여러분, 선 · 후배 여러분!

물론 우리 앞에 여러 가지 어려운 현실이 놓여있습니다. 심산유곡으로 이루어진 광활한 면적과, 일시에 집중되는 탐방객에 비하여 인력, 예산은 여전히 부족해서 완벽한 공원관리를 수행하기에는 적지 않은 어려움이 있는 것이 사실입니다.

특히 '고객의 시대, 지방화 시대'를 맞이하여 자연을 최대한 보전하는 동시에 탐방객과 지역사회도 최대한 만족시켜야 하는 어려운 과제를 안고 있습니다. 우리 내부적으로도, 그간 여러 가지 평가결과를 불식하고, 일신 우일신해서 좀 더 효율적인 전문화된 공원관리, 좀 더 뜨겁고 활력 넘치는 수평적인 조직문화를 창출해야 하는 전환기를 맞고 있습니다.

우리 사무소가 오늘 새로운 비전을 선포하고, 미래발전을 위한 혁신대회를 갖게 된 것은 우리가 당면하고 있는 이런 어려운 상황을 지혜롭게 극복해서, 미래에도 여전히 국민들이 자랑스러워 할 최고의 국립공원으로 존속되고자 하는 의지를 천명코자 하는 바입니다.

'국가최고, 세계일류의 국립공원 리더십을 구축'하자는 새로운 비전을 성취하기 위해서는 전직원 모두의 뜨거운 열정과 각고의 노력이 필요할 것입니다. 남과 다른 나, 남들과 다른 우리가 되지 않고서는 결코 최고의 사무소, 최고의 레인저가 될 수 없습니다. 남과 다른 내가 되기 위해서는 우선 나의, 우리들의 과거습성과 현재의 자만심과 무사 안일함을 모두 확실하게 버려야 할 것입니다.

우리 사무소에는 신세대와 구세대가 공존하고 있습니다. 많은 직종, 계층들이 있습니다. 각자에게 분명한 강점과 약점이 있습니다. 서로가 서로의 강점을 존중하고 약점을 보완해주는 진정한 친구관계, '열린 커뮤니케이션' 이 필요합니다.

변화와 혁신이 필요합니다. 급변하는 세상, 모두가 경쟁하는 승부의 세계에서 우리 스스로의 체력과 지식, 상황 대처능력과 과학적인 전문성을 업 그레드 하지 않는다면 결코 우리는 최고가 될 수 없을 것입니다. 여기 있는 우리가 최고가 되지 않는다면, 결국 우리의 설악산국립공원도 더 이상 최고 상태로 존재하지 않을 것입니다.

존경하고 사랑하는 직원 여러분,

저는, 오늘 우리 사무소의 새로운 비전 선포와 미래 발전을 위한 혁신대회를 계기로 최고를 지향하는 혁신적인 공원관리에 직원 모두가 벌떡 일어나 주기를 간절하게 호소합니다.

국가최고, 세계일류의 공원관리 ! 자연보전과 탐방서비스 수준을 국제적 기준으로 상향시키고, 국립공원과 지역사회가 상호존중하면서 공존, 상생하고 그런 전략목표 달성을 위해 우리 스스로가 최고의 전문역량을 갖추어 나갑시다. 그리고 그런 국립공원 리더십, 공원관리 모델을 창출해서 국가에게, 국민에게, 전세계 사람들에게 우리의 모습을 자랑스럽게 내보이는 그런 최고의 국립공원사무소로 거듭날 것을 우리 설악산국립공원의 신령님께, 국민들께 엄숙히 약속하는 바입니다.

우리 설악산국립공원의 영광을 위해, 우리 사무소의 명예를 위해 앞으로, 앞으로 희망찬 미래로 나아갑시다. 감사합니다.

비전 · 혁신대회 마무리 멘트

이번 비전 선포식, 혁신대회를 준비하면서 혹시 썰렁하지 않을까 걱정했었지만 제가 본부에서 치뤘던 전국적인 어떤 대회보다도 훌륭하게 진행되고, 그런 성과가 있었다는 것에 대해 모든 직원 여러분에게 감사드립니다.

오늘로서 제가 부임한지 3개월도 안되었는데 난데없이 새로운 비전을 만들어 내자, 혁신대회를 하자 하는 것에 적지 않게 당황한 직원들도 있었겠고, 또 지방 사무소로서는 해내기 쉽지 않은 이런 행사를 지시한 측면이 있어서 "미안합니다, 수고 했습니다"라는 말씀을 우선 드립니다.

제가 설악산에 처음 발령 났을 때, 사실 약간 당혹스러웠습니다. 늘 공단의 베테랑 간부들이 훌륭한 리더십을 갖고 포진했던 곳이 이 사무소였습니다. 그런데 저와 같은 약관의, 경험이 일천한 사람이 감히 그런 자리를 잘 해낼 수 있겠는가 라는 일종의 두려움이 있었습니다. 공단본부에서도 일종의 실험이 아니었나 생각합니다.

역시 제가 부임해서 본 우리 설악산국립공원은 천하의 절경에, 풍부한 자연생태계에, 그 많은 탐방객에, 엄청난 수해복구공사와 그에 따른 환경 이슈들에, 또한 여러 가지 중요한 지역현안들이 한꺼번에 모여 있는, 대한민국에서 가장 중요한, 가장 바쁜 국립공원이라는 것을 실감했습니다.

그러나 그 정반대로 우리들이 하고 있는 공원관리 상태랄지, 그 수준이랄지, 직원들의 역량이나 조직문화 이런 것들에 대해서는, 제가 기대했던 것보다, 솔직히 크게 실망하지 않을 수 없었습니다.

물론 훌륭하신 고참 직원 여러분, 성실하게 열심히 일하시는 현장 직원들에 의해 기본적인 공원관리는 잘 수행되고 있다고 생각합니다. 그러나 그 기본적인 공원관리는 전국 20개 국립공원에서 이미 다 정착되고 있는 정도의 것이 아닌가 생각합니다.

무엇인가 남다른, 좀 더 체계적이고 과학적인 업무시스템, 미래지향적인 업무개발, '열심히' 를 넘어서 '열정적' 으로 하는 분위기, 직원 개개인의 능력과 품성은 우수하지만, 그런 개인들의 강점을 엮어내는, 모아주는 커뮤니케이션 문화의 부족, 이런 것들이 참으로 아쉬웠다라고 말씀드립니다.

우리는 설악산이기 때문에 다른 사무소보다 섬세하게는 일을 하지 못한다, 다른 사무소에서는 상상할 수 없을 정도로 설악산은 어렵다, 이런 말씀과 변명들이 있을 수 있다고 생각합니다.

그러나 그 반면에, 우리는 설악산이야. 모든 직원들이 최고의 자부심을 갖고 있고, 인력이나 예산이나 장비가 제일 많아, 그래서 우린 항상 일등이야. 이렇게도 말 할 수도 있어야 하지 않나 저는 그렇게 생각합니다.

어쨌든, 우리들끼리만 이야기하는 우리는 최고입니다. 자화자찬이죠. 그러나 우물 밖으로 한 발짝만 나가서 우리를 남들과 비교했을 때, 우리는 더 이상 최고가 아니라는 것을 많은 평가결과가 말해주고 있습니다. 그런데 그런 엄연한 사실을 애써서 외면해 왔던 것이 우리 사무소였으며, 뭔가 문제가 있으면 해결해야 했는데 그저 걱정만 하고 한숨만 쉬고 있었던 건 아니었나 이렇게 저는 냉정하게 평가합니다.

그런 과거와 현재가 중요한 것은 절대 아닙니다. 위기는 곧 기회입니

미래발전 혁신대회

다. 우리가 더 분발해야겠구나 이런 희미한 의식만 있어도 우리는 얼마든지 생존해나갈 수가 있습니다. 왜냐하면 이곳은 설악산이기 때문입니다. 최고의 공원이 우리를 지탱하고 있기 때문에, 우리는 조금의 노력으로도 충분히 화려했던 명성을 회복할 수 있습니다. 그 출발점이 바로 오늘 비전 선포와 혁신대회인 것입니다.

국가 최고가 되자, 세계 일류가 되자, 그래서 전국의 국립공원 맨 앞에서 동생 국립공원들을 선도하고 지휘하고, 더 나아가 모든 보호지역, 자연지역들에게 공원관리 노하우를 전파해주는 '국립공원 리더십'을 구축하자 하는 것이 오늘의 우리의 약속, 비전 선포였다고 생각합니다.

또한 진정 우리에게 어떤 문제가 있었는지, 어떤 약점이 있었는지를 솔직하고 분명하게 밝혀서, 그런 위기 요인을 극복하기 위한 여러 가지 전략과 실천과제를 발굴해 낸 것이 오늘의 혁신 대회였습니다. 오늘 많은 이야기들이 있었지만, 그런 것들을 세 가지 정도로 요약할 수 있겠습니다.

첫째, 소통의 문화입니다.

선후배 간, 직급 간, 직종 간, 연령 간, 본소 · 분소 간 활발한 대화와 교류를 통해서 모두 한마음 한 뜻이 되자 하는 것입니다. 개인 한 명 한 명의 에너지를 모두 모아서 거대한 발전소의 터빈과 같은 힘찬 동력을 만들어내자 하는 것입니다.

저는 앞으로 모두 모두가 친구인 수평적인 조직문화, 모두 모두가 서로 도움을 주고받는 진정한 공원가족을 만들어내는 것에 가장 큰 중점을 둘 것입니다. 오늘 나온 여러 가지 대안들이 가급적 모두 실천될 수 있도록 최선의 노력을 다할 것입니다.

둘째는, 현장입니다.

자연보전, 고객만족, 지역협력 모두 현장에서 해내야 할 일입니다. 여러분에게 주문합니다. 다시 현장으로 갑시다. 옛날 우리가 하루에도 몇 번씩 제복을 적셨던 옛날로, 등허리에 쓰레기 국물이 흘러서 냄새가 지워지지 않았던 그 옛날로, 칼부림을 하는 불법행위자들 앞에서 의연하게 맞섰던 그 옛날의 모습이 진정한 우리 레인저들의 모습이라고 저는 확신합니다.

우리는 결코 화이트 컬러가 아닌 것입니다. 야성적이고 거칠고 동시에 지적인, 지혜로움을 갖춘 진정한 레인저로 복귀합시다. 우리 직원이라면 누구나 다 일주일에 10km 정도 이상의 산악순찰, 종합순찰을 목표로 합시다.

마지막 세 번째는, 전문성 구축입니다.

제가 말하는 전문성은 가방끈에 대한 것이 아닙니다. 어떤 고참 직원이 현장 구석구석을 잘 알고, 최고의 현장능력을 갖추고 있다하더라도 그 능력과 경험이 체계적으로 요약되고, 다른 직원에게 전파할 수 있도록 정리되어야 비로소 전문성을 갖추었다고 말 할 수 있습니다.

어떤 신참 직원이 박사학위를 갖고 있을 정도로 박식하다고 해도 그 지식이 현장관리에 적용되지 않는다면 그 능력은 개인적인 재산일 뿐이지 우리 공원관리에 전문성으로 이어지지 않는 것입니다. 그 고참이 갖고 있는, 그 신참이 갖고 있는, 또한 청소, 영선, 시설, 자연환경안내, 동식물보호단, 안전 관리반 등의 모든 업무를 서로 공유하고 서로 연결시키고 하는 시스템을 갖추었을 때 이것이 바로 우리가 가져야 할 전문성이라고 생각합니다.

저는 약속합니다. 국가 최고, 세계 일류, 그런 국립공원 리더십을 3년 안에 달성하는데 혼신의 힘을 다할 것입니다. 오늘 제안된 여러 가지 대안들이 확실하게 실천될 수 있도록 철저하게 준비하고, 철저하게 이행할 것입니다.

여러분도 저에게 약속하셔야 합니다. 변화해야 하고 혁신해야 합니다. 더 높은 이상을 세우고, 더 뜨거운 열정으로 우리 설악산국립공원을 지켜내고, 발전시키자 하는 그런 약속을 서로 서로 해야 합니다.

모두 함께 손에 손잡고 희망찬 비전을 향해서 성큼성큼 앞으로, 앞으로 나아갑시다. 오늘 장시간, 다함께 한마음 한 뜻을 확인하게 해준 모든 직원 여러분께 감사드립니다. 고맙습니다. 사랑합니다.

백두대간 이렇게 생각한다

— 산행문화의 순례지(巡禮地)가 아닌, 자연의 성지(聖地)로

백두대간 마루금이 지나가는 설악산국립공원에는 약 41km의 백두대간 축이 있다. 이 남북 축과 서북능선-화채능선에 의해 설악산은 각각 외설악, 내설악, 남설악으로 불리우며 저마다 독특한 지형경관과 다양한 생태계를 형성하여 '국가대표 자연' 으로 온 국민의 사랑을 받고 있다.

이런 가치를 인정받아 1982년 유네스코가 생물권 보전지역으로, 2006년 국제자연보전연맹(IUCN)이 '국제적 국립공원(Category Ⅱ)' 으로 인증한 바 있다.

그러나 공원관리자의 시각으로 본 설악산국립공원의 생태적 가치는 '국가 대표, 국제적 국립공원' 으로 계속 존재할 것이냐에 대하여 우려하지 않을 수 없다. 연간 400만 명에 육박하는 탐방객 대부분이 한계령, 대청봉, 공룡능선 등 백두대간 마루금을 향하여 총 돌격하듯이 집중되고 있고, 자연현상이라고는 하지만 매년 강도를 높여가는 태풍과 집중호우에 의해 곳곳이 무너져 내리는 아픔을 겪고 있다.

이에 따라 등산로 곳곳의 땅이 패여 수목 뿌리가 노출되고 풀뿌리가 씻겨 내려가는 등 자연경관 훼손은 물론 이 곳을 터전으로 하는 야생동물들의 서식환경이 상당한 위협을 받고 있다. 이에 따라 설악산국립공원사무소에서는 능선부의 백두대간 축 약 28km에 해당하는 대간령-미시령-마등령, 희운각-대청봉, 한계령-점봉산-단목령 구간을 출입금지구역으로 지정하여 '마지막 남은 원시적 야생 환경' 을 보전하고 있다.

백두대간 보호
점봉산 곰배령에서
설악산국립공원의
백두대간 중요성을
설명하고 있는 필자

그러나 백두대간 자체를 사랑하고 신성시하기 보다는 마루금 전체를 꼭 관통해야 직성이 풀리는 '산행문화'에 의해 백두대간은 점차 그 위용과 가치를 잃어가고 있다.

과도한 단체산행에 의한 토양유실, 일반인들은 다 지키고 있는 불법 취사 · 야영의 성행, 이로 인한 쓰레기 오염, 비박에 의한 희귀식물 훼손과 나무를 장작으로 때는 등의 산불위험, 곳곳의 용변, 능선 이탈 시 발생되는 수많은 샛길 등 가장 존엄하게 보존해야 할 곳이 가장 경시되는 곳으로 전락하고 있다.

설악산 백두대간 구역의 바위 구석구석을 수놓았던 솜다리꽃(에델바이스)은 다 어디로 갔는가? 사람을 피해 가장 깊은 곳, 높은 곳으로 숨어들었던 대형 포유동물들의 자취는 다 어디로 갔는가?

이런 상황에 더 불을 붙이고 있는 것이 '백두대간 보호에 관한 법률'과 '국가등산로' 지정 문제다. 백두대간을 보호코자 법을 만들어놓고 백두대간을 공식적으로 망가뜨리는 등산로를 법제화시킨다는 것은 모순 중의 모순이 아닐 수 없다.

등산로 하나의 문제는 그 선(線)으로 끝나는 것이 아니라 주변일대의 면

백두대간의 고개 숙인 사람들
황철봉에서 불법 산행자들을 단속하고 있는 이동규 레인저.

(面)으로 확산되고, 유역으로 내닫는다.

가장 민감한 고지대 자연생태계에 대한 사람 영향이 '나비효과' 처럼 광범위한 지역에 파급되어 결국 수많은 동식물들의 이름 앞에 '멸종위기' 접두사를 붙인 것이 오늘의 우리 자연이다.

설악산국립공원에 속한 백두대간 중 점봉산-단목령 구간은 이런 모순의 극치다. 이곳은 '마지막 남은 원시림' 으로 불리 울 정도로 자연보존 상태가 우수한 곳으로, 국립공원 경계와 백두대간 보호지역이 중첩되어 있다.

국립공원 구역은 자연공원법에 의한 '국립공원 특별보호구' 로, 국립공원 구역 밖은 산림유전자원보호림(산림청)으로 지정되어 두 지역 모두 엄격하게 출입이 통제되고 있다.

그런 사실을 알리는 표지판이 즐비한 가운데 국립공원경계(백두대간 마루금)를 따라 조성한 '백두대간 등산로' 를 보면 기가 막힌다.

'엄격하게 출입통제를 한다(국립공원사무소, 국유림관리소)' 라는 표지판을 따라야 하는 것인지, '백두대간 등산로(국유림사무소)' 를 알리는 이정표와 등산로정비공사 기념비석(국유림사무소)까지 있는 안내문을 따라야 하는 것인지 헷갈리지 않을 수 없다.

한 정부 아래에 두 개의 상반된 정책이 있는 셈이다. 이 지역의 입구에는 산림청 직원과 국립공원 직원이 각각 근무하고 있다.

백두대간은 비무장지대, 서남해안 벨트와 함께 국토의 3대 생태축이다. 굳이 생태와 환경을 얘기하지 않더라도 우리 국토의 역사와 문화, 국민의 애환과 정서, 지역의 향토색을 상징하는 자연의 성지(聖地)다.

그리고 '이 곳만큼은 어떤 일이 있더라도 지켜내서 미래세대에게 그대로 물려주어야 한다' 라는 뜻에서 지정한 곳이 국립공원이다. 국립공원에서 허용하는 이용의 한계는 바로 '지속가능한 정도' 의 가벼운 생태탐방이다.

아름다운 자연경관을 따라 정해져 있는 길만 이용하고, 나머지는 자연의 땅으로, '자연 스스로 진화되게 하자' 는 것이다. 백두대간 이용 역시 이런 원칙에서 크게 벗어나지 않아야 하고, 그 것이 법의 정신이라고 본다.

이기주의적 발상, 사람 편의적 발상이 오늘날의 기후변화를 초래하고 있다. 백두대간은 더 이상 사람만을 생각하는 맹목적 순례, 무용담을 만들기 위한 수단으로 전락해서는 안 된다고 본다. 그렇게 하지 않으면 곧 '백두대간의 역습' 이 있을 것이다.

— 사람과 산, 2007년 11월호

케이블카 논란에 대하여

— 하나 밖에 없는 설악산국립공원

요즘 지역의 신문지상에 설악산 케이블카 이야기가 빠지는 날이 별로 없다. 만나는 지역사람마다 공원 소장으로서 어떻게 생각하느냐는 질문에 내 소관을 넘어선 일이라고, 순전히 개인적인 의견이라고 구렁이 담 넘어가는 식의 답을 하곤 한다.

오래 전부터 오색-대청 간 케이블카를 소망하는 양양군 이외에 각자 설악산을 행정구역으로 하고 있는 고성군(울산바위), 인제군(내설악)에서도 케이블카가 필요하다는 정책판단 또는 지역여론이 있다.

여기에 설악산 내부로의 경전철, 모노레일, 설악산 자락에 근접하면서 일부 공원구역을 관통하는 고속도로, 그 밖에 일부 출입통제구역을 풀어 달라는 민원 등이 이어지고 있다.

이런 이슈들에 대해 국립공원내에서 풀 한포기, 이슬 한 방울이라도 애지중지하여야 하는 공원관리자의 입장에서는 하고 싶은 이야기가 있어도 혹시 관련 중앙정부를 난처하게 하지 않을지, 매일 만나는 지역 사람들과 지역사회가 곡해하지 않을지 벙어리 냉가슴을 앓고 있다.

그러나 '적어도 이곳만은 지키자' 는 국립공원제도를 현장에서 이행하고 있는 공원관리자로서, 또한 국립공원과 지역사회의 상생-공존을 모색하여야 하는 현실적 입장에서 과연 케이블카가 지역경제를 살리는 유일한 대안인지 다음과 같은 염려를 하지 않을 수 없다.

권금성 케이블카

첫째, 과연 케이블카는 황금알을 낳는 거위인가?

전국에서 가장 사업성이 높다는 권금성 케이블카가 있음에도 어찌 아랫마을 설악동에는 경제효과가 거의 없는가?

어른 1인당 8천5백 원인 권금성보다 훨씬 규모가 큰 케이블카를 설치, 운영해야 하는 지형여건을 감안했을 때 투자비와 운영비를 회수하기 위한 요금 부담에 대해 일반서민들은 그만한 부담유혹을 느낄까?

산행왕복에 땀 뻘뻘 흘리며 8시간 이상 또는 1박2일이 소요되는 현재의 도보탐방객에 비해 1시간 내외의 짧은 체류를 할 케이블카 이용객으로부터 과연 호주머니를 더 열게 할 수 있을까?

혹시 케이블카 업체에는 득이 있을지 몰라도, 그 아래의 지역마을에도 득이 돌아갈 것인지, 만일 케이블카로 인한 위화감 때문에 그 등산로의 산행객이 감소한다면 그 경제적 역효과는 없을지?

둘째, 과연 케이블카는 자연보호의 수단인가?

등산로 훼손을 막는 효과가 있으려면 등산로를 막고 케이블카 이용을 의무화하여야 하는데, 온 국민이 산행객인 우리나라 정서에서 이게 가능할까. 특히 대청봉을 오르는 가장 짧은 이 길을 막는다면 이곳을 애용했

벗겨진 권금성
원래는 키 작은 풀밭이었을 이 곳에 사람들이 집중되어 '바위사막' 이 되었다.

던 수많은 고객들이 이를 수용할 것인지.

급경사 지역에서 풍화작용이 심한 화강암에 지표층이 살짝 덮고 있는 지형적 특성 때문에 집중호우 때면 산사태가 대량 발생하는 설악산 능선부가 그 육중한 케이블카 기둥을 버텨내려면 얼마나 큰 구멍을 뚫어야 하는지.

그 이후 천혜의 자연경관을 영구적으로 훼손할 스카이라인을 어떻게 쳐다볼지. 케이블카에서 내려 산 정상부 모습 자체를 즐겨야 하는데, 이미 흙과 풀이 벗겨진 권금성처럼 신기하고 아름다운 비경이 남아날 것인가. 더구나 대청봉처럼 고산지역의 혹독한 기후환경에 가까스로 적응된 자연생태계는 한번 훼손되면 회복의 길이 거의 없다.

많은 사람들이 외국사례를 이야기하고 있지만, 그 곳의 산행문화와 자연위험성은 우리와 크게 다르다. '현재의 자연을 훼손됨이 없이 남겨둔다' 라는 국립공원 발상지 미국의 국립공원에는 케이블카가 없다.

스위스 알프스지역에도 국립공원 구역 내에는 케이블카가 없으며, 중국, 일본의 국립공원에 케이블카가 많지만, 그 곳에는 애초부터 등산로 이용객 자체가 극소수로, 케이블카가 아니면 갈 수 없는 장소가 많다.

셋째, 과연 케이블카는 어린이, 노약자를 위한 배려의 수단인가?

산은 정복하는 것이 아니라 산이 받아주는 것이라고 배워온 우리에게 있어서, 자연탐사와 호연지기로부터 정신적, 신체적 건강을 유지해야 한다고 가르치고 있는 우리사회에서 과연 케이블카를 이용한 간단한 경험이 교육적, 문화적 가치를 가질 수 있는가?

우리는 컴퓨터 환경에 몰두하고 있는 현재의 어린이들과 앞으로의 미래 세대들을 어떻게 키워내야 하는가? 적지 않은 노년층이 산행을 즐기며 건강을 돌보고 있고, 지체장애인들도 온갖 역경 끝에 산꼭대기에서 희열감을 맛보고 있는 '산의 신성함, 신선함' 을 대신할 그 무엇이 있는가.

이 밖에도 전국 명산에 케이블카 도미노 현상이 초래되지 않을지, 특히 설악산과 지리산 같이 하나의 권역에서 여러 자치단체가 경쟁적으로 케이블카와 같은 시설설치를 시도할 경우 결국 산 전체가 기계로 덮이고 관광객 분산현상만 있지 않을지, 일 년에 4개월의 산불위험기간과 기상경보 발령시 입장을 통제하는 현재의 보호정책을 바꿔야 하는지.

산 정상에 집중된 탐방객들이 여러 경로로 하산할 때 환경오염, 안전사고, 샛길 발생, 대피시설 수요 등 그 여파를 어떻게 감당할 수 있을지, 장단점을 균형적으로 논의하고 그 대안을 찾아야 할 부분이 너무도 많다.

현재의 개발 지향적 분위기에서 모든 것을 다 막지는 못하더라도, 제발 국립공원의 심장부만은 건드리지 않았으면 하는 애타는 바람이다.

국립공원 안의 자연 못지않게 주변의 지역사회에도 도움이 되는 공원관리를 하여야 함은 당연하다. 어떻게 하면 자연도 지키고 사람에게도 혜택을 줄 수 있는가?

전 세계적으로 자연을 그대로 유지하며 즐기고자 하는 생태관광, 문화

체험이 그 지역사회에 가장 기여하는 관광산업으로 성장하고 있음을 벤치마킹하고, 명품관광지의 필수조건으로 독특한 향토문화, 디자인, 먹거리, 친절성 등의 바탕을 갖추면서 거기에 케이블카 논의가 있었으면 하는 것이 매일 설악산에서 살고 있는 나의 소망이다.

우리에겐 하나 밖에 없는 설악산국립공원. 그 미스코리아의 얼굴에 상처를 내지 않고, 반만년 내려온 신성함과 존경심을 훼손하지 않으며 설악산이라는 명품 브랜드를 활용해 지역사회에 기여할 수 있는 현명한 대안을 찾는 것에 모든 이들의 지혜가 동원되었으면 한다.

수해복구공사와 환경단체

2006년 7월 15일 설악산 일원에 쏟아진 폭우의 수량(水量)은 309mm. 7월 14일 84mm의 비가 심상치 않은 예고를 했고, 7월 16일에도 103mm가 뒤를 때렸다. 일 년간 평균 강수량 1,250mm의 40%에 달하는 약 500mm가 3일 간 집중된 것이다.

이 엄청난 자연재해로 한계령 도로는 폭격을 맞은 듯 끊어진 길이만 9.7km, 한계천의 제방붕괴는 10km에 달했고, 3명이 사망, 약 1천명이 고립되는 전무후무한 피해가 잇따랐다.

급경사의 화강암 암반 위에 살짝 흙이 덮여있던 설악산 자체의 피해는 어땠을까? 등산로 29km가

수해당시 현장 주전골에서 쏟아져 내려오는 폭우와 나무뿌리들이 뒤엉켜 오색마을 계곡을 휩쓸고 있다.

새로 생긴 계곡 원래 실개천이었던 곳이 '뻥 뚫려' 거대한 계곡으로 변했다.

무너지거나 아예 사라졌고, 242ha에 이르는 산사태가 발생했으며, 뿌리채 뽑혀 나뒹굴거나 흘러내려온 나무가 21,718톤에 달했다. 설악산 전체가 왕창 흔들린 것이다.

이 미증유(未曾有)의 사태를 맞은 설악산국립공원사무소는 물론 국립공원관리공단 전체가 발칵 뒤집어졌다. 고립객 안전하산, 후속 위험지역 출입통제, 응급복구, 피해현황 조사 및 복구설계, 복구예산 확보, 전체 복구공사 동시에 착공, 수많은 보고 자료와 지시사항 등 모든 직원들이 이렇게 많은 일을 해보기는 처음이었다.

더구나 등산로 복구공사를 위해서는 새벽밥 먹는 둥 마는 둥 산에 올라 하루 10시간 이상 산행 후 밤늦게 내려오는 나날의 연속이었지만 업무진척은 미미했다.

끊어진 등산로에서 로프에 매달려 측량을 하고, 사라진 등산로에서는 새 루트를 개척하며, 아예 지형이 변화된 곳에서는 주변 지역을 샅샅이 뒤져 '예비 루트'를 찾아야했다.

정해진 공기(工期)에 맞추어 완공을 할 수 있을지 아무도 장담하지 못하고 만일 지연되는 사태가 오면 등산로 미 개방으로 온 국민의 지탄을 맞을 지경이었다.

하루가 급한 이런 상황에서 일부 구간의 공사가 중단되는 사태가 빚어져 우리 레인저들을 더욱 애타게 했다. 이유는 바로 환경단체들이 제기한 '복구공사 정책방향' 때문이었다.

즉 자연에 의한 지형변화는 자연의 복원력에 맡기는 것이 원칙이라는 정론(正論)과 현재 설치 중인 데크, 돌계단, 돌 붙임 등의 공사량이 너무 과다하다는 기술적 지적사항 때문이었다.

때맞추어 '수해복구공사에 문제 있다'는 언론기사가 터져 '힘없는' 기관의 무력한 레인저들은 궁지에 몰렸다.

자연을 보전해야 하는 당위성은 우리 공원 직원들이 더 절감하고 있다. 풀 한포기, 돌맹이 하나 반출에도 스티커를 끊어 악명이 높은 우리 레인저들이다. 그러나 수해복구 공사는 다르다.

공사는 보전되어야 할 자연을 대상으로 하는 것이 아니라, 국민이 이용하는 공원시설 즉, 등산로에 대한 것이 대부분이다.

자연복구에 맡겨야 하는 산사태지역에 대해서는 등산로 주변에 위치하여 추가 피해가 우려되는 5.6ha 즉, 전체 산사태지의 2.3%에 대해서만 이루어졌다. 등산로는 꼭 수해피해가 난 곳만을 대상으로 할 수 없어 원래 피해량의 37%를 추가 시공해야 했다. 집이 반파(半破)되었을 때 파손된 곳만을 수리할 수 없는 이치와 같다.

엿가락 교량 등산로의 철제 교량이 엿가락처럼 휘어져 내동댕이쳐 있다.

수해복구 떨어져 나간 철제 교량 위로 목재 데크를 설치하여 안전성과 편의성을 높였다.

이상의 문제점은 이해와 설득을 통해 어느 정도 해소되었으나, 문제는 필요 없이 데크가 길고 높으며, 돌계단, 돌 깔기가 많다는 지적이었다. 이 지적에 대하여는 우리 기술직 직원들도 일부 수긍하는 편이었으나 문제는 탐방객에 대한 안전성 확보(데크), 복구재료의 제한성(돌계단, 돌 깔기)이다.

공사는 향후 10년, 30년 기간의 피해재발을 고려해 그 규격을 결정한다. 백담계곡, 십이선녀탕계곡과 같이 계곡범람이 우려되는 곳에서는 데크 높이를 안전선까지 높이지 않을 수 없다. 물이 없는 현재는 높아보여도 집중호우가 재발되면 계곡물은 금방 불어나가 마련이다.

국민의 생명을 존중해야 하는 국가기관으로서는 경관 저해의 문제보다는 이용자 안전을 우선 확보해야하는 원칙에 대해서 환경단체에서는 이런 자연지역에서 인공시설을 과다하게 설치하는 것은 경관저해 문제 뿐 아니라 더 많은 탐방객의 유입을 가져와 자연훼손을 부추길 것이라는 논리를 내세웠다.

우리도 그렇게 하고 싶지만, 이미 많은 국민들이 애용하고 있는 탐방로를 폐쇄할 수도, 위험을 예상하면서도 수해 이전의 상태로만 시공할 수는 없는 노릇이다.

환경단체의 주장 일부를 받아들여 '조금'의 데크를 뜯어냈지만, 여전히 더 뜯어내야 한다는 주장이 계속되고 있다. 일부 지점에 조망경관을 고려하지 않고 시공한 데크에 대해서는 앞으로 보완이 필요하다고 본다.

돌계단과 돌 깔기의 문제는 우리도 답답하다. 설악산과 같은 급경사 지역의 등산로에서 기존의 흙 알갱이는 이미 수많은 등산화에 의해 씻겨 내려갔고, 여기에 다시 흙을 덮는다 해도 몇 달 안가서 모두 유실될 것이 뻔하다.

더구나 산 아래의 흙에는 각종 식물 씨앗이 섞여 있어 고산지대 식물생태계를 교란시킬 개연성이 매우 높다. 현재의 기술로서는 아스팔트를 깔지 않는 한 돌을 사용할 수밖에 없다.

이에 대해 환경단체는 기존의 난이도(難易度) 있는 길을 그 상태대로 유지하거나 지면(地面)변화를 최소화해야 한다는 것이었다.

이에 대하여 공원직원들은 피해를 입은 상태 그대로를 방치하거나 소극적인 시공을 할 경우 계속적인 토양침식이 불가피하므로 "이왕 손을 대는 것, 단단하게 하자(개량복구)!, 향후의 보수(補修) 소요를 최소화하자(항구복구)!" 이런 방향을 세우지 않을 수 없었다. 난이도가 높은 구간에서 빈번했던 안전사고 발생율을 줄이자는 의도도 있었다.

등산로 침식 사람 발길에 훼손된 노면은 집중호우에 의해 흙이 씻기고 식물뿌리가 뽑혀나간다.

등산로 돌 깔기 사람의 과도한 이용과 집중호우에 견디기 위해선 돌 깔기가 불가피하다.

결과적으로 이 '돌' 이슈에 대해서는 정답이 없다. 내 개인적으로는, 산악고지대에서의 등산로를 저지대처럼 매끈하게 해서는 안 된다는 환경단체의 논리에 점수를 더 주고 싶다.

그러나 안전사고에 관련된 소송에서 등산로를 최대한 안전하게 하라는 법원의 판결이 있고, 국립공원은 일반국민을 위한 곳이므로 등산전문가가 아니라도 안전하게 이용하게 하여야 한다는 일반산행객, 특히 노약자들의 여론이 있다.

장거리 등산을 하는 산행객들에겐 무릎을 쉽게 아프게 하는 돌길이지만 단거리 등산을 하는 산행객들은 보다 편한 길을 선호하는 등 공원관리는 여러 이해 관계자를 모두 만족시킬 수 없는 속성을 갖고 있다.

360° 원(圓)에서 어느 한 포인트의 사람은 만족하겠지만, 나머지 359°에 있는 사람들은 크고 작은 불만을 갖는다. 그래서 우리 레인저들은 늘 욕을 먹는다. 이 사안에 대하여는 칭찬을 하던 사람도 저 사안에 대하여는 칭찬을 거둔다. 환경단체가 꼭 그렇다.

보전 이슈에 대해서는 우리보다 더 보전적이고, 이용 이슈에 대해서는 매우 엄격한 잣대를 갖고 있다. 중간은 없다.

우리는 어떤 사안에 대해서는 환경단체가 도와주길 바라지만, 어떤 사안에 대해서는 눈 감아 주길 바란다. 눈 감아 주길 바라는 그 사안이야말로 환경단체의 도움(비판)이 필요하다고도 생각된다. 아이러니하고 역설적이다.

내가 만일 국립공원관리공단에 들어오지 않았다면 무얼 하고 있을까? 주변에 많은 훌륭한 환경운동가들에 필적할 수 없더라도, 또한 도덕적 자질이 부족한 나에게 그런 자격이 없겠지만, 아마 환경 관련 활동을 하고 있지 않았을까 자문자답해 본다.

이 수해복구공사에서 환경단체의 주장보다도 더 강력하고 극렬한 비판을 가하지는 않았을까? 산에 가야 하는 레인저들을 더 끄집어내려 곤궁에 빠트리지 않았을까?

그러나 모든 이슈에 대해 전문가인 것처럼 행동하지는 않았을 것이며 공부하지 않은 사안에 대해서는 감각만으로 상대방을 몰아치지 않았을 것이다. 같은 민초(民草)로서 민초를 대하지 권위적인 힘으로 기관을 상대하지는 않았을 것이다.

기관을 상대로 하는 환경운동 보다는 국민을 상대로 한 환경운동이 더 필요한 시기다. 환경문제는 결국 문화로 풀어내야 할 부문이다.

이 글을 갖고 주변의 존경하는 환경운동가들께서 꾸짖지 않을까 염려스럽다. 금수강산으로 불렀던 과거의 자연환경에서 그나마 오늘의 자연환경을 남게 한 것은 오로지 그 분들의 희생과 노력의 산물이라는 것에는 이의가 없으므로 가볍게 '터치' 해 주시기 바란다.

다음은 서울의 어느 환경단체가 개최한 설악산국립공원 수해복구공사 관련 포럼에서 필자가 준비한 답변 자료다.

…(중략)… 국립공원 관리에 있어 참으로 어려운 점은 어떤 이슈에서나 다양한 이해관계자들의 입장과 논리 또는 감성적인 시각이 늘 서로 '틀리다' 하는 것 아닌가 생각합니다. 서로 다른 요구와 기대를 갖고 있는 다양한 국민계층이 주시하고 있는 가운데에서 저희가 어떤 결정을 하더라도 늘 이해를 달리하는 계층이 더 많다는 것입니다.

또 하나의 어려운 점은 이제 불과 20년 된 공원관리 수준, 특히 생태계 보호와 탐방서비스, 공원시설 부분에서는 이제 불과 10년쯤 된 전문성 수준을 너무도 차원 높은 수준으로 요구하는 일부 학계 및 시민단체의 바람이 있다는 것입니다.

국립공원의 중요성에 대한 정부의 미흡한 인식, 즉 아직은 경제성장이 더 중요하다는 정부정책이 결국 국립공원에 대한 예산부족, 인력부족, 연구부족 현상으로 나타나고 있습니다. 이런 어려운 현실에서 어떤 사안이 발생되면 그것을 단순한 저희공단의 전문성 부족 또는 마인드 부족으로 보는 시각이 있는 것은 원거리 산간오지에서 근무하는 저희를 참으로 곤혹스럽게 하고 있습니다.

이런 국립공원관리의 속성에 대한 이해를 구하면서 본 수해복구사업에 대해 말씀을 드리고자 합니다.

첫째, 수해피해를 자연적인 현상으로 보고 자연복구에 맡기자, 그 지역을 출입금지 시키자 하는 논점에 대한 것입니다.

저 역시 그런 원칙에는 동감하는 부분이 많이 있습니다. 그러나 국립공원은 어디까지나 자연보전과 사람 이용을 동시에 충족시켜야 하는 태생적인 존재 이유를 갖고 있습니다.

자연보전을 전제로 탐방객에게 적정한 서비스를 제공하고, 최대한의 안전성을 확보하고 또한 지역주민들의 생활불편 해소도 감안하여야 하는 것이 저희 공원관리청에 주어진 본연의 임무입니다.

이런 측면에서 새로운 탐방로를 개설하는 것이 아니고 기존의 유실된 탐방로를 복구하는 수준, 또한 수해 재발에 대처하기 위해 개량복구, 예방복구, 항구복구하는 수준에서의 복구는 불가피하다고 생각합니다.

현재 우리나라 국민이 갖고 있는 경제, 사회, 문화적인 정서, 또는 환경인식이 아직은 그런 수해지역을 완전히 출입금지 시키는 것까지 합의할 수 있는 상태는 아니라고 생각합니다. 앞으로 그럴 때가 오기를 저희도 진심으로 기대합니다.

둘째, 과도한 시설설치에 관한 논란이 있습니다.

이 문제는 수해피해를 당했던 지역주민과 탐방객들의 절박했던 입장과 그런 피해상황에 신속하게 대응하여야 하는 의무를 갖고 있는 공원직원들, 그리고 그런 피해상황을 현장에서 '절박하게 까지' 느낄 수 없었던 분들 사이에 일정한 입장차이가 있다고 생각합니다.

엊그제에 이어서 현재도 태풍이 내습하고 있습니다. 특히 산악고지대의 집중호우 현상이 점점 더 많이 발생하고 있고, 이제 서서히 아열대기후의 징후까지 보이고 있습니다.

수해 때마다 인명피해가 발생하고 있는 국립공원은 점점 더 강도 높은 안전관리가 필요한 지역으로 인식되고 있습니다. 각종 안전사고에 대해서 법원은 우리 공단이 더 많은 안전관리를 해야 한다고 판결하고 있습니다.

약 10년 전에 불법 야영지에서 야영을 하다가 공단 직원의 철수권고를 무시하고 결국 수해로 사망한 사람들에게도 저희 공단은 17억 원을 배상한 바가 있습니다.

이런 차제에 새로운 시설 설치가 아니라, 수해 때문에 유실된 탐방로를 좀 더 안전한 상태로 복구하는 것, 그리고 앞으로 추가 피해가 발생될 우려가 있는 곳에 대한 예방적인 복구가 과다한 시설 설치로 오해받고 있지 않나 그렇게 생각합니다.

셋째, 일부 기술적인 사항 지적에 대한 의견입니다.

산악고지대, 깊은 계곡에서의 시공은 참으로 어려운 점이 너무도 많습니다. 절벽에 대롱대롱 매달려서 망치질을 해야 하거나, 늘 비구름이 몰아치는 악천후 상태에서 시공을 해야 하는 어려움이 있습니다. 또한 산악공사에 대한 경험이 거의 없는 업체가 시공사로 낙찰되는 경우가 아주 많기 때문에 양질의 품질 시공에 많은 어려움을 겪고 있습니다. 어쨌든 오늘 지적하신 기술적인 사항들은, 현재는 공사 중이기 때문에 그렇게 보이고 있는 포인트들도 많이 있고, 준공시점에서는 일일이 현장을 정밀 실사해서 보완, 보강하도록 하겠습니다.

일부 시설의 경관 부조화 현상 역시 시공 초기에 이질감이 발생되는 문제라고 봅니다만, 시간흐름에 따라 많이 '눈에 익을 것' 이라고 생각합니다. 앞으로 전문가와 시민단체 등과의 공동 모니터링을 통해서 '진짜 문제가 있다고 공감하는' 포인트에 대해서는 필요한 조치를 취하는 방법을 강구하도록 하겠습니다.

넷째, 설악산국립공원은 IUCN Category Ⅱ**(국제자연보전연맹에서 인증한 국제적 수준의 국립공원)에 등재된 공원으로 자연보존에 우선을 두는, 선진국 수준의 엄격한 공원관리를 하여야 한다는 논점에 대한 것입니다.**

카테고리 등급이 5등급에서 2등급으로 '상향' 되었다는 표현은 적절하지 않은 것으로 봅니다. 카테고리란 차별성 있는 그룹, 종류, 범주를 의미하는 것으로, 1등급으로 더 올라가야 하는 그런 수직적인 관계가 아니고, 이를테면 3등급인 자연기념물이나 4등급인 종 · 서식지 관리지역(habitat · species management area)의 자연가치가 2등급인 국립공원보다 더 높을 수 있습니다.

IUCN Category Ⅱ등급은 가장 중요한 목적으로서 종다양성 보존과 환경서비스 유지, 관광 및 휴양을 제시하고 있습니다. 즉 엄정한 보전과 더불어 사람의 이용을 동시적인 목표로 하고 있습니다. 또한 국가마다, 공원마다 처해있는 환경이 각기 다르므로 일률적인 기준적용은 어렵다고 봅니다.

이를테면, Category Ⅱ인 미국의 옐로우스톤 국립공원에서도 겨울철에 스키장을 운영하여 논란이 되고 있으며, 중국과 일본의 Category Ⅱ 국립공원에는 많은 수의 케이블카가 운행되고 있습니다. 요컨대 다른 외국과는 달리 우리나라 탐방객의 대부분이 정상 정복형이라는데 문제가 있으며, 이의 해소를 위해 다각적이고 문화적인 노력이 필요하다고 봅니다.

20개 국립공원을 대표하고 국제적인 인증을 획득한 저희 설악산 국립공원입니다. 저는 과연 Category Ⅱ등급의 공원관리 기준은 어떠해야 하는가에 대해서, 또한 국립공원과 지역사회가 공존, 상생하는 선진적인 공원관리는 어떠해야 하는가에 대해서 하나의 모델을 창출하는 것을 가장 중요한 과제로 삼고 있습니다. 저희 국립공원관리공단 모든 임직원은 더욱 더 노력하고 헌신하겠습니다. 감사합니다.

소장 메가폰

공원 소장으로서 레인저들에게 하고픈 말을 사내 까페에 올린 글이다

음주 타이핑

설악산국립공원 레인저 여러분! 오늘 기분 좋아서 한 잔 하고 타이프를 두드립니다. 음주 타이핑이네요.

어제 오늘 여러 가지 많은 일이 있었습니다. 앞으로도 그럴 것입니다. 어제는 정말 기분 좋았습니다. 이 곳 설악산국립공원에 와서 9개월 간 성적표가 나올 때마다 어디 숨고 싶었는데, 본부의 1/4분기 고객만족 업무평가에서 우리가 1등을 했습니다.

오타가 아닌가, 착오가 아닌가 확인하고 재확인 끝에 사실이라는 확신을 하고나서 창문을 열고 누가 볼까 '남몰래' 웃어보았습니다. 작은 바람이 큰 물결을 가져옵니다. 담당자 혼자만의 성과가 아니라 여러분 모두의 결과일 것입니다.

요즘 많은 손님, 행사를 맞으며 정말 우리들끼리의 부대낌이 너무 중요하다는 생각을 했습니다. 한 분 한 분의 개인도 소중하고, 둘이 합쳐 하나, 150명이 합쳐 하나가 되는 것도 중요하다 생각했습니다.

서커스에서 그런 기계적인 동작이 한 번의 연습으로 나오지는 않을 것

입니다. 잘 되지 않는 것 같아도 포기하지 말고 '하나가 되도록' 연습에 연습을 거듭해야 하겠습니다.

요즘 '새내기' 공원지킴이 여러분들의 성실한 '훈련모습'을 보는 것도 하나의 즐거움입니다. 어린 학생들처럼 초롱초롱하신 장년층 실버 레인저들의 '논산 훈련소' 생활도 이제 막바지에 다다르고 있습니다. 바라옵건대, 발대식 소감 발표 때의 그 '건강하고 훌륭한' 포부, 초심이 흔들리지 않기를 당부 드립니다. 새로운 직장이 아니라, 새로운 인생입니다.

오늘, 우리 사무소에 귀한 손님이 오셨습니다. 그 분과 일행들, 중앙정부, 지방정부에서 오신 분들, 언론의 카메라 등 앞에서 저희 사무소 레인저들의 활동모습을 슬라이드 쇼로 보여 주었는데 그 분들이 저희를 어떻게 생각했느냐를 떠나서, 우리들의 모습을 있는 그대로 공개할 수 있다는 자신감이 저를 기쁘게, 우리를 뿌듯하게 했습니다. 이렇게 많은 일을 하느냐는 평가가 있었습니다. 그 슬라이드 사진에 담겨있는 여러분들이 자랑스러웠습니다.

유네스코 국제청년캠프
아시아 각국 대학생들의 설악산 보호 캠페인

국립공원 시민대학도 잘 가고 있습니다. 처음엔 잘 될 것인가, 오해는 없을 것인가, 우리 속을 보고 그 분들이 어떻게 생각할 것인가 염려가 많았지만, 그런 우려를 그 분들이 먼저 날려 보냈습니다. 태어나서부터 이웃인 것처럼 친구가 되고 있습니다. 이제 다섯 번째 강의인데, 어느새 국립공원 마니아로 변하고 있습니다.

우리가 잘 하고 있다고 볼 수는 없어도 '잘 하려고 하는' 우리들의 진정성을 누군가 인정해 주었으면 좋겠다는 애절한 심정입니다. 모두들 관심을 가져주기 바랍니다. 지역주민, 지역사회를 과거의 시각과는 전혀 다른 차원에서 한 번씩 생각해 봅시다.

이번 주말부터 '국제 해설가협회'의 국제대회가 한화콘도 및 설악산국립공원 일원에서 벌어집니다. 우리가 주최는 아니지만, 설악산 현장에서 외국인 50여명을 하루 종일 소화해야 하는 우리로서는 쉽지 않은 행사가 기다리고 있습니다. 그래서 몇몇 직원들과 새내기 자연환경안내원들에게 감당해내기 어려운 영어해설 준비를 지시했습니다.

전쟁의 말미에서 어린 소년들에게 총을 쥐어주는 그런 심정이었는데, 그래도 해내야 하는 것이 우리 운명이라면 이왕 훌륭하게 치뤄야 할 이벤트 아니겠습니까? 지금 0시를 넘어서까지 불 밝히고 그 준비 작업을 하는 우리 '에코 레인저'들에게 모두들 고마워합시다.

저희 사무소로서는 정례적인 헬기작업도 엊그제 소리없이 잘 끝났습니다. 산 아래와 위에서 굵은 땀방울을 흘렸을 여러분에게 수고했다는 말 한마디 못했군요. 야영장 방문도 못했습니다. 그럴 시간이 없었기는 했지만 그 것이 여러분에 대한 신뢰이기도 합니다.

소청대피소에서 왼쪽부터 문상경, 필자, 김종식, 오세장 레인저

오늘의 말미는 간부들과의 술 한 잔으로 장식했습니다. 최근 손님들도 많고, 행사도 많아 소장의 주문도 많았습니다. 그런 곳이 설악산입니다. 한 잔, 두 잔 하다가 간부들의 충고도 많이 받고, 제 소신 피력도 좀 했습니다.

수직적인 조직이냐 수평적인 조직이냐에 관한 토론, 영맨과 올드맨 그룹 간의 이견(異見)에 관한 격론이 있었습니다. 안정을 원하는 보수그룹에도 그 이유가 있고, 변화를 원하는 새 그룹에도 사유가 있다고 봅니다. 그 결론은 '조화' 입니다.

요즘 우리 까페 분위기가 좀 시끄럽지 않느냐는 우려도 있지만, 조직 속에서 살아 움직이다 보면 이런 저런 이야기가 자연스럽게 많습니다. 그런 말이 좀 있어야 살아있는 조직이지요. 완벽한 존재로 살아가고 싶지만, 그렇게 하려다가 오히려 불완전한 사람이 될 수 있습니다. 누구나 갖고 있는 허점과 단점을 이런 기회를 통해 지적받고 보완하는 것이 '조직원' 으로서의 이로움일 것입니다.

당당하게 여전히 말씀드리고 싶은 것은, 누구나 '향수' 를 느끼며 과거의 고향을 그리워하지만, 그 어려웠던 고향의 가난을 언제까지 그러려니 즐기기만 해서는 안 될 것입니다.

우리에게 배불러야할 미래는 자연스레 다가오지 않습니다. '발전을 위한 고통' 이 있어야 할 것입니다. 고통을 극복해야 한 걸음 더 앞으로 나아

설악산 산신제
채용생 속초시장과 함께

갈 수 있을 것입니다. 그저 남이 가져다주는 그런 행운은 로또 보다 더 막연합니다.

어떻게 보면 우리는 우물 속에 있습니다. 한 발짝 밖으로 나가보면 세상은 변화의 소용돌이 속에서 요동치고 있고, 우리 공단, 사무소 역시 그런 변혁의 중심에서 치열한 생존싸움에 놓여 있습니다.

혹시 남의 일이다, 이 전쟁은 내 몫이 아니라고 생각하는 분이 있다 하더라도 당장 내 목에 칼이 들어온다면 소장을 원망하겠습니까, 팀장을 원망하겠습니까. 자신을 원망해야 하는 것입니다.

어제도 오늘도 많은 일이 있었고 내일도 그러할 것입니다. 생존경쟁에서 떨어지는 사람에게 눈길 하나 주지 않는 그것이 요즘 세상입니다. 남과 다른 나, 나만의 브랜드, 우리 국립공원에 대한 무한한 열정, 좌절 금지, 더 큰 것을 위한 작은 희생을 요구합니다.

현원 153명 모두가 하나가 되도록, 우리 조직을 누가 넘볼 수 없도록, 건드릴 수 없도록, 서로가 아끼고 부대끼며 사랑합시다. 앉아있지 말고 앞으로 나아갑시다. 우리는 국가 최고, 세계 일류를 지향하는 레인저 리더들입니다.

38주년을 맞이하여, 혁신 이상의 변화를 !

2008년 2월 24일, 저희 설악산국립공원 탄생 38주년입니다. 뭔가 생일 잔치를 할 생각도 했지만 현재 상황에서 우리가 잔치를 할 때는 아닌 것 같고, 새 정부 들어와 여러 가지 조직과 예산을 알뜰하게 운영해야 할 필요성도 있고 해서 '생일 케이크' 로 대신하니 모두 이해해 주시기 바랍니다.

생일이라 탄생을 자축하지만, 한편으론 그 탄생이 '설악산의 행복한 미래' 로 이어졌는지, 이어지고 있는지, 이어져 갈 것인지 각자 생각해 봅시다. 제 생각에 현재까지는 긍정적 측면이 더 많습니다.

국립공원으로 탄생되어 보호받아 왔기 때문에 다른 산과 비교해서 그만큼 원형을 유지해 온 것입니다. 금수강산이 거의 사라진 이 시대에서 그나마 사람들의 자랑거리로 남아있는 것입니다. 그 과정에서 우리 레인저 선배님들의 많은 노력이 있었고, 현재도 그런 노력은 계속되고 있습니다.

그러나 앞을 내다보면, 과거와 비교해서 우려되는 측면이 더 많습니다. 현재보다 경제가 더 어려웠을 때도 잘 지켜내던 설악산이었는데, 경제가 발전된 현시대에서 오히려 더 많은 개발압력을 받고 있는 것은 아이러니합니다.

겨울철 산악훈련 중

밤샘토론

사람들의 생각이 자꾸 기계적, 경제적으로 바뀌어 '자연과 순응해 살던' 시대에서 '자연에 맞서 정복하려는' 시대로 패러다임이 변하는 것이 그 이유라고 생각합니다.

조금 더 생각해보면, 패러다임의 변화만을 핑계로 댈 수는 없습니다. 국립공원 밖에서의 기술의 발달(토목, 기계, 관광산업 등)이 '막강한 자연'을 무너뜨릴 정도로 발전해서 도로를 낸다, 케이블카를 낸다 하는 식으로 자연을 잠식하려 하고 있습니다.

그런데 국립공원 안에서의 기술의 발달(생태, 공원가치를 인식시키려는 시도)은 상대적으로 뒤쳐지고 있어, 결과적으로 '공원 밖의 칼'이 '공원안의 방패'를 무력화(無力化)시키고 있다고 봅니다.

그래서 우리에게 필요한 것이 공원관리의 과학화, 전문화입니다. 공원 밖으로부터의 공격행위에 대해 '무조건 보전해야 한다'라고 국민정서에만 호소하기에는 그 막강한 공격자들이 분명한 보전논리와 과학적인 데이터, 전문적인 식견을 우리에게 요구하고 있습니다.

이런 것이 우리에게 없다면 우리는 질 수밖에 없고, 설악산국립공원은 무너질 수밖에 없을 것입니다. 그래서 과거와는 다른 공원관리를 해야 하고, 늘 해왔던 업무도 중요하지만 새로운 시각에서의 진보적인 업무가 절대 필요합니다.

진보적인 업무가 무었일까요? 바로 우리 사무소 비전을 달성하기 위한

4가지 전략에 표현되어 있습니다. 과학적인 자연보전, 고객만족 서비스 강화, 지역사회 협력강화, 파워레인저 양성이 그 것입니다. 우리 업무를 종합적으로 담기 위해 여기에 '효율적인 현장관리'라는 전략이 하나 더 추가되었습니다.

그런데 이런 업무는 누가해야 합니까? 본소에 내근하는 담당자들만의 일일까요? 안 해보았던 일이니까 고참직원들은 빠집니까? 이행 과제별로 담당자와 팀장이 있으니까 다른 직원들은 해당이 없습니까? 멀리서 청소하시는 직원들이나 수익시설을 관리하시는 직원들은 상관없는 일일까요?

결론은 모든 직원의 모든 업무가 '새롭게, 진보적으로' 변화해야 하고, 모든 직원의 각 업무는 다른 직원들의 업무와 각각 깊은 관련성을 맺고 있으므로 '합쳐지는 효과, 연계되는 효과' 즉, 시너지 효과를 창출시켜야 한다는 것입니다.

예1 현장에서 청소, 영선, 안전관리를 더 열심히 하고, 종합순찰을 하면서 현장관리를 더 효과적으로 해야 → 자연보전도 잘 되고, 고객만족도가 높아지고, 행정경비도 감소하고 → 그래서 설악산국립공원의 가치가 높아지고, 공단의 위상도 높아지고, 직원만족도도 높아지고 등 '다 연결되어 있는 업무' 입니다.

예2 자연관찰로 조성과 보수 사업을 한다고 할 때 담당은 탐방업무직원이지만, 자연보전 업무와 시설업무 담당자, 자연환경안내원, 이용자(학생, 교사 또는 자원 활동가) 등이 모여 공동 작업을 해야 하는데, 이런 습관(도움 주고받기)이 우리에게 더 많이 필요합니다. 고객만족 업무도 같은 종류입니다.

현장토론

예3 요즘 '지역사회 협력 업무' 의 가닥을 잡아가고 있지만, 어떻게 하면 지역주민들의 마인드를 친자연적, 친공원적, 친공단적으로 만드느냐가 공원관리의 성패를 좌우할 정도의 영향력을 갖고 있습니다.

공원경계에 위치한 지역사회가 확실한 우리 편이 되어서, 공원 밖으로부터의 무수한 압력을 완충해 주고 국립공원의 가치를 공원 밖으로 전파시키는 중간자적 역할을 해준다면, 공원 안에서의 보전, 탐방, 시설, 행정 등 모든 업무를 훨씬 차원 높게 추진할 수 있을 것입니다.

그래서 모든 업무에 대해 모든 직원들이 서로간의 업무를 도와야 할 것입니다.

새 정부를 실용정부라고 합니다. 실용정부가 꼭 경제논리를 앞세워 우리 보전논리를 짓누르려하지는 않을 것입니다. 정부는 개발측면과 보전측면을 동시에 충족시켜야 하는 의무를 갖고 있습니다. 개발할 곳은 하되 보전할 곳은 엄격히 보전한다는 구호는 지난 정부에서도, 앞으로의 정부에서도 그대로 유지될 것입니다.

다만 개발효과는 단기적인 이익을 가져오는 것처럼 보이고, 보전효과는 눈에 잘 보이지 않는 장기적인 혜택을 가져오기 때문에 언제 어디서나 개발논리의 목소리가 더 크게 마련입니다. 그래서 늘 보전논리는 '약자의 위치' 에 있습니다. 그 '약자의 설움' 을 극복하려는 노력, 즉 과학화와 전문화 노력을 우리 스스로 하지 않으면 언제나 약자의 위치에 있을 수밖에 없습니다.

그런 면에서 다시 한 번 혁신을 강조합니다. 정권이 바뀌면 '혁신' 이 없어질 거라고 했던 사람들이 많았지만, 새 정부는 '혁신 이상의 변화' 를 요구하고 있습니다. 우리가 공단을 바꾸고 공원 관리수준을 바꾸지 않으면, 남들이 우리를 바꾸게 될 것입니다.

관료조직에 대해 기업 마인드를 불어넣으라는 압력이 더욱 거세지고 있습니다. 철저한 경쟁의 시대가 올 것이며, 그런 경쟁에서 밀려나는 사무소나 개인이 있을 것입니다. 더 이상 철밥통은 없습니다.

현실에 안주하고 나 자신을 혁신하지 않고 동료들에게 도움을 주고받지 않고, 남들에게만 핑계를 댄다면 정부도, 국민도, 지역도, 자연도 우리를 그냥 두지 않을 것입니다.

직원 여러분 ! 우리에게는 비전이 있습니다. 국가최고, 세계일류를 지향한다는 큰 뜻과 최고의 국립공원, 최고의 레인저들이 나와 함께 한다는 자긍심이야말로 위기를 기회로 바꾸어 줄 것입니다. 쉬운 것부터, 나부터, 지금부터 하는 간단한 변화가 모이고 모여 '큰 변화의 물결' 이 흐르게 될 것입니다.

자기 스스로 자기에 대한 리더십, 모든 동료들과의 파트너십, 조직에 대한 충성심, 국립공원에 대한 무한한 애정, 이런 것들이 우리를 '국립공

화채봉 능선 순찰 중

원 리더십 구축' 으로 인도할 것입니다.

설악산국립공원 탄생 38주년을 맞이해서, 앞으로의 우리와 설악산을 위해 나는 어떤 역할을 해야 하는지, 어떤 능력을 키워야 하는지 다함께 곰곰이 생각해 봅시다.

우리 업무 잘 해 봅시다

본부의 우리 사무소에 대한 4박5일 감사결과는 저희 사무소에 기본기가 매우 부족함을 여실히 보여주었습니다. 제가 볼 때 가장 큰 이유는 이병, 일병 등 졸병은 많은데 상병, 병장 등 고참이 부족해서입니다. 즉 배워야 할 사람은 많은데 가르킬 사람이 부족하다는 것입니다. 따라서 제가 늘 강조하듯이 3, 4급 간부 여러분들의 역할이 더더욱 중요합니다.

각자 스스로를 진단해 보면, 직원들을 가르칠 역량이 충분한 분도, 그렇지 못한 분들도 있을 겁니다. "나는 현장 통이야, 행정은 몰라" 이런 분들은 간부가 될 자격이 없습니다. 행정(사무)을 하라는 것이 아니라 기획력, 공원업무에 관한 전문적인 노하우를 갖추라는 것입니다. 소속직원 한 사람, 한 사람의 업무를 구체적으로 알지 못하면, 결국 그 업무와 직원을 지휘할 수 없습니다.

현장 역시 '과거부터 알아왔던 현장' 이 아니라 '지금 당장의 현장상태' 를 소속직원보다 잘 알고 있어야 그 현장, 그 직원을 지휘할 수 있습니다.
현장의 문제, 현장직원의 문제를 해결하기 위하여 역시 '분석-대안강구-해결-피드백' 등 논리적인 기획력과 설득력 있는 지휘가 필요합니다.
"야~ 무조건 이렇게 해!" 하면, 당장은 명령이 받아들여지겠지만 서서히 지휘력과 지도력을 상실하게 됩니다.

이런 관점에서, 역량 보강이 필요한 분들은 뼈를 깎던가 살을 붙이든가 스스로의 '처절한 노력'이 필요합니다. 그런 치열한 노력 없이 직급으로만 직원들을 지휘하던 시대는 너무나 오래 전에 지나갔습니다. 전문화, 세계화를 지향하면서 연공서열의 문화에 젖어 있을 수는 없습니다.

졸병 직원들 역시 좀 더 과감한 자기변화와 역량축적이 필요합니다. 설악산에서 최고가 결코 설악산 밖에서 최고는 아닙니다. 조용한 우물 안에서 편안한 생활은 여러분을 너무 나약하게 만듭니다. 시끄럽고 살벌한 우물 밖 세상으로 나오면 당장 호구지책이 어려울 만큼 자신의 나약함을 느끼게 됩니다.

근무시간이 끝나면 당구장으로 술집으로 가는 사람이 있는가 하면 학원이나 체육관으로 가는 사람도 있습니다. 하루 이틀의 차이는 없겠지만 일 년을 가면 그 두 그룹은 명확하게 승자와 패자로 갈라집니다.

자기만의 경쟁력, 자기만의 브랜드 역량을 키워나가지 않으면 자기의 존재이유에 대해 '불쌍한 변명'만을 늘어놓게 됩니다. 이번 감사에서 뼈아픈 강평을 받았듯이 타율적으로, 강제적으로 자기변화를 요구받게 됩니다.

새로운 정부에서 공공기관에게 요구하고 있는 것은 '실용문화'입니다. 즉, 조직의 효율성을 저해하는 철밥통 문화, 수직적 관료문화, 온정주의, 이런 것들의 철폐를 의미합니다.

구조 조정이 있다면 나이 먹은 사람이 아니라 역량이 부족한 사람이 그 대상이 되어야 한다고 봅니다. 일상적인 업무에 만족하는 사람보다는 새

찾아가는 국립공원
공원 밖으로 나가 각급 학교, 단체에서 자연교육을 실시.

로운 가치 창출에 승부를 거는 모험적인 사람을 이 시대는 요구하고 있습니다.

마지막으로 시너지 효과를 말씀드리고자 합니다. 시너지 효과란 '백지장도 맞들면 더 낫다' 는 의미입니다. 우리의 어떤 업무도 단독적인 업무는 없습니다. 팀원 간, 팀 간, 직원과 간부와 소장, 본소와 분소, 모든 직종과 직종 간의 협조와 협력, 도움, 건전한 비판, 이런 것들이 필요하니까 곧 '조직' 이 생긴 것입니다.

우리 150여명 모든 직원들은 곧 '조직원' 입니다. 그러니까 서로간의 협조, 협력, 도움, 건전한 비판, 이런 것들은 '선택' 이 아니라 '필수' 입니다. 그래서 누누이 강조하건대, 활기찬 커뮤니케이션 문화가 매우 중요합니다. 인간적으로 친해져야 업무도 친해집니다. 혹시 서로 친하지 않다 하더라도, 우리 '자연인 레인저' 는 타인에 대한 배려를 가장 큰 덕목으로 삼아야 합니다. 최악의 경우라 하더라도, 서로 닫으려 하지 말고, 나부터 열어서 남을 열리게 하여야 합니다.

남들에게 10분 이상 '우리' 와 '우리 국립공원' 을 설명할 수 있어야 하는데(이거 실제로 해보면 쉽지 않습니다), 그렇게 하려면 100여분 분량의 스터디(연구)가 있어야 합니다. 자기 직업에 대한 자부심, 자기 직장에 대한 애정, 자기 업무에 대한 열정은 바로 '앎 · 지식' 으로부터 나옵니다.

레인저 체육대회

파트너가 누군지 알아야 사랑하고 미워하고 가 있듯이, 우리 설악산국립공원의 자연, 문화, 내 업무, 남의 업무 등을 알아야 하는 것입니다.

그래서 '레인저 스쿨' 이라는 교육 프로그램을 갖고 씨름하고 있는데, 이 프로그램에 손을 대 본 직원들은 다 느꼈겠지만, 얼마나 모래알맹이 같은 지식으로 현재의 업무를 수행하고 있는지, 남들이 우리의 전문성을 해부한다면 얼마나 빨리 옷이 벗겨져 빈약한 몸을 보여줄지… 그래서 레인저 스쿨이 필요합니다. 빨리 1차 완성시켜서, 10월부터는 가능한 부분부터 교육과 훈련을 실시하려 합니다. 마치 국립공원 시민대학의 처음처럼 시큰둥한 분들도 계시겠지만, 아마도 레인저 스쿨을 '하고, 안하고' 의 차이는 엄청날 것입니다.

추석이 지났건만, 한낮의 때약볕은 여전합니다.
이 뜨거운 햇볕이 곡식과 과일을 익게 하듯
우리 레인저들의 가을도 그런 성숙과 결실이 있어야 하겠습니다.

외국 국립공원 이슈

미국 국립공원과 강아지 두 마리.

백악관(The White House)의 홈페이지에 들어가면 딱딱한 정치뉴스보다는 국민들이, 특히 가족이나 어린이들이 좋아할 메뉴가 많고, 실제로 국민들이 그런 시시콜콜한 이벤트를 좋아한다고 한다.

그래서 백악관에서는 정기적으로 국민들이 흥미로워할 영상테마를 제작하여 홈페이지에 띄우는데, '올해의 영상테마' 제목이 '국립공원에서의 휴일(Holiday in the National Parks)' 이다. 백악관 자체가 미국 국립공원 관리청에서 관리하고 있는 국립공원이기 때문이다. 그런데 이 동영상의 주인공은 다름 아닌 강아지 2마리이고, 내용은 강아지 2마리를 국립공원 직원(어린이 레인저, Junior ranger)으로 임명하는 것에 관한 것이다.

백악관에는 두 마리의 강아지가 살고 있는데, 한 마리는 부시의 애완견으로 바니(Barney)고, 한 마리는 로라의 애완견인 비즐리(Miss. Beazley)다.

원래는 바니 한 마리였는데 몇 년 전 부시가 로라에게 비즐리를 선물했다. 결국 비즐리는 바니의 파트너다. 두 마리 다 스코트랜드 태생이다. 그래서 이 동영상에는 같은 혈통으로서 스코트랜드 태생인 영국의 전 수상 토니 블레어가 등장한다.

이 동영상의 내용이 어떠하건, '국립공원' 이라는 주제를 핵심으로 대통령, 영부인, 그의 가족, 내무부장관, 국립공원관리청장, 영국 전 수상(게스트) 등이 등장하는 발상 자체가 부럽고, 예산투자가 필요하다는 이야기

도 곁들여진다.

이런 동영상을 보는 미국 국민들에게 국립공원이 그들의 보물로 각인되는 것에 대해 더 없이 부럽다.

국립공원에서의 휴일(Holiday in the National Parks) 요약발췌

대통령 부시 "바니야, 난 바깥에서 노는 걸 좋아하는데, 우리의 국립공원보다 더 좋은 곳은 없단다. 너도 이 백악관이 국립공원인 것을 알고 있겠지?"

"그래 이 나라에는 400개에 달하는 국립공원이 있단다. 그래 바니, 너하고 비즐리는 '국립공원 어린이 레인저(Junior ranger)' 가 될 수 있을 거야."

"그렇게 되려면 국립공원이 어떤 곳인지 배워야 해. 이 곳 백악관도 국립공원이니까, 너는 훌륭한 레인저가 되는 거야." (바니와 비즐리는 국립공원 구역인 백악관 내외를 뛰어다니다가 내무부장관실에 들어선다)

내무부 장관 켐프손 "바니, 나는 국립공원을 총괄하고 있는 내무부 장관이야. 그런데 넌 대통령이 다음 10년 동안 총 1억 달러를 투입하려는 '대통령의 특별조치(President' s Innitiative)' 를 알고 있니?"

"그렇게 해야 우리 국립공원을 잘 관리하고(멋을 내고), 새로운 레인저

들을 고용할 수 있단다." (바니는 그와 비즐리가 어린이 레인저가 된 모습을 연상해 본다)

"바니, 네가 국립공원 레인저가 되려면 꼭 만나봐야 할 사람이 있단다. 내가 그 사람을 알고 있지." (바니는 장관실을 나와 메리 보마(Mary Bomar)가 근무하는 국립공원관리청장실을 방문한다)

국립공원관리청장 메리 보마 "헤이! 바니, 너하고 비즐리가 국립공원 레인저가 되고 싶다며? 그러면, 나하고 몇 가지를 얘기해봐야 해." (바니가 국립공원 레인저가 되기 위해 국립공원관리청장과 상의 한 후, 청장실을 나와, 비즐리와 함께 대통령의 딸들이 있는 방으로 들어간다)

제나 부시(Jenna Bush) "난 네 둘이 정말 자랑스러워, 너희들은 정말 작년보다 달라졌어."

바바라 부시(Barbara Bush) "야, 너희들 '국립공원 어린이 레인저' 가 된다며?"

제나 부시 "정말이냐? 너 알아? 나도 '국립공원 어린이 레인저' 였어!" (바니와 비즐리는 국립공원인 백악관 안 밖에서 이리저리 실컷 놀다가 로라의 방으로 들어간다. 로라는 이들에게 국립공원에 관한 책을 읽어준다)

로라 부시 "이 책에 국립공원 레인저들이 해야 할 흥미진진한 임무가 써 있단다."

"레인저는 과학자이고, 역사가이고, 법을 집행하는 순찰자이고, 소방수이고, 구조업무도 하고, 안하는 일이 없단다. 그만큼 우리 국립공원은 중요한 곳이지." (바니는 로라의 무릅 위에서 낮잠을 자며 비즐리와 함께 레인저가 되는 꿈을 꾼다)

국립공원관리청장 메리 보마 "오른 손을 들어 선서를 하세요. 바니와 비즐리는 국립공원관리청의 훌륭한 지지자(supporters)로서, 현재까지 국립공원에 지대한 공이 있기 때문에 이제 너희 둘을 '국립공원 어린이 레인저' 로 임명하노라."

영국 전 수상 토니 블레어 "바니야, 비즐리 축하한다. 국립공원 어린이 레인저가 되었다며? 정말 잘했어. 나 역시 스코트랜드 출신으로서, 스코트랜드 태생인 너희들이 정말 자랑스럽구나."

— 사내 까페, 2007. 12. 23

국립공원 방문자와 비디오 중독자

영국 국립공원에서 내세우는 비전은 "더 많은 사람들을 자동차 밖으로 끌어내서 국립공원에 더 오래 머무르게 하자"이다.

이 문구를 처음 접했을 때 뭔가 그럴듯하기도 했지만 좀 추상적이어서 과연 비전문구로서 확실한 방향성이 있는 것인가 갸우뚱했었다. 그러나 이후 해외 국립공원에서 제기하는 몇 개의 중요한 이슈마다 '국립공원의 지지자' 를 만들거나 끌어 모으는 일이 무엇보다 중요하다는 고민을 계속 접하면서, '글 쓰는 것에 엄격한 잣대가 있는' 영국 사람들이 왜 그런 문장을 국립공원의 비전으로 내세웠는지 이해가 가기 시작했다.

국립공원의 현재와 앞날을 이야기하면서 우리는 너무 형이하학적 주제에 몰두하고 있지는 않을까. 즉 예산이 어떻고 인력이 어쩌고, 또는 영역을 확대하고 위상을 높이고 등.

그러나 꼭 맞는 이야기인지는 자신이 없지만, 형이상학적 주제에 대해 말하자면, 앞으로의 기후변화에 있어서 국립공원은 어떤 역할을

주도적으로 해야 하는지 또는 어떤 변화를 당할지에 대비하는것, 점차 전자화 되고 디지털화 되는 사회에서 아날로그일 수밖에 없는 국립공원은 어떻게 대처해나가야 되는지, 사회구성원으로서의 국립공원관리청은 변화된 사회에서 어떤 변화된 역할을 해야 하는가 등이 있을 것이다.

사람들은 당장 시급하지 않은 것처럼 보이는 이념적이나 철학적 사안에 대해서는 남의 일처럼 생각하고 있지만, 당장 시급한 형이하학적 현안(예산, 인력)을 유리하게 풀려면 결국 형이상학적 가치관(기관의 존재이유, 기여할 가치)이 논리적으로 뒷받침 되어야 할 것이다.

특히, 현재의 정치상황처럼 정권이 바뀔 때마다 '기관의 존재성' 에 대해서 의심받거나 구조조정 여부에 전전긍긍해야 하는 때에 그런 가치관이 명확 하느냐의 여부는 더욱 중요하다.

그런데 그런 '유리한 가치관' 은 금방 생성되지 않는다는 것에 문제가 있다. 현세대의 많은 이해관계자들이 동의해야 하고, 다가오는 실세 또는 미래세대가 (반대적인 성향을 갖기 전에) 그런 가치관을 갖도록 매우 오래 전부터 준비 작업이 있어야 한다.

그러나 환경문제의 속성이긴 하지만, 현재의 위정자 또는 리더들은 당장은 효과가 나오지 않는 그런 근본적인 일에 선뜻 돈과 시간을 투자하지 않는 속성이 있다.

그래서 정치와 행정이 하지 못하는 그런 일에 대해 운동과 문화가 필요한 것 아닐까? 요즘 우리에게 있어 정치와 행정인 '공원관리 실무' 에 너무 몰두하는 NGO 들을 접하면서, 그런 운동과 문화로의 전환, 아니 '복귀' 가 너무 아쉽다는 생각을 해본다. 그들 뿐 아니라 우리의 리더들도 그런

보다 근본적인 '가치 창출(비전)' 에 몰두해야 하지 않을까 생각해 본다.

전자기기와 국립공원 방문객 수와의 관계

— Steve Kark / New River Journal / 2008. 2. 24.

다음 글은 삭막하게 변화되는 세상(digital)에서 국립공원의 가치와 역할(analog)이 사람들의 일상생활을 활력있고 생생하게 바꾸어준다는 한 외국 잡지의 '가벼운 글' 이다.

만일 당신이 지난 몇 년간 국립공원을 방문하지 않았다면 당신은 비디오 중독자일지 모른다. 더 나쁜 것은, 당신의 아이를 비디오 중독자로 키우고 있을지도 모른다는 것이다. 이상은 최근의 연구결과를 National Academy of Sciences에 발표한 연구자의 말이다.

이 연구는 국립공원을 포함한 야외활동 인구의 감소와 가정에서의 전자기기 사용증가와의 관련성에 관한 것으로, 비디오 중독자란 텔레비전, 비디오게임, 인터넷 등에 너무 많은 시간을 사용하는 사람들을 총칭한다.

연구자인 시카고대학 생물학과의 Oliver Pergams 교수와 펜실바니아주의 보전생태학자 Patricia Zaradic은 지난 50년 간 꾸준히 증가하던 국립공원 방문객수가 1987년을 기점으로 감소하기 시작하여 2006년에는 20년 전보다 23% 감소한 것에 주목하고 있다.

이런 정보에 대해 나는 상반된 의견을 동시에 갖고 있다. 늘 성수기에 공원을 방문하는 나로서는 한편으론 공원이 덜 혼잡해지는 것에 대해 다행이라고 생각하고, 다른 편으로는 생물다양성을 이해하고 지지하는 계층의 감소를 가져올 것이라는 연구자들의 걱정에 동의한다.

특히 젊은 계층들이 텔레비전이나 컴퓨터 앞에 앉아있는 시간이 많아질수록 그만큼 자연의 세계를 배우거나 탐험하는 시간은 적어지는 것에 우려하지 않을 수 없다.

다른 연구에 의하면, '환경적으로 책임 있는 행동'은 국립공원과 같은 자연지역에서 얼마나 많은 시간을 보냈느냐와 관련이 있다고 한다. 특히, 어린 시절부터 야외활동을 많이 해야 그들이 성장해서 더 확고한 환경의식을 갖게 된다는 것이다.

이런 관점에서, 컴퓨터 앞에서 많은 시간을 보내고 있는 나는 유죄지만, 이 연구 자료를 읽고 나서 생활방식을 바꾸어 다가오는 여름에는 국립공원에 가기로 했다. 내가 살고 있는 이 지역의 자연자원을 더 많은 사람들이 즐길 수 있도록 하는 것에 대해서도 더 많은 노력을 해야 하겠다.

당신들이 나처럼 '전자기기 병(electronics bug)'에 전염되어 있다면, 한 줌의 깨끗한 공기가 우리 모두를 치유할 수 있다. 우리 모두 비디오 중독에서 벗어나 자연으로 갑시다!

— 사내 까페, 2008. 2. 9.

캐나다 국립공원과 지역주민과의 화해

캐나다의 국립공원 정책을 보면, 이른바 '예비 국립공원(National Park Reserve, 현재 7개소)'이라는 제도가 있다. '예비 국립공원' 단계 이전에 토지만을 매입하고 있는 지역도 있다.

즉, '국립공원 후보'를 정해서 타당성 조사를 한 후 미리 공원 인프라를 구축하고 주민, 마을을 이전시키는 등의 준비를 한 후에 개업(지정)을 하는 제도로, 과거의 낙후된 영업시설과 취락 등이 즐비한 우리의 입장에서는 부럽지 않을 수 없다.

아래의 뉴스 기사는 이런 준비과정 중에 주민 마을을 강제 철거시킨 바 있었지만, 그런 사실을 철거민 입장에서 재조명하고자 하는 캐나다 국립공원관리청의 배려와 정책변화에 관한 것이며, 그런 가운데에서도 '개발이냐 보전이냐' 하는 태생적인 모순의 일단을 엿보게 하는 부문도 있다.

어쨌든 지역주민의 문제는 한국이나 캐나다, 미국이나 엇비슷한 이슈를 갖고 있으며 선진화가 될수록 대립과 반목보다는 이해와 협력 쪽으로 성숙되고 있다는 느낌을 갖게 된다.

국립공원에서의 지역사회협력은 어느 한 쪽의 일방적인 지원과 수혜가 아니라, 서로 간의 균형적인 노력과 양보를 바탕으로 서로 win-win 하는 진전을 이뤄내야 한다고 생각한다.

캐나다 국립공원관리청, 국립공원에서 강제철거 된 사람들에게 손길을 내밀다 — The Canadian Press / 2007. 9. 30.

캐나다 국립공원관리청은 40년 전 쿠쉬부괔 국립공원(Kouchibouguac, koo-she-boo-gwack) 지정 시 토지수용에 의해 강제철거 된 수백 명의 사람들에게 화해의 손길을 펼치고 있다.

이 국립공원의 관리자들은 이 지역 및 사라진 마을에 대한 역사를 사람들이 오래 기억할 수 있도록 하기 위하여 (문화해설 시설 설치를 위하여)

캐나다 국립공원 역사에서 가장 비극적인 철거를 당했던 사람들과 접촉하고 있다.

이 공원의 소장이면서 그 자신이 철거민이었던 Claude Degrace는 공원의 미래를 구상하고 과거 역사를 기념하기 위하여 예전의 지역주민을 포함하는 자문위원회를 구성했다고 밝혔다.

또한 철거민들은 상처가 깊어 오랜 기간 이 공원을 방문하지 않았지만, 이런 사업을 통해 그들의 아픈 심정을 달래주고, 그들의 이야기를 사람들에게 알려줌으로써 철거민들도 이 공원에 대한 주인의식을 새로 갖게 될 것이며, 이런 것들 역시 국립공원관리청의 임무라고 말했다.

(마치 우리나라의 태안해안국립공원과 같이) 수려한 해안선과 사구, 늪지, 산림 등으로 이루어진 이 곳 238km²를 1969년 국립공원으로 지정코자 추진했던 '10개 마을 철거사업'은 대대로 어업과 농업에 종사하며 자연에 순응했던 1,000여 명을 이주시켜 그들의 삶의 방식을 완전히 바꿔 놓았다.

다소간의 투쟁 끝에 대부분 지역주민들이 이곳을 떠났지만, Jackie Vautour 가족은 경찰과의 극렬한 대치와 자택 철거위협과 주정부로부터의 회유(대토와 금전 제공) 등에도 불구하고 끝까지 저항하며 공원의 중심부 허름한 집에서 아직 거주하고 있다.

Vautour는 철거의 부당성에 대해 소송을 제기하여 결국 패소했지만, 이 여파에 따라 캐나다 국립공원관리청은 토지획득 방법을 영원히 변경하였다.

즉 2000년 10월 국립공원관리청이 토지를 강제매수하지 못하도록 법(The Canadian National Park Act)이 개정된 것이다.

이에 따라 현재는 부동산 시장에 나온 토지나, 토지소유자가 사망한 경우에만 해당 토지를 매입하고 있다. 또한, 가급적 지역주민이 거주하지 않는 지역을 대상으로 국립공원 지정준비를 하고 있다.

이 국립공원에는 사람출입을 금지시키고 있는 구역이 많은데, 토지사용을 하지 않고 그저 내버려두는 공원관리 방식에 대한 비판도 있다. 즉 지역주민들은 자기들에게 진정한 도움을 주는 방식의 공원개발을 원하고 있다.

— 사내 까페, 2008. 4. 9.

국립공원 지역주민과 민주주의적 권리

국립공원에서 해야 할 여러 가지 일 중에서 가장 최근의 현안은 지역사회 협력이다. 30여 년 전 국립공원 지정 당시에는 지역주민들이 (국립공원이라는 이름을 붙여 덕을 보려고) 국립공원 지정을 앞 다투어 요구했지만, 지정 이후 진입도로 건설 및 집단시설지구 조성으로 '경기가 반짝' 한 이후, 법령에 의한 규제와 단속으로 상대적인 피해를 보고 있다는 것이 공원 내 지역주민들의 보편적인 생각이다.

이해와 동감이 가는 시대 조류지만, 반대로 생각하면 독점적인 이익을 누릴 수도 있는 것이 국립공원 지역이 아닌가도 생각된다. 물론 시대를 앞서가며 좀 더 발전적인 정책을 준비하지 못한 공원관리청이나 호황일 때 불황을 대비하지 못한 영업자들의 '자본주의적 준비부족' 이 집단시설지구 쇠퇴의 이유라고 할 수도 있다.

어쨌든, '국립공원 지역문제' 는 이제 더 이상 변명만 늘어놓을 수 없는 시급한 단기과제로 다가 왔다. 30년 전에는 정답이었던 집단시설지구 조성에 대해, 이제는 현시점에서 앞으로의 30년을 내다보는 새로운 전략과 경제적 사고방식이 필요하다.

물론 그 경제적 사고방식에는 국립공원의 보전적 가치를 고수하는 원칙이 바탕이 되어야 하고, 그 가치로부터 경제적 재화를 창출하는 지혜가 필요하다. 보전과 경제를 연결시키는 기술이 필요한데, 불행하게도 우리에게 보전주의자와 개발주의자는 있어도 양자를 접목시키는 영역의 기술자는 별로 없는 것 같다.

이러한 문제는 선진국도 예외가 아니다. 우리 보다 훨씬 앞서서 지역협력과 이해관계자 간 조율을 공원관리의 가장 큰 목표와 덕목으로 삼고 있는 영국에서조차 공원관리청과 지역주민 사이에 아직도 두꺼운 앙금이 끼어 있는 듯하다. 영국의 국립공원은 거의 사유지다.

다음 글은 스코트랜드의 국립공원관리청이 지역주민의 민주주의적 권리를 쟁탈(remove)해서 그 권력을 마구 휘두르고 있는 것에 관한 시민들의 생각이다. 민주주의가 가장 발달한 영국에서 나온 이야기이다.

국립공원 지역주민과 민주주의적 권리

— Angus Macmillan / The Herald / 2008. 4. 8.

우리 영국 군인들이 세계의 민주주의를 위하여 세계 도처에서 싸우고

스코트랜드의 로크로먼드 국립공원

영국 국립공원에서
노섬버랜드 국립공원에서 그곳 레인저들과 함께. 오른쪽은 강희진 레인저.

있을 때, 우리 영국 내에서의 민주주의와 자유는 세계 최고라고 생각했을 것이다. 그러나 스코트랜드의 국립공원에서만큼은 그렇지 않다.

나는 몇 달간 스코트랜드 의회와 서신을 주고받았는데, 그들이 대답하기 어려운 질문을 한 가지 했다. 그 간단한 질문은 ; "왜 국립공원에 사는 주민들은 다른 지역주민들과 같은 수준의 '지방 민주주의'를 누리지 못하는가?" 였다.

스코트랜드의 국립공원 법령은 '지방 민주주의'의 중요한 부분을 끄집어내(removed) 이를 '국립공원관리청' 이라는 공공단체에 넘기고, 공원 내의 지역기관들에게, 지역주민들의 이해에 관련된 것이든 아니든 이 법령을 지키도록 강요하고 있다.

이 법령의 논리는 국립공원이 중앙정부에서 관리해야 하는 '국가적 자산' 이라는 것이다. 그러나 이러한 자산은 대도시가 갖고 있는 자산 이상의 것은 아니다. 만일 대도시에서 지방정부의 권력을 (누군가) 가져간다면, 그 도시에는 대단한 반대소요가 있을 것이다.

(필자 해설) 국립공원 지역에서 공원관리청이 지역주민의 민주주의적 권리를 빼어간 것이 지당하다면, 도시지역에서 지방정부가 주민의 민주주의적 권리

를 빼어가도 지당한데, 그러면 난리가 날 것이라는 비유.

앞으로 국립공원제도에 대한 재검토가 있을 것인데, 거기에서는 국립공원의 안과 밖을 가리지 않고 모든 주민에게 동등한 권리가 주어져야 한다는 점을 충분히 고려해야 할 것이다.

이 글에 대해 많은 독자들이 다음과 같은 댓글을 올렸다.

의견1. 그래 맞아, 국립공원관리청이라는 단체는 필요 없어, 예산만 낭비하는 기관이야.

의견2. 국립공원을 포함해서 모든 유형의 보호지역에서 토지소유자는 자신의 민주주의적 권리의 중요한 일부분을 상실하고 있다. 스코트랜드 토지의 절반 이상이 보호지역으로 지정되어 있는데 이는 해도 해도 너무 한 것이다.

한마디로 국립공원관리청은 민주주의의 적이다. 그런데도 의회 의원들은 이런 점을 전혀 고려하지 않고 있다

의견3. 국립공원관리청은 분명히 지역주민들을 고려하고 있다. 우리의 사정은 미국의 국립공원보다 훨씬 좋다. 미국의 국립공원 경계에서는 아무 일도 일어나지 않고 있다.

우리 스코트랜드의 국립공원 제도는 자연과 사람이 공존할 수 있음을 충분히 보여주고 있다.

(필자 해설) 미국의 공원관리청은 공원경계에 있는 주민들에게 별 도움을 주지 않고 있다 는 의미.

— 사내 까페, 2008. 4. 14.

국립공원의 리더십 – 하이브리드(hybrid)버스

미국 국립공원관리청(NPS)에 대해 부러운 것이 많지만, 가장 가슴 뛰게 하는 것은 그들이 환경 분야의 리더십을 강조하고 있다는 것이다.

우리와 마찬가지로 그들도 환경, 산림, 야생동물, 자연해설 분야의 많은 기관들과 경쟁하고 있는데, 많은 부문에서 우위적인 과학성과 현장 경험을 보유하고 있어 그만큼 기관 위상이 대단하다.

특히 기후변화 이슈에 대해 오래전부터 특별 부서를 만들어 선도적인 연구와 정책을 실천하고, 공원현장에서 에너지를 절감하기 위한 여러 시도를 모범적으로 행하고 있으며, 이런 작업들에 대해 많은 기관이 주목하거나 벤치마킹하고 있다.

공원 내에 많은 차들이 들어와 차량정체, 대기오염(기후변화 요인), 소음 등의 문제를 발생시키고 있는 것은 전 세계적인 공통현상인데, 이에 대한 대안이 '공원입구에서 주차–공원내부는 친환경 셔틀버스 운행' 이다.

하이브리드 버스는 디젤엔진에 하이브리드 시스템을 장착하는 방식으로, 이산화탄소 배출량을 약 40%, 질소 배출량을 약 20%, 분진 배출량을 약 30% 저감시킬 것이다.

하이브리드 시스템은 디젤엔진에 변속기, 밧데리, 전기모터를 결합시킨 80KW의 powertrain을 장착한 것으로, 브레이크를 밟을 때 발생되는 에너지를 모아, 이를 전기에너지로 밧데리에 충전되도록 한다.

따라서 악셀레이터를 밟을 때 하이브리드 시스템으로부터 추가적인 동력을 얻으며, 속도를 낼수록 디젤엔진에 대한 의존도가 떨어지게 되며, 이에 따라 기존 연료의 70% 만으로 운행이 가능하다.

우리 공단도 작년에 지리산 성삼재 일주도로에 친환경 셔틀버스 도입을 추진한 바 있지만, 방문객 감소 우려 및 지역별 이해관계 차이 등 지역사회의 반대로 무산된 바 있어 참으로 안타깝다.

그러나 내장산 국립공원에서는 거의 성사단계에 있으며, 최근 설악산 국립공원의 설악동 지구에도 교통체증 해소를 위한 여러 대안들이 논의되고 있다.

친환경 버스는 '천연가스 버스'에 이어 '하이브리드 버스' 시대로 접어들었다. 우리 공단과 환경부에서는 이미 '하이브리드 승용차'를 운행하고 있으며, 버스는 현대자동차에서 하이브리드 단계보다는 효율이 적은 '마일드-하이브리드 버스'를 개발하여 서울시에서 시범운행 중이나 아직 상용화 단계는 아닌 것으로 알고 있다.

다음은 미국 알래스카에 있는 (매킨리 봉으로 유명한) 디날리 국립공원에서 하이브리드 버스를 시험운행하고 있다는 최신 뉴스다. 필자가 알기로는 이미 요세미티 등 다른 국립공원에서 운행하고 있는 이 하이브리드 버스에 대해 새삼 '뉴스'로 보도하고 있는 것은, 아마도 최근의 고유가 시대에 따라 경각심을 일깨우기 위한 것으로 보인다.

디날리 국립공원에서 하이브리드 버스를 시험 중

— Mary Pemberton / USA TODAY / 2008. 7. 21.

디날리 국립공원 방문객들은 이 공원의 불곰, 무스, 양, 순록(caribou)들을 구경하기 위해 수년 동안 스쿨버스를 이용했는데, 디젤엔진으로부터 나오는 이산화탄소에 의한 공기오염과 요란한 소음이 문제였다.

그래서 현재 공원직원들이 공기오염을 덜 시키고, 더 조용하며 운영비가 싼 하이브리드 버스의 도입을 검토하고 있다.

230마력의 이 버스에 대한 테스트가 성공적이라면, 앞으로 110대의 디

젤버스를 연차적으로 다 교체할 예정이고, 모든 방문객들의 차를 공원입구에 주차시키도록 할 예정이다.

이 시스템은 정차 횟수가 많은 공원의 셔틀버스나 스쿨버스에 특히 유리하다. 하이브리드 버스의 대 당 가격은 약 20만 달러로 보통버스의 2배이지만, 생산량을 늘리면 생산가격을 낮출 수 있을 것이다. 국립공원 관리자들은 다음과 같이 말하고 있다.

"돈이 문제될 수는 없다. 연료비를 절감하면서 오염물질도 저감되고, 방문객은 그만큼 높은 질의 탐방경험을 하게 된다. 소음이 적은 하이브리드 버스를 타고 살살 다가가 불곰이 새끼들을 돌보고 있는 모습이나 늑대가 사냥을 하는 광경을 볼 수 있다는 것이 얼마나 대단한 발전인가?"

— 사내 까페, 2008. 7. 27.

국립공원에서의 핸드폰 중계탑 논쟁

지난 달 본부의 경영전략회의에서 지리산남부 소장이 성삼재의 통신중계탑을 경관저해가 덜한 다른 곳으로 옮겼다는 발표를 하고 있을 때, 5년 전 그 탑이 설치될 당시 그곳에 근무했던 필자는 매우 부끄러웠다.

물론 당시의 설치계획은 이미 수년 전에 확정된 사안이었고, 몇 번 버터보기도 했지만, 어쨌든 그것을 제지할 힘이 없었다고 변명해 본다. 따라서 현재 근무자들은 매우 훌륭한 일을 해낸 것이다.

이 이슈는 어느 공원에서나 동일 할 것이다. '자연생태 관리' 에 이어 '경관관리' 에도 어떤 체계와 논리, 법적 뒷받침을 갖추어야 할 때라고 본다.

한 쪽에서는 환경저해시설을 철거하면서 한 쪽에서는 혹시 이런 통신중계탑, 케이블카와 같은 이슈에서 우리가 밀리고 있지 않나 염려스럽다. 중요 인허가 건에 대하여도 경관 심의가 필요한 때가 왔다고 본다.

최근의 집단시설지구 문제 역시, 이런 곳을 공원구역에서 제척한다면, 장차 공원경관, 공원 환경을 상당히 위협하는 인공도시로 재등장해서, 다시 우리들을 아마 후배 레인저들을 괴롭히게 될 우려가 매우 많다.

지역주민 역시 대형 외부자본에 의해 경쟁력을 잃지 않을지, 가이드라인이 사라진 상태에서 마구잡이식 시설들이 덧붙여져 공원마을로서의 정체성을 잃지 않을지 염려스럽다.

또한 언젠가는 우리 공원관리자들을 돕게 될, 함께 공원관리를 할 지역주민들을, 공원구역에서 해제함으로 해서 '영원할 지지세력' 을 영원히 잃어버리게 되지 않을 지에 대하여도 많은 생각이 필요하다고 본다.

다음은 최근의 미국 국립공원 이슈로서, 가장 모범적인 공원관리를 하고 있는 미국에서 통신중계탑과 인터넷 서비스에 대한 논란이 뜨겁다는 내용이다. 공원 내 호텔에 텔레비전 사용을 금지하고 있다는 처음 듣는 이야기도 있다. 산꼭대기, 계곡 깊숙한 곳에서도 핸드폰 통화를 원하는 우리 국립공원이지만, 미국에서는 통화불가를 당연하게 받아들이고 있다.

논쟁 사안은 우리와 비슷하지만 그런 상반된 여론의 가운데에서 현실적인 대안을 찾아내야 하는 공원관리자들의 고민과 국립공원의 정체성에 대해서 많은 생각을 하는 미국 국민들, 결국 국립공원에 대한 사랑과 가치를 공유하는 그들의 '국립공원 문화' 가 부럽다.

옐로우스톤 국립공원에서의 핸드폰 중계탑 논란

— Nicholas Riccardi / Los Angeles Times / 2008. 11. 17.

국립공원 내에서 이동통신 중계탑과 무선 인터넷 서비스시설을 더 설치하려는 시도에 대해 환경주의자들이 격분하고 있다.

옐로우스톤 국립공원의 방문객들을 경탄하게 하는 수천 년 역사의 산봉우리, 간헐천, 계곡 등 기가 막힌 자연경관에 새로운 물체가 등장하고 있는데, 바로 이동통신 중계탑이다.

그 중 하나가 가장 유명한 간헐천인 Old Faithful에, 또 하나가 가장 유명한 산 정상부에 돌출되었다. 그래서 어슬렁거리는 들소(자연)를 보는 것만큼이나 핸드폰(인공)을 갖고 재잘거리는 사람들을 흔하게 볼 수 있다.

미국 옐로우스톤 국립공원의 철탑

국립공원에서의 철탑 확산에 대한 환경주의자들의 오랜 비판 끝에, 공원관리

설악산 국립공원 목우재 인근의 철탑

자들도 문제의식을 갖기 시작했다. 도대체 이 야생지역에서 얼마나 더 많은 시설이 필요하단 말인가?

그 간 핸드폰이 없으면 어쩔 줄 모르는 사람들과 적어도 공원에서만큼은 없어야 한다는 사람들과의 오랜 논쟁이 있어왔다.

이 논쟁에 대해 공원관리청은 중간적인 입장을 취하면서, 391개에 달하는 전공원에 대해 전기통신시설에 대한 의견제시를 하라는 지시를 내린 바 있다. 이에 따라 옐로우스톤 국립공원의 관계자가 광활한 면적의 오지와 도로에서의 핸드폰 사용은 어렵지만, 집단시설지구에서의 핸드폰 사용과 공원 내 호텔에서 인터넷 시설을 점진적으로 확대시키자는 제안을 기획하였다.

그러나 이 제안은 국립공원 지역에서 탐방객 편의가 자연보전 보다 우선될 수는 없다는 논쟁에 불을 붙였다. 옐로우스톤의 한 보호단체 회원은 다음과 같이 말했다.

"사람들이 국립공원에 들어오는 그 순간은 그들의 인생에서 가장 특별한 시간이다. 그들에게 해 주어야 할 일은 자연의 소리를 듣도록 하는 것이지, 누군가의 전화통화로 그 자연의 소리가 훼손되어서는 안 된다."

옐로우스톤 국립공원의 관계자들은 "기존의 시설지구에 무선 서비스를 확대하는 것은 별 일 아니다"라고 말하는데, 이를 위해서도 그 유명한 역사적인 건축물 Lake Yellowstone Hotel 옆에 철탑을 세워야 한다. 이 계획을 주관하고 있는 관계자는 다음과 같이 말한다.

"옐로우스톤은 오직 한 가지 경험만을 위한 공원은 아니다. 3, 4개의 다른 경험을 제공하는 장소로서, 시설지구에서는 다른 지구에서 경험하지 못하는 (인공시설에 의한) 경험을 제공할 수 있다."

한 통신업체의 제안에 의하면 27개의 철탑을 세워 공원 전역을 통화 가능권으로 만들 수 있다고 하는데, 공원관계자들은 시설지구를 대상으로 한 핸드폰 전파가 인근의 숲과 호수까지도 전파될 수 있어 그 곳에 '조용히 통화합시다' 라는 계도판을 설치해서 (자연지구에 핸드폰 전파가 미치지 않기를 원하는 사람들에게) 소음공해가 줄어들기 바란다고 말했다.

다른 국립공원에서도 경관을 저해하지 않고 중계탑을 세우는 것에 골몰하고 있다. 옐로우스톤에서와 같이, 몇몇 공원에서는 이미 개발된, 포장된 지점에 대하여만 구조물을 설치 할 수 있도록 제한하고 있다. 통신관련법에서도 국립공원 지역처럼 기존의 토지이용과 상충되는 장소에서는 중계탑을 설치하지 않도록 규정하고 있다.

옐로우스톤 국립공원에서는 오랫동안 막대기 형태의 안테나를 시설지구 인근에 설치하여 레인저들의 '저주파 통신수단(무전시스템)' 을 지원해 왔다.

1999년 Old Faithful에 최초로 설치된 핸드폰 중계탑은 그 높이가 100피트에 달했는데, 많은 비판에 부딪혀 2005년에 높이를 20피트 낮추었으며, 최근에는 이 탑을 나무들이 서 있는 곳으로 옮겨 차폐할 계획에 있다.

핸드폰과 무선시설 확산을 반대하는 사람들은 중계탑이 들어서더라도 산 정상부나 언덕을 피해서 그 전파가 숲 속까지 미치지 않도록 해야 한다고 말한다. 공공토지, 공공자원을 활용해서 상업행위를 해서는 안 된다는 논리다.

무선 인터넷시설 도입에 대한 반대론자들은 "공원관리청은 여러 기계장치를 벗어나 자연과 호흡하라고 해놓고, 공원에 와서 우선 이메일과 주식동향을 파악하게 하는 것이냐"라고 비판한다.

미국
블루리지마운틴
국립공원에서

옐로우스톤의 호텔에는 텔레비전을 허용하고 있지 않지만(안테나 설치 금지) 인터넷은 다르다고 공원관계자들은 말한다. 즉, 공원에서 들소를 관찰 한 다음에 그것에 관한 정보를 보는 수준이라고 말한다. 반면에 공원에서 찍은 사진을 즉시 컴퓨터 화면으로 보면 좋겠다는 어떤 민간인도 더 이상의 기계장치가 공원에 도입되지 않았으면 한다고 말한다. 핸드폰 추적을 당하지 않는 장소도 있어야 한다는 것이다.

옐로우스톤 국립공원 간헐천에서 물줄기가 솟구치기를 기다리던 한 사람은 핸드폰 파워를 끄면서 "핸드폰이 자연에서의 경험을 망치게 한다. 사람들은 자연관찰보다는 떠드는 것에 몰두한다"라고 불만을 터트렸다.

또 한쪽의 사람은 멀리 떨어진 가족과 통화하면서 "가족으로부터 멀리 떨어져 공원에 온 사람들이 많은데, 왜 핸드폰 사용을 반대하는지 모르겠다"라고 말했다. (이 칼럼에서 어느 쪽이 더 좋다는 판정은 없다)

— 사내 까페, 2008. 12. 16.

신용석(愼鏞錫)은
충북 음성 출신.
경희대 조경학과와 서울대 환경대학원에서 공부.
1987년 국립공원관리공단 입사.
본부 자연보전부장, 탐방관리부장, 전략경영실장 역임.
북한산(도봉산), 월출산, 지리산(남부)국립공원 소장에 이어
2007년 8월부터 2009년 1월까지 설악산국립공원 소장으로 재임.
2009년 현재 본부 자원보전처장.

명품 국립공원
설악산과의 대화

초판 인쇄 | 2009년 5월 1일
초판 발행 | 2009년 5월 3일

지 은 이 | 신용석
펴 낸 곳 | 수문출판사
주 소 | 132-890 서울시 도봉구 쌍문1동 512-23
전 화 | 02-904-4774
팩 스 | 02-906-0707
이 메 일 | smmount@chol.com
인쇄 제본 | (주)상지사P&B
등 록 | 1988년 2월 15일 제7-35호
편집디자인 | 관훈기획

ISBN 978-89-7301-418-7 (03980)

※ 파본은 바꾸어 드립니다.